Teubner Studienbücher   Physik

K. Sibold
Theorie der
Elementarteilchen

Theorie der Elementarteilchen

Von Prof. Dr. rer. nat. Klaus Sibold

B.G. Teubner Stuttgart · Leipzig · Wiesbaden

Prof. Dr. rer. nat. Klaus Sibold

Studium in Karlsruhe und Durham (1967 bis 1971), Doktorand und wissenschaftlicher Assistent (1972 bis 1977), Promotion 1975. Wissenschaftlicher Assistent am Institut für Theoretische Physik, Universität Karlsruhe, Habilitation 1980. Bis 1985 verschiedene Forschungsaufenthalte. 1985 bis 1995 wissenschaftlicher Mitarbeiter am MPI für Physik und Astrophysik in München. Seit 1995 Professor für Theorie der Elementarteilchen an der Universität Leipzig.

Die Deutsche Bibliothek – CIP-Einheitsaufnahme
Ein Titeldatensatz für diese Publikation ist bei
Der Deutschen Bibliothek erhältlich.

1. Auflage Februar 2001

www.teubner.de

Gedruckt auf säurefreiem Papier
Umschlaggestaltung: Peter Pfitz, Stuttgart

ISBN-13: 978-3-519-03252-6   e-ISBN-13: 978-3-322-80117-3
DOI: 10.1007/ 978-3-322-80117-3

Vorwort

Das vorliegende Buch ist der Versuch, die Physik der Elementarteilchen auf elementarer Basis möglichst umfassend, aber doch knapp darzustellen. D.h. es sollen die Grundgedanken der theoretischen Beschreibung ebenso vermittelt werden wie der Stand ihrer experimentellen Überprüfung. Da sich derzeit alle Wechselwirkungen in Form von Eichtheorien formulieren lassen und dabei die störungstheoretische Berechnung physikalischer Größen in erstaunlich weitem Umfang möglich ist, ist dieser Versuch nicht von vorneherein zum Scheitern verurteilt. Insbesondere kann damit jeder Leser, der über Anfangsgründe der Quantenmechanik und der relativistischen Schreibweise verfügt, die ersten Ergebnisse selbst nachrechnen und muß sich erst bei den tieferen Resultaten auf die verbalen Ausführungen des Autors verlassen.

Ähnlich wird bei den experimentellen Tests verfahren, nur fällt hier die eigentliche Beschreibung der Experimente meist sehr knapp aus oder fehlt gänzlich: der Autor ist Theoretiker. Um klar zu machen, daß die Teilchenphysik ein sehr lebendiges Gebiet ist, werden jeweils die geplanten großen Experimente und ihre Ziele angesprochen. Insbesondere wird deswegen die CP-Verletzung einigermaßen ausführlich erörtert.

Die Kapitel sind mit Bedacht so konzipiert, daß sie einzeln gelesen werden können. Genaue Verweise zeigen nicht nur Querverbindungen auf, sondern ermöglichen (hoffentlich) eben dieses Einzel-Lesen. Als Leser ist gedacht an Studenten der Physik etwa vom 5.–6. Semester an, die eine Kursvorlesung zur Struktur der Materie vertiefen wollen, aber natürlich auch an solche, die auf dem Gebiet der Teilchenphysik arbeiten wollen.

Das Buch erhebt keinen Anspruch auf wissenschaftliche Originalität: es soll ein Lehrbuch sein und keine Monographie. Auf die zahlreichen Anleihen bei anderen Lehrbüchern, Monographien und Originalliteratur ist am Schluß verwiesen.

Der Autor dankt sehr herzlich, Dr. J. Lindig und Dr. Ch. Rupp für den TₑX-Satz, dem Teubner-Verlag für sein freundliches Entgegenkommen, das Buch in seine Reihe Studienbücher aufzunehmen.

K. Sibold

Leipzig, Oktober 2000

Inhalt

1 Einleitung

1.1 Historische Vorbemerkung

Neugier ist die Mutter aller Wissenschaft. Wie ist die Materie aufgebaut? Gibt es kleinste Einheiten? Läßt sich die offensichtliche Vielfalt der materiellen Welt auf wenige Prinzipien zurückführen? Insbesondere mit der letzten Frage artikuliert sich wohl ein tiefes Bedürfnis des Menschen nach Einfachheit, Ordnung und Übersicht. Letztlich stehen solche Wünsche auch heute noch hinter der Beurteilung von Theorien als überzeugend und erklärend oder als künstlich und vorläufig. Selbstverständlich entsteht Teilchenphysik als Naturwissenschaft im modernen Sinn erst damit, daß Spekulation, reines Nachdenken oder mathematisches Entwerfen am Experiment getestet werden. Quantifizierte, nachgeprüfte, d. h. experimentell bestätigte Ergebnisse müssen nach heutigem Verständnis ein noch so kühnes Gedankengebäude krönen, ehe wir es als gültige Beschreibung realer Phänomene anerkennen.

Damit könnte man den Beginn der Teilchenphysik nach vielfältigem, eher vagem Tasten im Barock vielleicht mit COULOMB ansetzen, der 1785 mit seinen Experimenten nachwies, daß es zwei Arten von elektrischen Ladungen gibt, die sich anziehen oder abstoßen, wobei die jeweiligen Kräfte dem Quadrat des Abstands der Ladungen invers proportional sind. Der erste Name für ein Teilchen (das wir auch heute noch als elementar ansehen) wurde 1894 von STONEY geprägt: Elektron (griech. Bernstein). 1909 zeigte dann RUTHERFORD mit seinen Streuexperimenten, daß Atome aus Hülle und Kern bestehen, und mit den Experimenten von 1911 bzw. 1919, daß der Kern des H-Atoms nicht teilbar, aber aus Kernumwandlungen herstellbar ist. Damit war das Proton als zweites Teilchen etabliert. Die Entdeckung des Neutrons durch CHADWICK 1932 schuf die Grundlage für die Kernphysik, denn nunmehr konnte man Isotope erklären (HEISENBERG) und den Kernaufbau mit Modellvorstellungen verstehen. Die Neutrinohypothese von PAULI (1932) rettete die Erhaltungssätze für Energie, Impuls und Drehimpuls und war der Beleg, daß diese makroskopisch bewährten Grundbegriffe auch im mikroskopischen Größenbereich gelten. Starke und schwache Wechselwirkung im Kernbereich, elektromagnetische Wechselwirkung im Bereich der Atomhülle hätten ein geschlossenes Bild abgeben können. Das wäre auch noch nicht wesentlich gestört worden durch den Nachweis des Positrons (ANDERSON, NEDDERMEYER 1933), denn DIRACs relativistische Theorie des Elektrons sah ja Anti-Teilchen vor und eine konsistente Beschreibung erschien damals nicht unmöglich. Aber 1936 fanden ANDERSON und NEDDERMEYER nicht das Pion, das YUKAWA in seiner Mesonentheorie der Kernkräfte vorhergesagt hatte, sondern das Myon. Damit war – in heutiger Terminologie – eine neue Leptonenfamilie aufgetaucht, eine dritte kam 1974 hinzu. Die Anzahl dieser Familien, die wie Kopien der ersten erscheinen, ist auch heute noch ein Rätsel, kann also nicht aus einem Grundgesetz hergeleitet werden und bietet nach wie vor weiteren Anlaß "neugierig" zu sein. D. h. die Teilchenphysik ist keinesfalls ein abgeschlossenes Gebiet.

Tab. 1.1 Die elementaren Teilchen

Leptonen			
e (Elektron)	μ (Myon)	τ (Tau)	
ν_e (e-Neutrino)	ν_μ (μ-Neutrino)	ν_τ (τ-Neutrino)	
Quarks (6 Flavors)			
u (up)	c (charm)	t (top)	in drei
d (down)	s (strange)	b (bottom)	Farben
Eichbosonen			
γ	(Photon)		
$W^\pm, Z$	(schwache Bosonen)		
g_i ($i = 1, .., 8$)	(Gluonen)		
H (hypoth.)	(Higgs)		

Die Anzahl bekannter "Elementarteilchen" ging in den Sechziger Jahren in die Dutzende und weckte berechtigte Zweifel, ob man hier noch von fundamentalen Konstituenten der Materie sprechen sollte. Einfacher und klarer wurde das Bild erst wieder mit dem Quarkmodell (GELL-MANN, ZWEIG 1964), demzufolge die Hadronen (stark wechselwirkende Teilchen) zusammengesetzt sind. Der eigentliche Durchbruch war aber die Erkenntnis, daß sich die schwache Wechselwirkung ganz analog zur Elektrodynamik als eine sogenannte Eichtheorie formulieren läßt (GLASHOW, SALAM, WEINBERG) und dies auf der Ebene der Quarks für die starke Wechselwirkung ebenfalls zutrifft (GELL-MANN, LEUTWYLER, FRITZSCH, MINKOWSKI). Zufolge dieser Beschreibung, deren mathematische Konsistenz in immer überzeugenderem Maße gezeigt wurde ('T HOOFT 1971, BECCHI, ROUET, STORA 1975), entstehen die Wechselwirkungen durch Austausch von Eichbosonen, deren Eigenschaften die Wechselwirkung bestimmen (s.u.).

1.2 Teilchen und ihre Eigenschaften

Die derzeit bekannten und als elementar angesehenen Teilchen geben wir in Tab. 1.1 wieder. Noch nicht nachgewiesen, aber für die konsistente theoretische Beschreibung unerläßlich, ist das Higgs-Teilchen, während für ν_τ wenigstens sehr überzeugende Nachweise existieren.

Welche charakterisierenden Eigenschaften können wir "elementaren" Teilchen zuordnen? Bekanntlich werden sie in Beschleunigern bei sehr hohen Energien erzeugt oder ineinander umgewandelt, so daß die Regeln der Quantenmechanik, der relativistischen Physik und der Feldtheorie anzuwenden sind. Die klassische, nichtrelativistische Mechanik legt nahe, die Masse als typisches Charakteristikum anzusehen, und tatsächlich ist sie als *Ruhemasse* auch noch im relativistischen Bereich sinnvoll. Die Multipolentwicklung in der klassischen Elektrodynamik steuert als ein Charakteristikum elementarer Systeme die *elektrische Ladung* (Q) bei, nicht aber das magnetische Moment, denn das würde man nur zusammengesetzten Systemen zuordnen (und magnetische Monopole gibt es nicht). Hier greift korrigierend die Quantenmechanik ein: Grundzustände können einen Eigendrehimpuls haben (*Spin*) und damit auch magnetisch koppeln, also ein *magnetisches Moment* aufweisen (Einheit: Bohrsches Magneton). Desgleichen weisen Grundzustände eine *Eigenparität* auf, die man also auch Teilchen zuordnen sollte. Stellt man die Lorentzgruppe auf quantisierten Feldern dar, so findet man, daß eine Darstellung durch Masse, Spin und Vorzeichen der Energie charakterisiert ist. Das Vorzeichen der Energie ist verknüpft mit der Existenz von Anti-Teilchen zu einem gegebenen Teilchen. Basierend auf dem CPT-Theorem kann man auch eine T–Quantenzahl als sehr grundlegende Kennzeichnung einführen. Alle weiteren Quantenzahlen, die die elementaren Zustände charakterisieren und möglichst erhalten sein sollen, muß man den konkreten Experimenten (u.U. sogar in wohlbestimmten Energiebereichen) entnehmen. Derzeit gelten die Baryonen (B)– und die Leptonenzahl (L) noch als gute Erhaltungsgrößen. Baryonen sind Hadronen mit halbzahligem Spin. Die Erhaltung der Baryonenzahl ist verknüpft mit der Lebensdauer des Protons (z.Zt. $\tau_p \geqslant 10^{31}$ Jahre), die der Leptonenzahl mit der Lebensdauer des Elektrons und der Neutrinos, die gegenwärtig als unendlich angesehen werden. Die wichtigsten Eigenschaften tragen wir in Tab. 1.2 zusammen.

1.3 Wechselwirkungen

Die *elektromagnetische* Wechselwirkung ist am längsten bekannt. An ihrem Beispiel haben FARADAY und MAXWELL den Begriff des Feldes entwickelt, das

Tab. 1.2 Quantenzahlen der elementaren Teilchen

	Spin	B	L	Q
Leptonen				
e	1/2	0	1	-1
ν_e	1/2	0	1	0
Quarks				
u	1/2	1/3	0	2/3
d	1/2	1/3	0	$-1/3$
Eichbosonen				
γ	1	0	0	0
$W^\pm, Z$	1,1	0	0	$\pm 1, 0$
g_i	1	0	0	0
Higgs	0	0	0	0

B: Baryonenzahl
L: Leptonenzahl
Q: el. Ladung

Anti–Teilchen haben entgegengesetzte Ladungen, z.B.

$\bar{u}$ $B = -1/3$ $L = 0$ $Q = -2/3$
e^+ $B = 0$ $L = -1$ $Q = 1$.

lokal wechselwirkt, Energie und Impuls mit endlicher Geschwindigkeit transportiert und nicht wie ein statisches Potential instantan über große Entfernung Kräfte ausübt. Zusammen mit dem Welle–Teilchen–Dualismus der Quantenmechanik, der dem Feld Teilchencharakter zuschreibt, folgt das Bild der Quantenfeldtheorie, daß Wechselwirkung durch Teilchenaustausch zustande kommt (s. Abb. 1.1). Ein Elektron emittiert beim Punkt A ein Photon und erfährt gemäß dem erhaltenen Impuls einen Rückstoß. Für ein reales Photon kann dann jedoch nicht die Energie erhalten sein, sondern es wird virtuell: für Zeiten, die mit der Unschärferelation verträglich sind, verletzt es den relativistischen Energie–Impuls–Zusammenhang. Ein zweites Elektron absorbiert bei B das Photon und erfährt hierbei den Rückstoß, der damit die abstoßende Kraft zwischen Elektron 1 und Elektron 2 erläutert. (Da ein virtueller räumlicher Impuls nicht die klassisch vorgeschriebene Orientierung haben muß, ist auch Anziehung von Ladungen unterschiedlicher Vorzeichen möglich.)

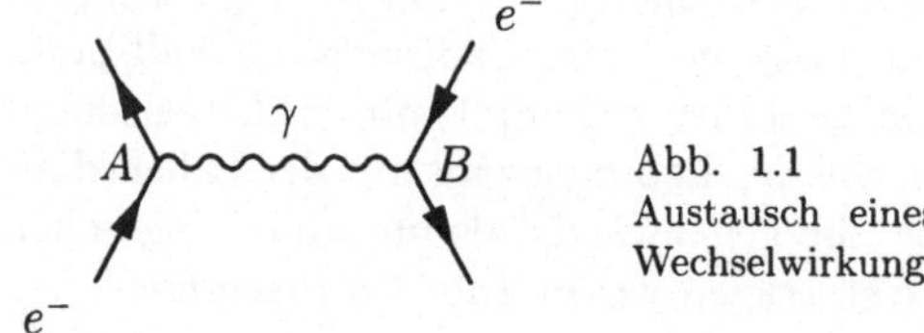

Abb. 1.1
Austausch eines Photons, das die elektromagnetische Wechselwirkung vermittelt.

Der erste Versuch, die *starke Wechselwirkung* durch analoge Austauschteilchen zu beschreiben, stammt von YUKAWA (s. Abb. 1.2). Er postulierte die Existenz eines Mesons und erklärte die kurze Reichweite der Kernkräfte mit der nichtverschwindenden Masse des ausgetauschten Teilchens. Diesen Zusammenhang kann man im statischen Limes, in dem der Austausch doch wieder durch ein Potential dargestellt wird, am einfachsten sehen. Wir gehen also von

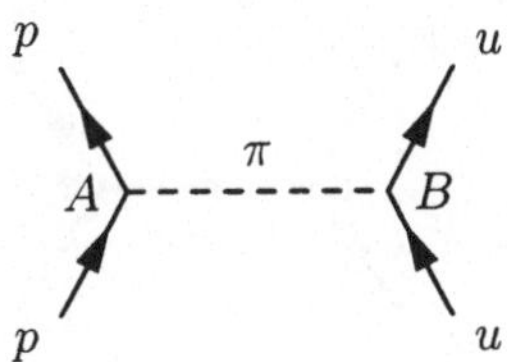

Abb. 1.2
Austausch eines massiven Pions zur Vermittlung der starken Kernkraft.

der relativistisch invarianten Gleichung

$$\left(\partial_t^2 - \Delta + m^2\right) \phi(\mathbf{x}, t) = \varrho(\mathbf{x}, t) \tag{1.1}$$

aus (Kopplung eines Feldes ϕ an eine Quelle ϱ) und lösen sie im statischen Limes

$$\left(-\Delta + m^2\right) \phi(\mathbf{x}) = \varrho(\mathbf{x}) \tag{1.2}$$

$$\phi(\mathbf{x}) = \frac{1}{4\pi} \int d^3x' \, \frac{e^{-m|\mathbf{x}-\mathbf{x}'|}}{|\mathbf{x} - \mathbf{x}'|} \varrho\left(\mathbf{x}'\right). \tag{1.3}$$

Zum Austausch von Teilchen zwischen Quellen gehört dann die Wechselwirkungsenergie der Form

$$W = -\frac{1}{2} \int d^3x' d^3x'' \, \left[\varrho_1(\mathbf{x}')\varrho_2(\mathbf{x}'') + \varrho_1(\mathbf{x}'')\varrho_2(\mathbf{x}')\right] \frac{e^{-m|\mathbf{x}-\mathbf{x}'|}}{|\mathbf{x} - \mathbf{x}'|}. \tag{1.4}$$

Für punktförmige Quellen

$$\varrho = \delta(\mathbf{x} - \mathbf{x}_i), \qquad i = 1, 2 \tag{1.5}$$

ergibt sich

$$W = -\frac{e^{-m|\mathbf{x}_1-\mathbf{x}_2|}}{|\mathbf{x}_1 - \mathbf{x}_2|}. \tag{1.6}$$

Im Limes $m \to 0$ entsteht das Coulomb–Potential, Gl. (1.1) ist gerade die Gleichung für das skalare Potential der Elektrodynamik und W die Wechselwirkungsenergie wie man sie für elektrische Ladungsverteilungen ϱ berechnet. (Für die verwendeten Einheiten konsultiere man Anhang A.)
Für $m \neq 0$ ist das Potential (1.6) in der Entfernung $|\mathbf{x}_1 - \mathbf{x}_2| = a$ um den Faktor e^{-ma} schwächer als das Coulomb–Potential und hat damit effektiv eine endliche Reichweite. Mit der Pion–Masse $m_\pi \approx 140 \; MeV$ ergibt sich (Einheiten s. Anh. A)

$$\frac{1}{m_\pi^2} \sim \langle r^2 \rangle \sim (1,4 \, F)^2 \,, \tag{1.7}$$

ein Zahlenwert der richtigen Größenordnung für Kerndurchmesser ($10^{-13} cm =$ 1 $Fermi$).
Diagramme, wie sie in Abb. 1.1 und 1.2 dargestellt sind, hat FEYNMAN entwickelt und damit nicht nur Prozesse versinnbildlicht, sondern den Elementen

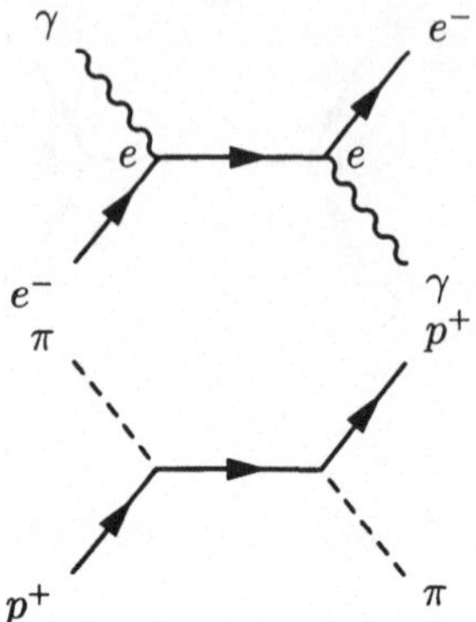

Abb. 1.3
(Thomson–Streuung) Photon streut an Elektron. Dem Vertex ist ein Faktor zugeordnet.

Abb. 1.4
Streuung Pion–Proton

dieser Diagramme (Vertizes, Linien) exakte Rechenvorschriften zugeordnet, so daß der analytische Ausdruck für ein Diagramm gerade die quantenmechanische Amplitude für den entsprechenden Prozeß ergibt. Insbesondere soll so eine störungstheoretische Entwicklung in Ordnungen von Einfach–, Zweifach–, ..., n–fach–Streuung entstehen, die natürlich nur sinnvoll ist, wenn ein Prozeß höherer Ordnung einen deutlich kleineren Beitrag liefert als ein Prozeß niedrigerer Ordnung. Am Beispiel der Thomson–Streuung ($\gamma e \to \gamma e$) soll das noch einmal demonstriert werden. Zuvor wollen wir uns jedoch eine Größe verschaffen, die die Stärke der Wechselwirkung charakterisiert. Dazu bilden wir das Verhältnis von Coulomb–Energie zu Ruheenergie des Elektrons für zwei Elektronen (Ladung $-e$) im Abstand ihrer Compton–Wellenlänge R_e

$$\alpha = \frac{1}{4\pi} \frac{e^2/R_e}{mc^2} = \frac{e^2}{4\pi\hbar c} \approx \frac{1}{137} \tag{1.8}$$

$$R_e = \frac{\hbar}{m_e c} \tag{1.9}$$

(Der Faktor $1/4\pi$ rührt vom Maßsystem her; Heaviside-Lorentz, s. Anh. A. Die jeweils letzten Gleichungen benutzen $\hbar = c = 1$.). Der Wirkungsquerschnitt ist im wesentlichen das Quadrat der Übergangsamplitude und hat den Wert

$$\sigma_{TH}(\gamma e) = \frac{8\pi}{3} \left(\frac{\alpha}{m_e} \right)^2 = \frac{2}{3}\alpha^2 \left(4\pi R_e^2 \right) \tag{1.10}$$

(der Faktor $2/3$ in (1.10) rührt vom Spin des Photon her). Vergleichen wir das nun mit dem Prozeß $\pi p \to \pi p$ (Abb. 1.4), so liefert die Rechnung

$$\sigma_{TH} = \alpha_H^2 \left(4\pi R_p^2 \right) . \tag{1.11}$$

Das Experiment liefert einen Wirkungsquerschnitt in der Größenordnung von $1\ mb\ (= 10^{-27} cm^2)$ und das bedeutet

$$\alpha_H \sim 1 \dots 10. \tag{1.12}$$

Also ist sicher die πp-Wechselwirkung nicht elektromagnetischen Ursprungs
und eine Störungsentwicklung in Potenzen von α_H, wie sie "Korrekturen" zum
Beitrag niedrigster Ordnung entsprechen würde, nicht sinnvoll. Das Bild vom
Ein–Pion–Austausch + Korrekturen für Prozesse der starken Wechselwirkung
ist demzufolge nicht tragfähig. Tatsächlich hat die weitere Entwicklung der
Teilchenphysik auch die Erklärung dafür geliefert: Proton *und* Pion haben
eine Substruktur, sind beide komplexe Gebilde und eine Störungsentwicklung
analog zur elektromagnetischen ist erst auf dem Niveau dieser Konstituenten
(Quarks, Gluonen) vernünftig. Die Abb. 1.5 und 1.6 belegen sehr deutlich das
Auftauchen von Substrukturen. (Diese erhellende Gegenüberstellung stammt
von HALZEN/MARTIN, s. Abschnitt Literatur.) Dennoch ist in der niedrigsten
Näherung die Yukawa-Theorie als effektive Beschreibung durchaus brauchbar.

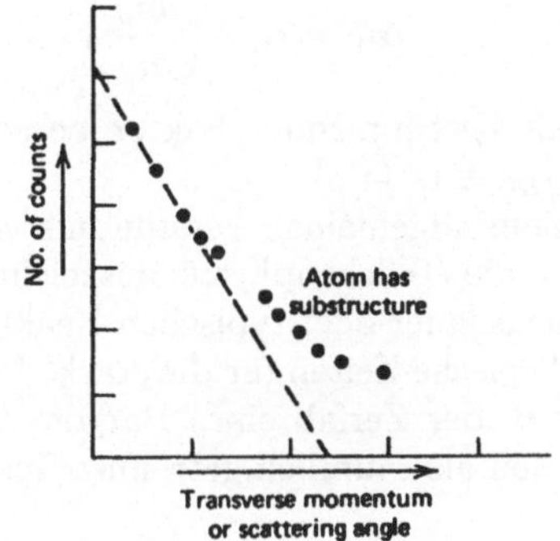

Abb. 1.5
Substrukturen: Rutherford-Experiment   (nach
Phil. Mag. XXI (1911) 669).

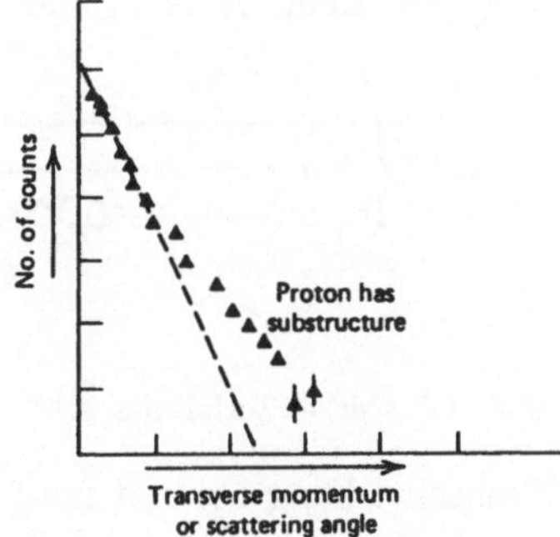

Abb. 1.6
Substrukturen: *ep*-Streuung (nach Phys. Lett.
46B (1973) 471).

Die *schwache Wechselwirkung* wird durch Austauschteilchen $W^\pm$, Z mit Massen von etwa 83 GeV, bzw. 91 GeV vermittelt. Sie hat daher extrem kurze

Reichweite, aber dennoch eine Kopplungsstärke, die mit der elektromagnetischen vergleichbar ist. Der Grund hierfür läßt sich leicht ausführen. In einem
Austauschprozeß wie in Abb. 1.7 koppeln Quarks und Leptonen mit der glei-

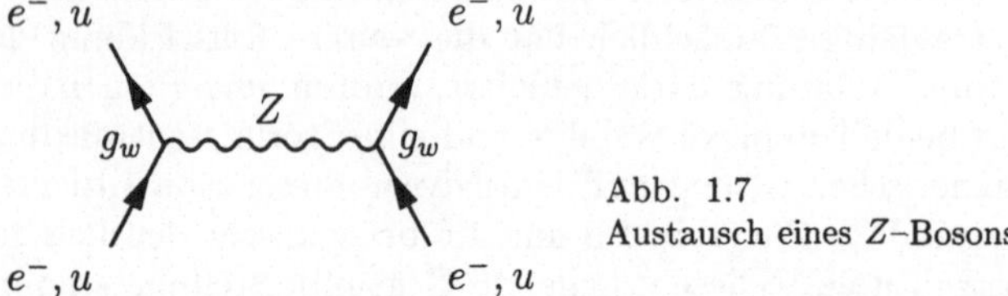

Abb. 1.7
Austausch eines Z–Bosons

chen Kopplungskonstanten g_w, die die Größenordnung von e (s. Abb. 1.3) hat,
aber in der Berechnung der Amplitude trägt die Masse des ausgetauschten Z
bei. In einem expliziten Modell läßt sich dann für die Amplitude

$$\alpha_W = \alpha_{EL} \left(\frac{m_p}{m_Z} \right)^2 \tag{1.13}$$

als bestimmender Faktor berechnen und ist damit um etwa 10^4 kleiner als
$\alpha_{EL} \equiv \alpha$ (1.8).
Zum allgemeinen Verständnis von Prozessen im mikroskopischen Bereich, wie
er die Teilchenphysik auszeichnet, gehört der Zusammenhang zwischen Lebensdauer oder typischen Reaktionszeiten und der jeweiligen Wechselwirkung.
Typische Zeiten für die starke Wechselwirkung sind $10^{-23}\,sec$. In Abb. 1.8 wird
z.B. der Zerfall eines Baryons Δ^{++} beschrieben. Damit das Proton und das
Pion als räumlich getrennte Teilchen vorfindbar sind, müssen etwa

$$\tau = \frac{R}{c} \simeq 10^{-23}\,sec$$

vergehen, wenn $R \simeq 1F$ der Abstand sein soll. Für die elektromagnetische

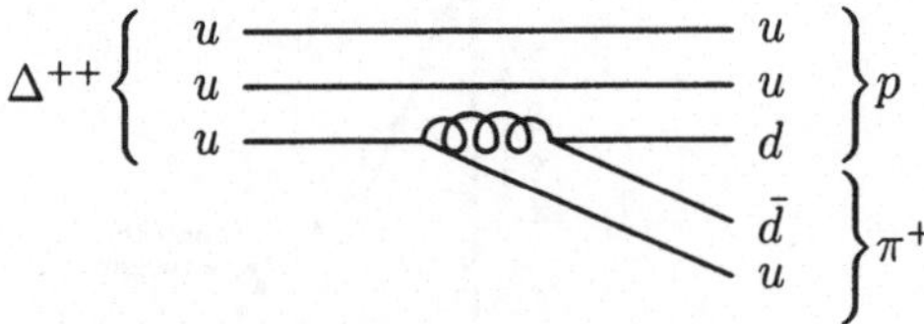

Abb. 1.8 starker Zerfall des Δ^{++}

Wechselwirkung benutzt man die Tatsache, daß ein Wirkungsquerschnitt umgekehrt proportional zur Lebensdauer ist. Im Vergleich zur starken Wechselwirkung wird man dann auf den Faktor

$$\frac{\tau_{EL}}{\tau_S} \simeq \left(\frac{\alpha_s}{\alpha} \right)^2 \simeq 10^4 \cdots 10^6$$

geführt, um den elektromagnetische Prozesse langsamer ablaufen als starke. Die Größenordnung für die schwache Wechselwirkung läßt sich ebenfalls sehr überzeugend aus dem direkten Vergleich stark/schwach angeben:

$$\frac{\tau(\Delta \to n + \pi)}{\tau(\Sigma \to n + \pi)} \simeq \frac{10^{-23}\,sec}{10^{-10}\,sec} \simeq \left(\frac{\alpha_W}{\alpha_s}\right)^2.$$

Der Zerfall $\Delta \to n\pi$ läuft über die starke, der Zerfall des Mesons $\Sigma \to n\pi$ über die schwache Wechselwirkung ab. (Denn Σ ist das leichteste Meson, das ein "strange" Quark enthält, ist also stabil unter der starken Wechselwirkung; der elektromagnetische Zerfall ist ebenfalls verboten, so daß es nur schwach zerfallen kann.)

Zum Abschluß dieses einleitenden Kapitels ordnen wir die elementaren Teilchen noch einmal danach an, wie sie wechselwirken (Tabelle 1.3). Das Higgs-

Tab. 1.3 Wechselwirkungen der elementaren Teilchen

WW–Typ	schwach	el.–magn.	stark
Neutrinos	×		
Leptonen	×	×	
Quarks	×	×	×

Teilchen wechselwirkt mit sich selbst und über die Leptonen und Quarks, nicht aber direkt über die Austauschbosonen.

Naiv, also direkt, beobachtbar sind Neutrinos, Leptonen und die Austauschbosonen $(\gamma, W^\pm, Z)$ sowie das Higgs (wenn es existiert); die Quarks sind nur in Form gebundener Zustände beobachtbar. Drei Quarks bilden *Baryonen*, stark wechselwirkende Teilchen mit halbzahligem Spin; Quark–Antiquark–Paare bilden *Mesonen*, stark wechselwirkende Teilchen mit ganzzahligem Spin. In bestimmten Energiebereichen und für bestimmte physikalische Größen, erlauben die bekannten Wechselwirkungen eine störungstheoretische Behandlung - nämlich Ein–Teilchen–Austausch + Korrekturen. Die ursprüngliche starke Wechselwirkung der Kerne hat sich als van–der–Waals–artige Form der Wechselwirkung erwiesen, die sich ergibt, wenn Quarks zu *Hadronen* gebunden werden. (Hadronen sind alle stark wechselwirkenden Teilchen.)

2 Grundbegriffe der Quantenfeldtheorie

2.1 Das quantisierte Feld

Bei hochenergetischen Streuprozessen werden Teilchen erzeugt und vernichtet. Um diese Reaktionen mathematisch zu erfassen, konstruiert man zunächst in Anlehnung an den Besetzungszahlformalismus für den harmonischen Oszillator einen Hilbertraum, der aus Ein- , Zwei- , ..., N–Teilchenzuständen gebildet wird. Dann werden die Erzeugungs- und Vernichtungsprozesse als Übergänge zwischen diesen verschiedenen Zuständen aufgefaßt und quantitativ durch (komplexe) Übergangsamplituden im Sinne der Quantenmechanik beschrieben. Idealisierend nimmt man an, daß die Teilchen vor und nach den Stoßprozessen wechselwirkungsfrei sind. In diesem Fall kann man sich auf eine Diskussion *freier* Felder beschränken und die Wechselwirkung im Sinne einer Störungsrechnung berücksichtigen. In der Praxis relevant sind Felder vom Spin 0 (Higgs; Mesonen), vom Spin 1/2 (Quarks, Leptonen; Baryonen) und vom Spin 1 (Photon, $W^\pm$, Z, Gluonen; Mesonen). Sie lassen sich am bequemsten über ihre Fourierentwicklung angeben:

$$\phi(x) = \int \frac{d^3p}{(2\pi)^{3/2}} \left(\frac{e^{-ipx}}{\sqrt{2E_p}} a(p) + \frac{e^{ipx}}{\sqrt{2E_p}} a^\dagger(p) \right) \tag{2.1}$$

$$\psi(x) = \int \frac{d^3p}{(2\pi)^{3/2}} \left(\frac{e^{-ipx}}{\sqrt{2E_p}} \sum_s b(p,s) u(p,s) \right.$$

$$\left. + \frac{e^{ipx}}{\sqrt{2E_p}} \sum_s d^\dagger(p,s) v(p,s) \right)$$

$$\bar{\psi}(x) = \int \frac{d^3p}{(2\pi)^{3/2}} \left(\frac{e^{-ipx}}{\sqrt{2E_p}} \sum_s b^\dagger(p,s) \bar{u}(p,s) \right.$$

$$\left. + \frac{e^{ipx}}{\sqrt{2E_p}} \sum_s d(p,s) \bar{v}(p,s) \right)$$

$$A_\mu(x) \;=\; \int \frac{d^3p}{(2\pi)^{3/2}} \left(\frac{e^{-ipx}}{\sqrt{2p_0}} \sum_{\lambda=0}^{3} \varepsilon_\mu^{(\lambda)}(p) a^{(\lambda)}(p) \right.$$

$$\left. + \frac{e^{ipx}}{\sqrt{2p_0}} \sum_{\lambda=0}^{3} \varepsilon_\mu^{(\lambda)}(p) a^{\dagger(\lambda)}(p) \right)$$

(Hier ist in allen Formeln $p_0 \equiv \sqrt{\mathbf{p}^2 + m^2} \equiv E_p$ zu setzen; für das Photonfeld A_μ gilt $m = 0$). Diese Felder sind Lösungen der relativistischen Bewegungsgleichungen

$$\left(\Box + m^2 \right) \phi(x) = 0 \tag{2.2}$$

(Klein–Gordon–Gl.)

$$\left(i\slashed{\partial} - m \right) \psi(x) = 0 \tag{2.3}$$

(Dirac–Gleichung)

$$\bar{\psi}(x) \left(i\overleftarrow{\slashed{\partial}} + m \right) = 0 \tag{2.4}$$

($\bar{\psi} = \psi^\dagger \gamma^0$ ist der adjungierte Spinor.)

$$\Box A_\mu = 0. \tag{2.5}$$

(Photonfeld in der Feynman-Eichung)

Sie erhalten ihren Quantencharakter dadurch, daß die Fourierkoeffizienten als Erzeugungs– bzw. Vernichtungsoperatoren mit nichttrivialen Vertauschungsrelationen aufgefaßt werden:

$$\begin{aligned}
\left[a(p), a^\dagger(q) \right] &= \delta^{(3)}\left(\mathbf{p} - \mathbf{q} \right) \\
\left\{ b(p,s), b^\dagger(q,s') \right\} &= \delta_{ss'} \delta^{(3)}\left(\mathbf{p} - \mathbf{q} \right) \\
\left\{ d(p,s), d^\dagger(q,s') \right\} &= \delta_{ss'} \delta^{(3)}\left(\mathbf{p} - \mathbf{q} \right) \\
\left[a^{(\lambda)}(p), a^{\dagger(\lambda')}(q) \right] &= \delta^{\lambda\lambda'} \delta^{(3)}\left(\mathbf{p} - \mathbf{q} \right),
\end{aligned} \tag{2.6}$$

so daß die Felder entsprechende nichttriviale Vertauschungsrelationen erfüllen:

$$\begin{aligned}
\left[\dot{\phi}\left(\mathbf{x}, t \right), \phi\left(\mathbf{y}, t \right) \right] &= -i\delta^{(3)}\left(\mathbf{x} - \mathbf{y} \right) \\
\left\{ \psi_\alpha^\dagger\left(\mathbf{x}, t \right), \psi_\beta\left(\mathbf{y}, t \right) \right\} &= -i\delta_{\alpha\beta} \delta^{(3)}\left(\mathbf{x} - \mathbf{y} \right) \\
\left[\dot{A}_\mu\left(\mathbf{x}, t \right), A_\nu\left(\mathbf{y}, t \right) \right] &= -i\eta_{\mu\nu} \delta^{(3)}\left(\mathbf{x} - \mathbf{y} \right).
\end{aligned} \tag{2.7}$$

Die Funktionen $u(p,s)$ bzw. $v(p,s)$ und $\varepsilon^{(\lambda)}(p)$ und ihre komplex konjugierten entsprechen den Spins der jeweiligen Teilchen. ϕ führt zum Spin 0; die Spinoren u und v beschreiben Spin 1/2; die Polarisationsvektoren $\varepsilon^{(\lambda)}(p)$ gehören zum Spin 1 (Vgl. Anh. B,C).

Die Ein–Teilchen–Zustände werden durch einmalige Anwendung der Erzeugungsoperatoren auf das Vakuum erzeugt:

$$
\begin{aligned}
|p\rangle &= a^\dagger(p)|0\rangle \\
|p,s\rangle &= b^\dagger(p,s)|0\rangle \\
|p,s\rangle &= d^\dagger(p,s)|0\rangle \\
|p,\lambda\rangle &= a^{\dagger(\lambda)}(p)|0\rangle
\end{aligned}
\tag{2.8}
$$

Normierung: $\langle p|q\rangle = \delta^{(3)}\,(\mathbf{p}-\mathbf{q})$ usw., N–Teilchen–Zustände durch N–malige Anwendung und geeignete Normierung.

2.2   Der Propagator

Um die oben erwähnte Störungsrechnung systematisch aufzubauen, koppeln wir die Quantenfelder ϕ, ψ, $\bar\psi$, A_μ an äußere (klassische) Quellen, ändern also die Feldgleichungen in folgender Weise ab

$$
\begin{aligned}
\left(\Box + m^2\right)\phi &= -J \\
(i\partial\!\!\!/ - m)\,\psi &= -\bar\eta \\
\bar\psi(x)\left(i\overleftarrow{\partial\!\!\!/} + m\right) &= -\eta \\
\Box A_\mu &= -J_\mu\,.
\end{aligned}
\tag{2.9}
$$

$(\Box \equiv \partial_t^2 - \Delta,\ \partial\!\!\!/ \equiv \gamma^\mu\partial_\mu)$

Zu ihrer Lösung benutzen wir die Methode der Greenschen Funktionen und erinnern uns daran, daß in der klassischen Physik die Wellengleichung

$$
\left(\Box + m^2\right)\Delta_c(x) = -i\delta(x)
\tag{2.10}
$$

die Lösung

$$
\Delta_c(x) = \int \frac{dp}{(2\pi)^4} e^{-ipx} \frac{i}{p^2 - m^2 + i\varepsilon}
\tag{2.11}
$$

hat. Diese Lösung ist durch die $i\varepsilon$-Vorschrift eindeutig bestimmt und hat die Eigenschaft, daß Δ_c für $x^0 > 0$ nur positive Frequenzbeiträge, für $x^0 < 0$ nur negative Frequenzbeiträge hat. D.h. die Vorgabe, wie die Singularität zu umgehen ist, legt einen Zeitsinn fest und sagt etwas aus über die *kausale* Propagation von Signalen. Invertieren wir nun die Gleichungen (2.9) mit derselben

Vorschrift, so erhalten wir zunächst

$$\phi(x) = \int dy\, J(y) \int \frac{dp}{(2\pi)^4} \frac{e^{-ip(x-y)}}{p^2 - m^2 + i\varepsilon} \qquad (2.12)$$

$$\psi(x) = -\int dy\, \bar{\eta}(y)(i\partial\!\!\!/_x + m) \int \frac{dp}{(2\pi)^4} \frac{e^{-ip(x-y)}}{p^2 - m^2 + i\varepsilon}$$

$$\bar{\psi}(x) = -\int dy\, \eta(y)(i\partial\!\!\!/_x - m) \int \frac{dp}{(2\pi)^4} \frac{e^{-ip(x-y)}}{p^2 - m^2 + i\varepsilon}$$

$$A_\mu = \int dy\, J^\nu(y) \int \frac{dp}{(2\pi)^4} \eta_{\mu\nu} \frac{e^{-ip(x-y)}}{p^2 - m^2 + i\varepsilon} \, .$$

Betrachten wir dann die Felder als Funktionen der Quellen und differenzieren wir nach den letzteren, so folgt

$$\frac{\delta}{i\delta J(y)}\phi(x) \equiv \langle T\phi(x)\phi(y)\rangle \qquad (2.13)$$

$$= i \int \frac{dp}{(2\pi)^4} \frac{e^{-ip(x-y)}}{p^2 - m^2 + i\varepsilon}$$

$$\frac{\delta}{-i\delta\eta(y)}\bar{\psi}(x) \equiv \langle T\bar{\psi}(x)\psi(y)\rangle$$

$$= -i\,(i\partial\!\!\!/ - m) \int \frac{dp}{(2\pi)^4} \frac{e^{-ip(x-y)}}{p^2 - m^2 + i\varepsilon}$$

$$\frac{\delta}{i\delta\bar{\eta}(y)}\psi(x) \equiv \langle T\psi(x)\bar{\psi}(y)\rangle$$

$$= i\,(i\partial\!\!\!/ + m) \int \frac{dp}{(2\pi)^4} \frac{e^{-ip(x-y)}}{p^2 - m^2 + i\varepsilon}$$

$$\frac{\delta}{i\delta J^\nu(y)}A_\mu(x) \equiv \langle TA_\mu(x)A_\nu(y)\rangle$$

$$= -i \int \frac{dp}{(2\pi)^4} \eta_{\mu\nu} \frac{e^{-ip(x-y)}}{p^2 - m^2 + i\varepsilon}$$

Hier steht der Buchstabe T für Zeitordnung und wir sehen, daß

$$
\begin{aligned}
\langle T\phi(x)\phi(y)\rangle &= \Delta_c(x-y) \\
\langle T\bar{\psi}(x)\psi(y)\rangle &= -(i\partial\!\!\!/ - m)\,\Delta_c(x-y) \\
\langle T\psi(x)\bar{\psi}(y)\rangle &= (i\partial\!\!\!/ + m)\,\Delta_c(x-y) \\
&\equiv S_c(x-y) \\
\langle T A_\mu(x)A_\nu(y)\rangle &= \Delta_c(x-y)|_{m=0} \\
&\equiv \Delta^c_{\mu\nu}(x-y)
\end{aligned}
\tag{2.14}
$$

gilt. Diese Funktionen heißen *kausale* Greensche Funktionen oder auch *Propagatoren* und haben wegen ihres zeitgeordneten, kausalen Charakters eine ganz anschauliche Interpretation: z.B. beschreibt $\langle T A_\mu(x)A_\nu(y)\rangle$ die Erzeugung eines Photons mit der Projektion ν der Polarisation am Ort y und die Vernichtung am Ort x ($x_0 > y_0$), also die Ausbreitung (Propagation) eines Photons. Analog beschreibt $\langle T\psi(x)\bar{\psi}(y)\rangle$ die Erzeugung eines Elektrons am Ort y und seine Vernichtung am Ort x ($x_0 > y_0$), aber auch die Vernichtung eines Positrons am Ort y und seine Erzeugung am Ort x ($x_0 > y_0$). Die spitzen Klammern $\langle \cdots \rangle$ (Überbleibsel der Bra, Ket's von Dirac) beziehen sich darauf, daß man den Erwartungswert der Operatorprodukte bezüglich des Vakuums genommen hat. So ist die Redeweise „$J,\ \bar{\eta},\ \eta,\ J_\mu$ sind Quellen für $\phi,\ \psi,\ \bar{\psi},\ A_\mu$" und „$\frac{\delta}{i\delta J},\ \frac{\delta}{i\delta\bar{\eta}},\ \frac{\delta}{-i\delta\eta},\ \frac{\delta}{i\delta J_\mu}$ erzeugen $\phi,\ \psi,\ \bar{\psi},\ A_\mu$" zu verstehen.

Eine genaue Analyse, die auf den Entwicklungen (2.1) und den Vertauschungsrelationen (2.6) basiert, zeigt übrigens, daß

$$
\begin{aligned}
\langle T\phi(x)\phi(y)\rangle &= \theta(x^0-y^0)\langle\phi(x)\phi(y)\rangle \\
&\quad +\theta(y^0-x^0)\langle\phi(y)\phi(x)\rangle
\end{aligned}
\tag{2.15}
$$

gilt. Hier ist θ die Stufenfunktion

$$
\theta = \begin{cases} 1 & \text{für} \quad x^0 > y^0 \\ 0 & \text{für} \quad x^0 < y^0 \end{cases}
\tag{2.16}
$$

und $\langle\phi\phi\rangle$ bezeichnet wieder den Vakuumserwartungswert des Operatorproduktes $\phi\phi$.

2.3　Greensche Funktionen

Es stellt sich als zweckmäßig heraus, zeitgeordnete Produkte auch von mehr als zwei Feldern zu definieren. Ist $\pi(1)\ldots\pi(n)$ eine Permutation von $1\ldots n$ mit

$$
x^0_{\pi(1)} \geq x^0_{\pi(2)} \geq \cdots \geq x^0_{\pi(n)},
\tag{2.17}
$$

so definieren wir das zeitgeordnete Produkt von n Operatoren $\phi(x_1)\ldots\phi(x_n)$ mit Hilfe von

$$T\left(\phi_1(x_1)\ldots\phi_n(x_n)\right) = \tag{2.18}$$
$$\theta(x^0_{\pi(1)})\ldots\theta(x^0_{\pi(n)})\phi_{\pi(1)}(x_{\pi(1)})\ldots\phi_{\pi(n)}(x_{\pi(n)})\,.$$

Der Vakuumerwartungswert eines solchen Produktes heißt Greensche Funktion oder n-Punkt-Funktion

$$G(x_1\ldots x_n) = \langle T\left(\phi_1(x_1)\ldots\phi_n(x_n)\right)\rangle\,. \tag{2.19}$$

Um mit einer beliebigen Greenschen Funktion arbeiten zu können, führt man als erzeugendes Funktional

$$Z(J) \;=\; \langle Te^{i\int\phi J}\rangle \tag{2.20}$$
$$=\; \sum_n \frac{i^n}{n!}\int dx_1\ldots dx_n\langle T\left(\phi_1(x_1)\ldots\phi_n(x_n)\right)\rangle J(x_1)\ldots J(x_n)$$

ein. $G(x_1\ldots x_n)$ ergibt sich dann als Ableitung:

$$G(x_1\ldots x_n) = \frac{\delta}{i\delta J(x_1)}\cdots\frac{\delta}{i\delta J(x_n)}Z(J)|_{J=0}\,. \tag{2.21}$$

Man kennt demnach alle Greenschen Funktionen einer Theorie, wenn $Z(J)$ bekannt ist.

2.3.1 Das erzeugende Funktional $Z_0(J)$

Für freie Felder, d.h. Felder, die die Gleichungen (2.1)-(2.5) erfüllen, läßt sich das erzeugende Funktional ihrer Greenschen Funktionen leicht konstruieren. Wir gehen als Beispiel aus von (2.2)

$$\left(\Box + m^2\right)\phi(x) = 0 \tag{2.22}$$

und der Zerlegung (2.1)

$$\phi(x) \;=\; \int\frac{d^3p}{(2\pi)^{3/2}}\left(\frac{e^{-ipx}}{\sqrt{2E_p}}a(p) + \frac{e^{ipx}}{\sqrt{2E_p}}a^\dagger(p)\right) \tag{2.23}$$

in positive (1. Summand) und negative Frequenzanteile (2. Summand). Die an den Propagator angepaßte Randbedingung für ϕ lautet dann, daß für $x^0 \to \pm\infty$ das Feld ϕ nur $\pm$ Frequenzanteile enthalten soll. Bezeichnen wir mit

$$Z_0(J) = \langle Te^{i\int\phi J}\rangle \tag{2.24}$$

das erzeugende Funktional für die freien Greenschen Funktionen von ϕ, so gilt für

$$\frac{\delta Z_0}{i\delta J} = \langle T\phi e^{i\int\phi J}\rangle \tag{2.25}$$

die Gleichung

$$\frac{\delta Z_0}{i\delta J} \xrightarrow[x^0\to\pm\infty]{} \begin{cases} \langle \phi(x)\,(Te^{i\int \phi J}) \\ \langle (Te^{i\int \phi J})\,\phi(x) \end{cases} \tag{2.26}$$

(x^0 ist größer/kleiner als jede andere Zeit) und als Randbedingung, daß es nur $\pm$ Frequenzanteile enthält.

Aus der Bewegungsgleichung für ϕ wollen wir nun eine solche für Z_0 herleiten und diese dann unter Berücksichtigung der Randbedingung lösen.

Hierzu machen wir die Zeitabhängigkeit in (2.25) explizit

$$\langle T\left(\phi(x)e^{i\int \phi J}\right)\rangle = \langle T\left(e^{i\int_t^\infty dt'\phi J}\right)\phi(\mathbf{x},t)\,T\left(e^{i\int_{-\infty}^t dt''\phi J}\right)\rangle \tag{2.27}$$

und differenzieren nach t

$$\frac{\partial}{\partial t}\langle T\left(\phi(x)e^{i\int \phi J}\right)\rangle = \tag{2.28}$$

$$\langle T\left(e^{i\int_t^\infty dt'\phi J}\right)\dot\phi(\mathbf{x},t)T\left(e^{i\int_{-\infty}^t dt''\phi J}\right)\rangle$$

$$-\langle T\left(e^{i\int_t^\infty dt'\phi J}\right)i\int d^3y J(y)\phi(\mathbf{y},t)\phi(\mathbf{x},t)T\left(e^{i\int_{-\infty}^t dt''\phi J}\right)\rangle$$

$$+\langle T\left(e^{i\int_t^\infty dt'\phi J}\right)i\int d^3y J(y)\phi(\mathbf{x},t)\phi(\mathbf{y},t)T\left(e^{i\int_{-\infty}^t dt''\phi J}\right)\rangle.$$

Hier kompensieren sich die letzten beiden Terme, denn zu gleichen Zeiten vertauschen die Felder.

$$\frac{\partial^2}{\partial t^2}\langle T\left(\phi(x)e^{i\int \phi J}\right)\rangle = \tag{2.29}$$

$$\langle T\left(e^{i\int_t^\infty dt'\phi J}\right)\ddot\phi(\mathbf{x},t)T\left(e^{i\int_{-\infty}^t dt''\phi J}\right)\rangle$$

$$+\langle T\left(e^{i\int_t^\infty dt'\phi J}\right)i\int d^3y\, J(y)\left[\dot\phi(\mathbf{x},t),\phi(\mathbf{y},t)\right]T\left(e^{i\int_{-\infty}^t dt''\phi J}\right)\rangle.$$

Wegen (2.7) trägt der Kommutatorterm jetzt nicht-trivial bei und wir erhalten für die vollständige Bewegungsgleichung

$$(\Box + m^2)\langle T\left(e^{i\int \phi J}\right)\rangle = \tag{2.30}$$

$$\langle T\left(e^{i\int_t^\infty dt'\phi J}\right)(\Box + m^2)\,\phi(\mathbf{x},t)T\left(e^{i\int_{-\infty}^t dt''\phi J}\right)\rangle$$

$$+\langle T\left(e^{i\int_t^\infty dt'\phi J}\right)J(x)T\left(e^{i\int_{-\infty}^t dt''\phi J}\right)\rangle$$

$$= J(x)Z_0(J)$$

also

$$(\Box + m^2)\frac{\delta Z_0}{i\delta J} = J(x)Z_0(J) \tag{2.31}$$

oder auch

$$\left(\Box + m^2\right)\left(Z_0^{-1}\frac{\delta Z_0}{i\delta J(x)}\right) = J(x)\,.\tag{2.32}$$

Die obigen Randbedingungen führen zu der eindeutigen Lösung

$$Z_0^{-1}\frac{\delta Z_0}{i\delta J(x)} = i\int dy\,\Delta_c(x-y)J(y)\tag{2.33}$$

und damit ergibt sich

$$Z_0(J) \;=\; \exp\left\{-\frac{1}{2}\int dx\,dy\, J(x)\Delta_c(x-y)J(y)\right\}\tag{2.34}$$

Ganz analog lassen sich die Beiträge der anderen Felder herleiten:

$$Z_0(\eta,\bar\eta) \;=\; \exp\left\{-\int dx\,dy\, \bar\eta(x)S_c(x-y)\eta(y)\right\}\tag{2.35}$$

$$Z_0(J_\mu) \;=\; \exp\left\{-\frac{1}{2}\int dx\,dy\, J^\mu(x)\Delta^c_{\mu\nu}(x-y)J^\nu(y)\right\}\tag{2.36}$$

(Feynman-Eichung).

2.3.2 Das erzeugende Funktional Z(J)

(für die Greenschen Funktionen wechselwirkender Felder)

Wie die Herleitung für Z_0 im vorherigen Abschnitt zeigt, sind drei Elemente für die eindeutige Bestimmung erforderlich: Randbedingungen, eine Bewegungsgleichung und Vertauschungsrelationen für die Felder. Im wechselwirkenden Fall

$$Z(J) = \langle Te^{i\int dx\,\phi J}\rangle\tag{2.37}$$

fordert man nach LEHMANN, SYMANZIK, ZIMMERMANN (LSZ) die Asymptotenbedingung

$$\phi \xrightarrow[x^0\to\pm\infty]{} \sqrt{Z}\,\phi^{aus}_{ein}\,,\tag{2.38}$$

wobei ϕ^{aus}_{ein} *freie* Felder sind, Z eine (reelle) Konstante und der Limes im Sinne schwacher Konvergenz zu verstehen ist. Als Randbedingung ergibt sich demnach wie im freien Fall

$$\frac{\delta Z}{i\delta J(x)} = \langle T\left(\phi(x)e^{\int \phi J}\right)\rangle \xrightarrow[x^0\to\pm\infty]{} \pm\text{Frequenzen}\,.$$

Als Bewegungsgleichung nimmt man eine Gleichung der Form

$$\left(\Box + m^2\right)\phi = -V'(\phi) = -\frac{\partial V}{\partial\phi}\tag{2.39}$$

an, wie sie etwa aus einer Wirkung

$$\Gamma = \int \left(-\frac{1}{2}\phi\left(\Box + m^2\right)\phi - V \right) \tag{2.40}$$

folgt (da ϕ ein Operator ist, haben Produkte wie in $V'(\phi)$ vorläufig nur einen formalen Sinn). Als Vertauschungsrelationen legen wir die freien Felder zugrunde. Dann ergibt sich völlig analog zum Fall freier Felder die Gleichung

$$\left(\Box + m^2\right)\frac{\delta Z}{i\delta J(x)} = J(x)Z(J) - \left\langle T\left(V'(\phi)e^{i\int \phi J}\right)\right\rangle. \tag{2.41}$$

Mit Hilfe von

$$\left[J(x), \left(\frac{\delta}{i\delta J(y)}\right)^n\right] = i\delta(x-y)\left(\frac{\delta}{i\delta J(y)}\right)^{n-1} \tag{2.42}$$

und der Bezeichnung

$$\mathcal{L}_{int} \equiv V(\phi) \tag{2.43}$$

läßt sie sich umformen in

$$\begin{aligned}
\left(\Box + m^2\right)\frac{\delta Z}{i\delta J(x)} &= \left(J(x) - i\left[J(x), \int dz\mathcal{L}_{int}\left(\frac{\delta}{i\delta J(z)}\right)\right]\right)Z \\
&= \left(\exp\left\{i\int\mathcal{L}_{int}\left(\frac{\delta}{i\delta J}\right)\right\}\right)\times \\
&\qquad J(x)\exp\left\{-i\int\mathcal{L}_{int}\left(\frac{\delta}{i\delta J}\right)\right\}.
\end{aligned} \tag{2.44}$$

Hieraus folgt

$$\left(\Box + m^2\right)\frac{1}{e^{-i\int\mathcal{L}_{int}}Z}\frac{\delta Z}{i\delta J(x)}\left(e^{-i\int\mathcal{L}_{int}}Z\right) = J(x). \tag{2.45}$$

Die Randbedingungen führen also zum Schluß

$$e^{-i\int\mathcal{L}_{int}}Z = const. \times Z_0. \tag{2.46}$$

Normieren wir so, daß

$$Z|_{J=0} = 1, \tag{2.47}$$

folgt

$$Z(J) = \frac{e^{i\int\mathcal{L}_{int}\left(\frac{\delta}{i\delta J}\right)}Z_0(J)}{\left\{e^{i\int\mathcal{L}_{int}}Z\right\}|_{J=0}}. \tag{2.48}$$

Wir haben dieses Ergebnis auf reichlich formalem Weg abgeleitet: Operatorprodukte $V'(\phi)$ sind nicht ohne weiteres wohldefiniert, die wechselwirkenden Felder erfüllen auch nicht kanonische Vertauschungsrelationen. Dennoch hat die Formel (2.48) großen heuristischen Wert:

(1) in der störungstheoretischen Berechnung von Greenschen Funktionen, bei der die Exponentialfunktion nach Potenzen entwickelt wird, liefert sie die richtige Kombinatorik;

(2) ihre konstituierenden Elemente können streng definiert werden, so daß sie tatsächlich eine exakte Vorschrift wird, die die zugrundeliegenden Axiome der Theorie respektiert.

Treten unterschiedliche Felder auf, so werden $\int \mathcal{L}_{int}$ und $Z_0(J)$ entsprechend verallgemeinert. Das Beispiel der QED wird im nächsten Abschnitt explizit diskutiert.

2.4 Feynman-Diagramme für Greensche Funktionen

Um (2.48) auszuwerten, beschreiben wir die Übersetzung in Diagramme, wie sie FEYNMAN eingeführt hat. Wir betrachten als konkretes Beispiel zunächst die Wechselwirkung eines skalaren Feldes mit sich selbst:

$$\mathcal{L}_{int} = -\frac{\lambda}{4!} : \phi^4 : \tag{2.49}$$

(Die Doppelpunkte besagen, daß in der Entwicklung gemäß (2.1) alle Erzeuger $a^\dagger$ links von allen Vernichtern a anzuordnen sind, so daß der Vakuumerwartungswert von $: \phi^4 :$ verschwindet; „Normalordnung".)

Stellt man die Propagatoren als Linien dar, die Ableitungen nach J als Punkte, von denen je nach Zahl der Ableitungen Linien ausgehen, dann entspricht $\int dz \, \mathcal{L}_{int}\,(\delta/i\delta J)$ ein „4-Vertex", d.h. ein Punkt, an dem vier Linien enden; einer Ableitung $\delta/i\delta J(x_k)$ aus

$$G(x_1 \ldots x_n) = \frac{\delta}{i\delta J(x_1)} \cdots \frac{\delta}{i\delta J(x_n)} Z|_{J=0} \tag{2.50}$$

entspricht ein Punkt, an dem eine Linie endet. Interpretieren wir die Normalordnung in (2.49) nun so, daß keine Linie mit ihrem Ausgangspunkt verbunden werden darf, so ergibt sich in der Ordnung λ nur ein Diagramm mit der ana-

Abb. 2.1
Vierervertex

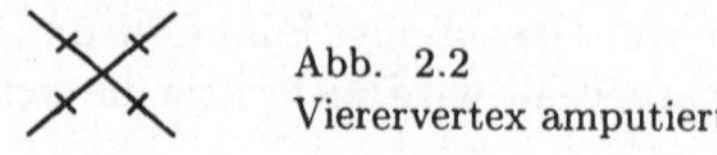

Abb. 2.2
Vierervertex amputiert

lytischen Zuordnung

$$G(x_1, \ldots, x_4) \;=\; \frac{\delta}{i\delta J(x_1)} \cdots \frac{\delta}{i\delta J(x_4)} Z|_{J=0}$$

$$=\; -\lambda \int dz \prod_{j=1}^{4} \Delta_c(z - x_j). \tag{2.51}$$

„Amputieren" wir die (äußeren) Beine im Diagramm (2.1), d.h. multiplizieren wir mit dem Inversen der Propagatoren, so entsteht die elementare 4-*Vertex*-Funktion.
Analytisch:

$$\prod_{j=1}^{4} \left(\Box_{x_j} + m^2\right) G(x_1 \ldots x_4) = \tag{2.52}$$

$$(-\lambda)(-i)^4 \int dz \prod_{j=1}^{4} \delta(z - x_j) \equiv \Gamma(x_1 \ldots x_4)$$

Graphisch: s. Abb. 2.2.
 Wir nennen das den „lokalen" Beitrag zu Γ_4.
Nach Fouriertransformation folgt:

$$\tilde{\Gamma}_4(p_1 \ldots p_4) = -\lambda\delta(p_1 + p_2 + p_3 + p_4). \tag{2.53}$$

D.h. aus der Translationsinvarianz im Ortsraum folgt die Impulserhaltung für den Vertex im Impulsraum.
Entwickeln wir $Z(J)$ nach Potenzen von λ, so hat offensichtlich jede Greensche Funktion eine Darstellung in Diagrammen. Kombinatorik, Faktoren und Integration sind definiert durch (2.48) und (2.50). Die Auswertung von (2.48) für Greensche Funktionen ist allerdings etwas mühsam, so daß wir noch eine andere Form angeben wollen: die GELL-MANN-LOW-Formel.
Hier unterscheiden wir sorgfältig zwischen freiem Feld $\phi^{(0)}$ und wechselwirkendem Feld ϕ und können sie dann folgendermaßen angeben:

$$G(x_1 \ldots x_n) = \langle T \left(\phi(x_1) \ldots \phi(x_n)\right)\rangle \tag{2.54}$$

$$= \frac{\langle T \left(\phi^{(0)}(x_1) \ldots \phi^{(0)}(x_n) e^{i \int \mathcal{L}_{int}^{(0)}}\right)\rangle}{\langle T e^{i \int \mathcal{L}_{int}^{(0)}}\rangle}$$

Der obere Index 0 bei $\mathcal{L}_{int}^{(0)}$ soll deutlich machen, daß in $\mathcal{L}_{int}$ die *freien* Felder einzusetzen sind. Nennen wir dann noch den (freien) Propagator Δ_c „Kontraktion", bezeichnet mit $\overline{\phi^{(0)}(x)\phi^{(0)}(y)}$, so läßt sich die angestrebte einfache Form für $G(x_1 \ldots x_n)$ durch das Wicksche Theorem beschreiben:

$$G(x_1 \ldots x_n) \;=\; \sum_{\mathcal{K}} \frac{\langle T\left(\overline{\phi^{(0)}} \ldots \overline{\phi^{(0)}} e^{i\int \mathcal{L}_{int}^{(0)}}\right)\rangle}{\langle T e^{i\int \mathcal{L}_{int}^{(0)}}\rangle} \tag{2.55}$$

(Summation über alle Kontraktionen $\mathcal{K}$; Kontraktionen innerhalb eines Faktors $\int \mathcal{L}_{int}^{(0)}$ allein werden ausgeschlossen; das entspricht wieder der Normalordnung.)

Der Beweis, daß die beiden Ausdrücke (2.50) mit (2.48) und (2.54) identisch sind, ist nicht sehr schwierig, wenn man sich klar macht, daß „kontrahieren" in einem Fall mit „differenzieren" im anderen identisch ist.

In der QED lautet die Wechselwirkung

$$\mathcal{L}_{int} = e\bar{\psi}\gamma^\mu A_\mu \psi \tag{2.56}$$

und man muß einige Vorzeichenkonventionen einführen, um der Tatsache Rechnung zu tragen, daß Spinorfelder und Ableitungen nach ihnen *anti*-kommutieren. Wir definieren

$$Z(J_\mu, \eta, \bar{\eta}) = \langle T \exp\left\{ i \int dx \left(J^\mu A_\mu + \bar{\eta}\psi + \bar{\psi}\eta \right) \right\}\rangle . \tag{2.57}$$

Dann gilt

$$\langle T\left(A_{\mu_1}(x_1) \ldots A_{\mu_k}(x_k)\bar{\psi}(y_1)\ldots\bar{\psi}(y_l)\psi(z_1)\ldots\psi(z_m)\right)\rangle =$$

$$\frac{\delta}{i\delta J^{\mu_1}(x_1)} \cdots \frac{\delta}{i\delta J^{\mu_k}(x_k)} i\frac{\delta}{i\delta\eta(y_1)} \cdots$$

$$i\frac{\delta}{i\delta\eta(y_l)}(-i)\frac{\delta}{i\delta\bar{\eta}(z_1)} \cdots (-i)\frac{\delta}{i\delta\bar{\eta}(z_m)} Z\big|_{J=\eta=\bar{\eta}=0} ,$$

wenn wir alle Spinorableitungen von *links* ausführen. In der Praxis wird man freie Spinorindizes mit γ-Matrizen kontrahieren und hat dann Vorzeichenwechsel wegen der Vertauschung von Spinoren zu berücksichtigen. Für die Propagatoren gilt (in Übereinstimmung mit (2.14))

$$\begin{aligned}
\langle T\bar{\psi}_\alpha(x)\psi_\beta(y)\rangle &= i\frac{\delta}{\delta\eta^\alpha(x)}(-i)\frac{\delta}{\delta\bar{\eta}^\beta(y)} Z\big|_{\eta=\bar{\eta}=0} \\
&= -\langle T\psi_\beta(y)\bar{\psi}_\alpha(x)\rangle \\
&= -S^c_{\beta\alpha}(y-x) .
\end{aligned} \tag{2.58}$$

Als Beispiel für die Berechnung einer Greenschen Funktion leiten wir $\langle T\left(\bar{\psi}(x_1)\psi(x_2)\bar{\psi}(x_3)\psi(x_4)\right)\rangle$ in zweiter Ordnung in der Kopplungskonstanten e her. Gemäß (2.55) erhalten wir zunächst den Faktor $-e^2/2$ und müssen dann in

$$\left\langle T\left(\bar{\psi}(x_1)\psi(x_2)\bar{\psi}(x_3)\psi(x_4)\int dz_1\,\bar{\psi}A\!\!\!/\psi\int dz_2\,\bar{\psi}A\!\!\!/\psi\right)\right\rangle$$

alle Kontraktionen ausführen. Da als äußere Beine nur Fermionen auftreten, werden die Vektorfelder kontrahiert; hierzu gibt es genau eine Möglichkeit. Beginnen wir die Fermionkontraktion mit $\bar{\psi}(x_1)$, so kann diese sich auf das Feld ψ im ersten oder im zweiten Integral beziehen; da die zu kontrahierenden Faktoren noch völlig symmetrisch sind, liefert das zweimal denselben Beitrag. Also haben wir in diesem Stadium

$$G(\bar{\psi}_1\psi_2\bar{\psi}_3\psi_4) = -\frac{e^2}{2}2\int dz_1 dz_2\,\langle\bar{\psi}_{\alpha_1}(x_1)(-1)^4\psi_{\beta_1}(z_1)\rangle\times \qquad (2.59)$$

$$\langle T\left(\psi_2\bar{\psi}_3\psi_4\bar{\psi}_{\gamma_1}(z_1)\gamma^\mu_{\gamma_1\beta_1}\bar{\psi}\gamma^\nu\psi(z_2)\right)\rangle\langle A_\mu(z_1)A_\nu(z_2)\rangle\,.$$

Die Kontraktion von ψ_2 mit den verbleibenden $\bar{\psi}$'s führt zu zwei unterschiedlichen Beiträgen, weil jetzt keine Symmetrie der Faktoren mehr vorliegt.

$$G(\bar{\psi}_1\psi_2\bar{\psi}_3\psi_4) = -e^2\int dz_1 dz_2\,\langle\bar{\psi}_{\alpha_1}(x_1)\psi_{\beta_1}(z_1)\rangle\times \qquad (2.60)$$

$$\langle A_\mu A_\nu\rangle\left(\langle\bar{\psi}_{\gamma_1}(z_1)(-1)^3\psi_{\alpha_2}(x_2)\rangle T\left(\bar{\psi}_3\psi_4\gamma^\mu_{\gamma_1\beta_1}\bar{\psi}\gamma^\nu\psi\right)\right.$$

$$\left.+\langle\bar{\psi}_{\gamma_2}(z_2)(-1)^4\psi_{\alpha_2}(x_2)\rangle\;T\left(\bar{\psi}_3\psi_4\bar{\psi}_{\gamma_1}\gamma^\mu_{\gamma_1\beta_1}\gamma^\nu_{\gamma_2\beta_2}\psi_{\beta_2}\right)\right)$$

Die verbleibenden Kontraktionen sind eindeutig.

$$= -e^2\int dz_1 dz_2\langle\bar{\psi}_{\alpha_1}(x_1)\psi_{\beta_1}(z_1)\rangle\langle A_\mu A_\nu\rangle\times$$

$$\gamma^\mu_{\gamma_1\beta_1}\gamma^\nu_{\gamma_2\beta_2}\left(-\langle\bar{\psi}_{\gamma_1}(z_1)\psi_{\alpha_2}(x_2)\rangle\langle\bar{\psi}_{\alpha_3}(x_3)\times\right.$$

$$(-1)^2\psi_{\beta_2}(z_2)\rangle\langle\bar{\psi}_{\gamma_2}(z_2)(-1)\psi_{\alpha_4}(x_4)\rangle$$

$$\left.+\langle\bar{\psi}_{\gamma_2}(z_2)\psi_{\alpha_2}(x_2)\rangle\langle\bar{\psi}_{\alpha_3}(x_3)(-1)^3\psi_{\beta_2}(z_2)\rangle\langle\bar{\psi}_{\gamma_1}(z_1)(-1)\psi_{\alpha_4}(x_4)\rangle\right)$$

$$= -e^2\int dz_1 dz_2(-1)^4\left(\gamma^\mu_{\gamma_1\beta_1}S_c(z_1-x_1)_{\beta_1\alpha_1}\times\right.$$

$$S_c(x_2-z_1)_{\alpha_2\gamma_1}\gamma^\nu_{\gamma_2\beta_2}S_c(z_2-x_3)_{\beta_2\alpha_3}S_c(x_4-z_2)_{\alpha_4\gamma_2}$$

$$-\gamma^\mu_{\gamma_1\beta_1}S_c(z_1-x_1)_{\beta_1\alpha_1}S_c(x_2-z_2)_{\alpha_2\gamma_2}\times$$

$$\left.\gamma^\nu_{\gamma_2\beta_2}S_c(z_2-x_3)_{\beta_2\alpha_3}S_c(x_4-z_1)_{\alpha_4\gamma_1}\right)\times$$

$$\Delta_{\mu\nu}(z_1-z_2)$$

$$G\left((\bar{\psi}_1(x_1)\psi_2(x_2)\bar{\psi}_3(x_3)\psi_4(x_4)\right) = \tag{2.61}$$

$$-e^2 \int dz_1 dz_2 \left(S_c(x_2 - z_1)_{\alpha_2\gamma_1}\gamma^\mu_{\gamma_1\beta_1} \times \right.$$

$$S_c(z_1 - x_1)_{\beta_1\alpha_1}\Delta_{\mu\nu}(z_1 - z_2) \times$$

$$S_c(x_4 - z_2)_{\alpha_4\gamma_2}\gamma^\nu_{\gamma_2\beta_2}S_c(z_2 - x_3)_{\beta_2\alpha_3}$$

$$-S_c(x_4 - z_1)_{\alpha_4\gamma_1}\gamma^\mu_{\gamma_1\beta_1}S_c(z_1 - x_1)_{\beta_1\alpha_1}\times$$

$$\left.\Delta_{\mu\nu}(z_1 - z_2)S_c(x_2 - z_2)_{\alpha_2\gamma_2}\gamma^\nu_{\gamma_2\beta_2}S_c(z_2 - x_3)_{\beta_2\alpha_3}\right)$$

Stellen wir den Fermionpropagator durch eine gerichtete Linie dar $\longrightarrow S_c(x_b - x_a)$, den Photonpropagator durch eine Wellenlinie $\longrightarrow \Delta_{\mu\nu}(x_b - x_a)$, so ergeben sich für die zwei Beiträge die folgenden Diagramme. Das relative Vorzeichen ist

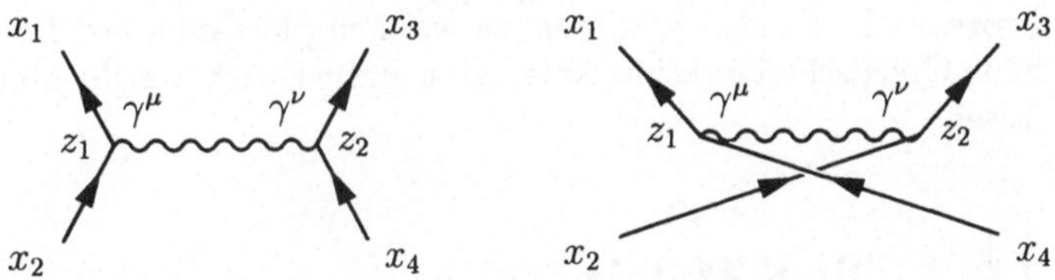

Abb. 2.3 Die zwei Beiträge zur Fermion-Fermion-Streuung

wichtig: es drückt aus, daß $G(\bar{\psi}_1\psi_2\bar{\psi}_3\psi_4)$ antisymmetrisch bei Vertauschung der identischen Fermionen $\psi(x_2)$, $\psi(x_4)$ ist, und manifestiert so das Pauli-Prinzip. Als weiteres Beispiel aus der QED wollen wir in derselben Ordnung e^2 die Beiträge zu $G(\bar{\psi}, \psi, A, A)$ ermitteln. Die Entwicklung der Exponentialfunktion liefert wieder den Faktor $-e^2/2$. Zu kontrahieren sind demnach die Felder in

$$A_{\mu_1}(x_1)A_{\mu_2}(x_2)\bar{\psi}_{\alpha_3}(x_3)\psi_{\alpha_4}(x_4) \int \bar{\psi}\gamma^\lambda A_\lambda\psi(z_1)\bar{\psi}\gamma^\rho A_\rho\psi(z_2)\,.$$

Beginnen wir von A_{μ_1} aus zu kontrahieren, so erhalten wir zwei identische Beiträge; die Kontraktion von A_{μ_2} aus ist dann eindeutig. Die Kontraktionen der Fermionen sind nicht identisch und liefern ebenfalls zwei Beiträge. Wir erhalten analytisch

$$G(\bar{\psi}, \psi, A, A) = -e^2 \int dz_1 dz_2 \left(\Delta_{\mu_1\lambda}(x_1 - z_1)\times \right.$$

$$\Delta_{\mu_2\rho}(x_2 - z_2)\left(S_c(x_4 - z_1)\gamma^\lambda\times\right.$$

$$\left.S_c(z_1 - z_2)\gamma^\rho S_c(z_2 - x_3)\right)_{\alpha_4\beta_3}$$

$$+\Delta_{\mu_1\rho}(x_1 - z_2)\Delta_{\mu_2\lambda}(x_2 - z_1)\times$$

$$\left(S_c(x_4 - z_1)\gamma^\lambda S_c(z_1 - z_2)\gamma^\rho\times\right.$$

$$\left.\left.S_c(z_2 - x_3)\right)_{\alpha_4\beta_3}\right) \tag{2.62}$$

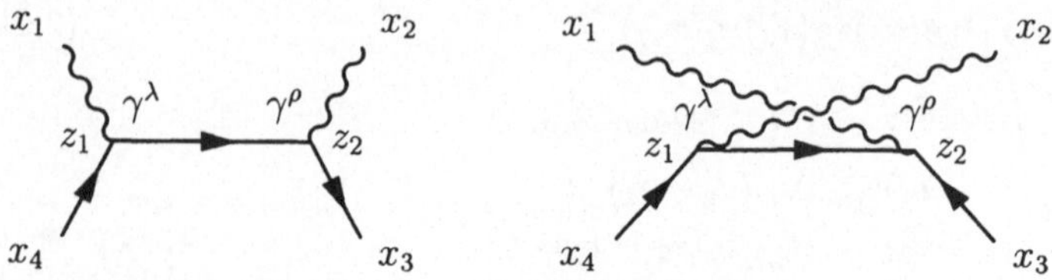

Abb. 2.4 Die zwei Beiträge zur Fermion-Photon-Streuung

und graphisch Abb. 2.4. Das positive relative Vorzeichen drückt die Symmetrie von $G(\bar\psi, \psi, A, A)$ bei Vertauschung der äußeren Photonenlinien aus: Bose-Symmetrie.

Die Form der Diagramme suggeriert bereits die Interpretation als physikalische Prozesse. Es ist also zu klären, zu welchen physikalischen Prozessen eine gegebene Greensche Funktion Anlaß gibt und wie sich aus ihr Meßwerte berechnen lassen.

2.5 Die S-Matrix

Der störungstheoretischen Behandlung von Prozessen in der Quantenfeldtheorie liegt als Idealisierung die Vorstellung zugrunde, daß vor und nach einem Streuvorgang *freie* Teilchen die jeweilige Situation angemessen beschreiben. Das Wechselwirkungsgebiet sollte demnach raum-zeitlich beschränkt sein. Seine mathematische Formulierung findet diese Auffassung in der schon oben erwähnten LSZ-Asymptotenbedingung:

$$\phi(x) \xrightarrow[x^0 \to \pm\infty]{} \sqrt{Z}\, \phi^{aus}_{ein}(x) \tag{2.63}$$

im Sinne schwacher Konvergenz (also nur Matrixelemente konvergieren), wobei ϕ^{aus}_{ein} freie Felder sind, im Beispiel Spin 0 also

$$\left(\Box + m^2\right) \phi^{aus}_{ein}(x) = 0 \tag{2.64}$$

erfüllen. Für den vollen Propagator des wechselwirkenden Feldes nimmt man an, daß

$$\langle T\phi(x)\phi(y)\rangle \quad = \quad \Delta'_c(x - y; m^2) \tag{2.65}$$

$$\Delta'_c(p^2; m^2) \quad \xrightarrow[p^2 \to m^2]{} \quad Z\Delta_c(p^2; m^2)\,, \tag{2.66}$$

wenn $\Delta_c(p^2; m^2)$ den Propagator des freien Feldes zur Masse m bezeichnet. Z ist also gegeben durch

$$Z = -i(p^2 - m^2)\Delta'_c|_{p^2 = m^2}\,. \tag{2.67}$$

Mit

$$\Delta'_c = \frac{i}{p^2 - m^2 + i\Sigma + i\varepsilon}$$ (2.68)

und

$$\Sigma = p^2 - m^2 + \left(\frac{\partial}{\partial p^2}\Sigma\right)\big|_{p^2=m^2}(p^2 - m^2) + \ldots$$ (2.69)

folgt demnach

$$Z = \frac{1}{1 + i\Sigma'(p^2 = m^2)}\,.$$ (2.70)

Präpariert man als einlaufenden Zustand einen n_i-Teilchen-Zustand (i: initial) des physikalischen Hilbert-Raums, so wird dieser auf einen n_f-Teilchen-Zustand (f: final) abgebildet. Der Operator, der dieser Abbildung zugrunde liegt, heißt Streu-Operator, seine Matrixelemente S_{fi} Streu-Matrix- kurz S-Matrix-Elemente.

$$|\phi_{ein}\cdots\phi_{ein}\rangle \xrightarrow{\ S\ } |\phi_{aus}\cdots\phi_{aus}\rangle$$ (2.71)
$$S_{fi} = \langle f|i\rangle$$ (2.72)

S_{fi} wird im Sinne der Quantenmechanik als Wahrscheinlichkeitsamplitude für den Übergang $n_i \to n_f$ interpretiert. Nehmen wir im Geiste der Störungstheorie an, daß die Vielteilchenzustände von ϕ_{ein} den gesamten Hilbertraum $\mathcal{H}_{ein}$, die von ϕ_{aus} den gesamten Hilbertraum $\mathcal{H}_{aus}$ aufspannen und daß beide gleich sind

$$\mathcal{H}_{phys} \equiv \mathcal{H}_{ein} = \mathcal{H}_{aus}\,,$$ (2.73)

dann ist S in diesem Hilbertraum unitär, denn das drückt die Wahrscheinlichkeitserhaltung aus

$$S^\dagger S = S S^\dagger = \mathbf{1}\,.$$ (2.74)

2.5.1 Reduktionsformeln für Skalare

Um nun eine Beziehung zwischen S_{fi} und den Greenschen Funktionen herzustellen, erinnern wir daran, daß die Felder ϕ_{ein}^{aus} eine Zerlegung in positive und negative Frequenzanteile haben und diese getrennt für $x^0 \to \pm\infty$, also asymptotisch realisiert werden (s. Abschn. 2.3). Ihnen entsprechen in der p^0-Integration des Propagators (2.13) die Pole $p^0 = \pm\sqrt{\mathbf{p}^2 + m^2} \equiv \omega_p$. Feldoperator $\phi_{\substack{aus \\ ein}}$ und zugehöriger Ein-Teilchen-Zustand sind folgendermaßen normiert

$$\langle 0|\phi_{\substack{aus \\ ein}}(x)|p\rangle = \int d^3k \frac{e^{-ikx}}{\sqrt{(2\pi)^3 2\omega_k}} \langle 0|a_{\substack{ein \\ aus}}(k)|p\rangle$$

$$= \frac{e^{-ikx}}{\sqrt{(2\pi)^3 2\omega_k}} . \tag{2.75}$$

Für das wechselwirkende Feld projizieren $\langle 0|$ und $|p\rangle$ also gemäß der Asymptotenbedingung

$$\langle 0|\phi(x)|p\rangle = \sqrt{Z}\langle \phi_{\substack{ein \\ aus}}(x)|p\rangle \tag{2.76}$$

mit dem „Gewicht" $\sqrt{Z}$. Verstehen wir jetzt eine äußere Linie einer Greenschen Funktion $G = G(x\ldots,y\ldots)$ beginnend am Punkt x als Linie für ein einlaufendes Teilchen (Impuls q), eine äußere Linie beginnend am Punkt y als auslaufendes Teilchen (Impuls p), dann ist es plausibel, daß der Übergang zum entsprechenden Beitrag für das S-Matrix-Element gegeben ist durch

$$\frac{i}{\sqrt{Z}} \int dx e^{-iqx} \overrightarrow{(\Box_x + m^2)} G(x,\ldots,y,\ldots)|_{q^0=\omega_q} \tag{2.77}$$

für ein einlaufendes Teilchen und durch

$$\frac{i}{\sqrt{Z}} \int dy G(x,\ldots,y,\ldots) \overleftarrow{(\Box_y + m^2)} e^{ipy}|_{p^0=\omega_p} . \tag{2.78}$$

Die Differentialoperatoren „amputieren" die äußeren Linien (einschließlich Faktor i); die Faktoren $\frac{1}{\sqrt{Z}}$ korrigieren die relative Normierung von wechselwirkendem und freiem Feld; die Vorschrift $q^0 = \omega_q$, $p^0 = \omega_p$ „setzt" die Felder auf die jeweilige Massenschale" der freien asymptotischen Teilchen; die Vorzeichen in der Fouriertransformation geben den Unterschied ein/aus an, wie er von den asymptotischen Feldern gegeben ist. Damit erhalten wir also für das gesamte S-Matrix-Element

$$S_{fi} = \langle f|i\rangle = \langle p_1\ldots p_{n_f}|q_1\ldots q_{n_i}\rangle \tag{2.79}$$

$$= \left(\frac{i}{\sqrt{Z}}\right)^{n_f} \left(\frac{i}{\sqrt{Z}}\right)^{n_i} \prod_{k=1}^{n_i} dx_n e^{-iq_k x_k} \times$$

$$(\Box_{x_k} + m^2) \prod_{j=1}^{n_f} dx_n e^{ip_j y_j} (\Box_{y_j} + m^2) \times$$

$$G(x_1\ldots x_{n_i}, y_1\ldots y_{n_f})|_{\substack{q_k^0=\omega_k^0 \\ p_j^0=\omega_j^0}}$$

(Reduktionsformel von LSZ). Die Greenschen Funktionen erlauben die Berechnung der S-Matrix.

2.5.2 Reduktionsformel für Spinoren

Um ähnlich intuitiv wie für skalare Felder zu erschließen, wie die S-Matrix aus Greenschen Funktionen für Fermionen hergeleitet werden kann, beobachten wir, daß

$$S_c(p, m) \;\sim\; \frac{(\not{p} + m)_{\alpha\beta}}{p^2 - m^2 + i\varepsilon} \tag{2.80}$$

$$= \frac{1}{p^2 - m^2 + i\varepsilon} \sum_s u_\alpha(p, s)\bar{u}_\beta(p, s) \,,$$

wobei $\not{p} \equiv \gamma^\mu p_\mu$ und

$$\sum_s u_\alpha(p, s)\bar{u}_\beta(p, s) = \not{p} + m \tag{2.81}$$

die Vollständigkeit für die *Teilchen*-Wellenfunktion mit Spin 1/2 ausdrückt (u, $\bar{u}$ sind die Wellenfunktionen, die Summe läuft über die Spineinstellungen; s. Anhang B).
Analog kann man

$$(-\not{p} + m)_{\alpha\beta} = \sum_s v_\alpha(p, s)\bar{v}_\beta(p, s) \tag{2.82}$$

für *Antiteilchen*-Wellenfunktionen zerlegen. Dabei projizieren

$$\frac{\pm\not{p} + m}{2m} \equiv \Lambda_\pm \tag{2.83}$$

auf positive und negative Energie-Zustände.
D.h. der Propagator „transportiert" alle Spinzustände des Teilchens (bzw. Antiteilchens) und durch „Trennen" von $\sum_s u_\alpha \bar{u}_\beta$ in u_α bzw. $\bar{u}_\beta$ sollte man wieder den freien Ein-Teilchen-Zustand herauspräparieren können, aus dem heraus sich das wechselwirkende Teilchen entwickelt hat; analog für das Anti-Teilchen. Wir schreiben die Felder (2.1) geeignet um:

$$\psi_{ein}(x) \;=\; \int d^3p \sum_s \Big(b_{ein}(p, s)U_{ps}(x) \;+ d^\dagger_{ein}(p, s)V_{ps}(x) \Big) \,,$$

$$U_{ps}(x) \;=\; \frac{1}{\sqrt{(2\pi)^3 E_p}} e^{-ipx} u(p, s),$$

$$V_{ps}(x) \;=\; \frac{1}{\sqrt{(2\pi)^3 E_p}} e^{ipx} v(p, s). \tag{2.84}$$

Dann ergibt sich für ein einlaufendes Dirac-Teilchen

$$\frac{-i}{\sqrt{Z}} \int dx \langle T \dots \bar{\psi}(x) \dots \rangle \overleftarrow{(-i\not{\partial}_x - m)} U_{qs}(x) \tag{2.85}$$

als Operation auf einer Greenschen Funktion mit dem Argument $\bar\psi$; für ein einlaufendes Anti-Teilchen:

$$\frac{i}{\sqrt{Z}} \int dx \bar V_{qs}(x)\overrightarrow{(i\not\partial_x - m)}\langle T \ldots \bar\psi(x)\ldots\rangle,\tag{2.86}$$

für ein auslaufendes Dirac-Teilchen

$$\frac{-i}{\sqrt{Z}} \int dy \bar U_{ps}(y)\overrightarrow{(i\not\partial_y - m)}\langle T \ldots \bar\psi(y)\ldots\rangle,\tag{2.87}$$

für ein auslaufendes Anti-Teilchen

$$\frac{i}{\sqrt{Z}} \int dy \langle T \ldots \bar\psi(y)\ldots\rangle\overleftarrow{(-i\not\partial_y - m)}\bar U_{ps}(y)\,.\tag{2.88}$$

Diese Operationen sind für jedes (Anti-) Teilchen, das ein- oder ausläuft, anzuwenden, um die S-Matrix aus den Greenschen Funktionen herzuleiten.

2.5.3 Reduktionsformel für Photonen

Das Photon ist ein Teilchen mit Spin 1 und damit erhebt sich die Frage, ob der Propagator ähnlich wie bei Spin 1/2 eine vollständige Summe über die Spineinstellungen darstellt. Die Antwort ist positiv (Polarisationsvektoren und Vollständigkeitsrelation s. Anhang C)

$$\Delta_{\mu\nu} = \int \frac{dk}{(2\pi)^4} e^{ipx} \frac{-i\eta_{\mu\nu}}{p^2 + i\varepsilon}\tag{2.89}$$

$$-\eta_{\mu\nu} = \underbrace{(\delta_{ij} - \hat p_i \hat p_j)}_{\text{transv.}} + \underbrace{\hat p_i \hat p_j}_{\text{longit.}} + \underbrace{(-\eta_{0\mu}\eta_{0\nu})}_{\text{skalar}}\tag{2.90}$$

d.h. virtuell propagieren vier Freiheitsgrade. Physikalisch sind nur die zwei transversalen, d.h. die unphysikalischen müssen beim Übergang zu physikalischen Zuständen verschwinden. Aber bei der lorenzkovarianten Quantisierung haben wir natürlich *alle* Freiheitsgrade mit einbezogen (Fockraum!) und deshalb auch die S-Matrix in diesem größeren Raum zu betrachten.
Für ein Photon im Ein-Zustand ist auf die Greensche Funktion anzuwenden:

$$\frac{i}{\sqrt{Z}} \int dx\, A_\mu^{q\lambda}(x)\overrightarrow{\Box}_x\langle T \ldots A^\mu(x)\ldots\rangle\big|_{q^0=\sqrt{|\mathbf{q}|^2}}$$

$$A_\mu^{q\lambda}(x) = \frac{1}{\sqrt{(2\pi)^3}} e^{-iqx} \frac{1}{\sqrt{2\omega_q}} \varepsilon_\mu^{(\lambda)}(q)\tag{2.91}$$

Für ein Photon im Aus-Zustand:

$$\frac{i}{\sqrt{Z}} \int dy\, \langle T \ldots A^\mu(y)\ldots\rangle\overleftarrow{\Box}_y A^{*p\lambda}_\mu(y)\big|_{p^0=\sqrt{|\mathbf{p}|^2}}\,.\tag{2.92}$$

Die allgemeine Formel ergibt sich durch Produktbildung (s.o. für Skalare). Wir fassen zusammen: Aus den Greenschen Funktionen lassen sich die S-Matrix-Elemente gewinnen durch

- Amputation der äußeren Beine,
- Multiplikation mit inversen Wellenfunktionsfaktoren,
- Multiplikation mit Wellenfunktionen der freien Teilchen,
- Auf-die-Massenschale-Setzen der Impulse.

(LSZ-Reduktionsformeln)

2.6   Streuquerschnitte

Die Mehrzahl der Experimente in der Teilchenphysik sind Streuexperimente. Für den Übergang eines Anfangszustandes mit n_i Teilchen in einen Endzustand mit n_f Teilchen haben wir im vorigen Abschnitt die Wahrscheinlichkeitsamplitude S_{fi} berechnet. Nun soll aus dieser Amplitude eine wirklich meßbare Größe konstruiert werden:
der Wirkungsquerschnitt.
Um den trivialen Fall, daß gar keine Streuung stattfindet, abzutrennen, ist es sinnvoll, mit

$$\langle f|S|i\rangle = \delta_{fi} + i(2\pi)^4 \delta\left(\sum_i q_i - \sum_f p_f\right) N\langle f|T|i\rangle \qquad (2.93)$$

ein Übergangs („transition") - Matrix - Element $\langle f|T|i\rangle$ zu definieren. Hier ist die Impulserhaltung bereits explizit gemacht und der Normierungsfaktor N soll so bestimmt werden, daß $\langle f|T|i\rangle$ Lorentz-invariant wird, falls alle Teilchen Spin 0 haben; bzw. so, daß die über den Spin gemittelten Matrixelemente invariant sind, für den Fall, daß Spins auftreten. Es zeigt sich, daß

$$N = \prod_i \frac{1}{\sqrt{2VE_i}} \prod_f \frac{1}{\sqrt{2VE_f}} \qquad (2.94)$$

die richtige Wahl ist. Hier bezeichnet E_i die Energie der Teilchen im Anfangszustand, E_f die Energie der Teilchen im Endzustand und V ein Volumen, in dem man sich das System eingeschlossen vorstellt. Für $i \neq f$ beträgt demnach die Übergangswahrscheinlichkeit

$$|\langle f|S|i\rangle|^2 = (2\pi)^4 \delta\left(\sum_i q_i - \sum_f p_f\right) VTN^2 |\langle f|T|i\rangle|^2 , \qquad (2.95)$$

wobei ein Faktor $(2\pi)^4\delta(\dots)$ ersetzt worden ist durch VT, T die Gesamtwechselwirkungszeit. Formal wird diese Ersetzung gerechtfertigt durch ($Q \equiv \sum_i q_i - \sum_f p_f$)

$$(\delta(Q))^2 \to \frac{1}{(2\pi)^4} \int dx\, e^{iQx}\delta(Q) = \frac{VT}{(2\pi)^4} \tag{2.96}$$

und physikalisch durch Analyse der Zustandsdichten für die Übergänge von i nach f. Die Übergangs*rate* pro Volumeneinheit ist dann

$$W_{fi} = (2\pi)^4\delta\left(\sum_i q_i - \sum_f p_f\right) N^2 \left|\langle f|T|i\rangle\right|^2. \tag{2.97}$$

Für den wichtigsten Spezialfall $n_i = 2$, Streuung von *einem* Teilchen an einem anderen, und Übergang zu $n_f \equiv n$ Teilchen läßt sich der *Wirkungsquerschnitt* σ definieren als

$$\sigma = W_{fi}/\text{einfallender Fluß}. \tag{2.98}$$

Für die Normierung 1 Teilchen/Volumen beträgt der Fluß:

$$\text{Relativgeschwindigkeit}/V^2,$$

also

$$\sigma = \frac{V^2}{v_{rel}} \left(\frac{V}{2\pi^3}\right)^n (2\pi)^4 \times \tag{2.99}$$

$$\sum_{\substack{\text{End--}\\\text{zustände}}} N^2\delta\left(q_a + q_B - \sum_{f=1}^n p_f\right) \left|\langle f|T|i\rangle\right|^2.$$

Die Summe über die Endzustände kann ersetzt werden durch n dreidimensionale Integrale über die Impulse der Teilchen und eine Summation über die Spinrichtungen.

$$\sigma = \frac{V^2}{v_{rel}} \left(\frac{V}{2\pi^3}\right)^n (2\pi)^4 \times \tag{2.100}$$

$$\sum_{\text{Spin}} \int \dots \int d^3p_1 \dots d^3p_{p_f} N^2\delta\left(q_A + q_B - \sum_{f=1}^n p_f\right) \left|\langle f|T|i\rangle\right|^2$$

Die Impulse der einlaufenden Teilchen A und B sind mit q bezeichnet, die der auslaufenden mit p. Die Normierungskonstante lautet in diesem Fall

$$N = \frac{1}{2V\sqrt{E_A E_B}} \left(\frac{1}{\sqrt{V}}\right)^n \prod_{f=1}^n \frac{1}{\sqrt{2E_f}}, \tag{2.101}$$

so daß beim Einsetzen in (2.100) das Normierungsvolumen V verschwindet

$$\sigma = \frac{1}{4E_A E_B v_{rel}} \frac{1}{(2\pi)^{3n-4}} \int \frac{d^3 p_1}{2E_1} \cdots \int \frac{d^3 p_n}{2E_n} \times$$

$$\delta\left(q_a + q_B - \sum_{f=1}^{n} p_f\right) \sum_{\text{Spin}} |\langle f|T|i\rangle|^2 \,. \tag{2.102}$$

Die relativistische Invarianz von σ wird ersichtlich, wenn man die einzelnen Faktoren umschreibt. Im Laborsystem, in dem das Teilchen B ruhen möge, gilt

$$4E_A E_B v_{rel} = 4m_B |\mathbf{p}_A^{lab}|$$

$$= 2\sqrt{\lambda(s, m_A^2, m_B^2)} \tag{2.103}$$

$$\lambda(x, y, z) \equiv x^2 + y^2 + z^2 - 2xy - 2xz - 2yz \tag{2.104}$$

$$s \equiv \left(E_A^S + E_B^S\right)^2 = (p_A + p_B)^2$$

$$= \left(E_A^{lab} + m_B\right)^2 - \mathbf{p}_A^2$$

$$= m_A^2 + m_B^2 + 2E_A^{lab} m_B \,. \tag{2.105}$$

s ist also eine Invariante und damit auch $\lambda(s, m_A^2, m_B^2)$. (E^S: Energie im Schwerpunktsystem, E^{lab}: Energie im Laborsystem) Die relativistische Invarianz der Integrale folgt aus der Identität

$$\int \frac{d^3 p}{2E} = \int d^4 p \, \delta(p^2 - m^2)\theta(p^0) \tag{2.106}$$

und der manifesten Invarianz der rechten Seite von (2.106).
Unterdrücken wir die Integration in (2.102), so gelangen wir zum *differentiellen Wirkungsquerschnitt*.

$$d\sigma = \frac{1}{4E_A E_B v_{rel}} \frac{1}{(2\pi)^{3n-4}} \left(\prod_{f=1}^{n} \frac{d^3 p_f}{2E_f}\right) \times \tag{2.107}$$

$$\delta\left(q_a + q_B - \sum_{f=1}^{n} p_f\right) \sum_{\text{Spin}} |\langle f|T|i\rangle|^2$$

Er gibt die Wahrscheinlichkeit der Streuung in die Impulsintervalle $(p_f, p_f + dp_f)$ für die Endteilchen an.
Man nennt

$$|\mathcal{M}|^2 \equiv \sum_{\text{Spin}} |\langle f|T|i\rangle|^2 \tag{2.108}$$

die *invariante Amplitude,*

$$dQ \equiv (2\pi)^4 \delta \left(q_a + q_B - \sum_{f=1}^{n} p_f \right) \prod_{f=1}^{n} \frac{d^3 p_f}{(2\pi)^3 2E_f} \tag{2.109}$$

den *Phasenraumfaktor.*

Die invariante Amplitude enthält die Information über die Dynamik, der Phasenraumfaktor über die Kinematik des betrachteten Prozesses. Im Spezialfall $n = 2$, also einer Streuung,

$$A + B \to C + D$$

lassen sich weitere, vereinfachte Formeln angeben. Schreibt man den differentiellen Wirkungsquerschnitt in der Form

$$d\sigma = \frac{1}{F} |\mathcal{M}|^2 dQ, \tag{2.110}$$

so gilt nach (2.103)

$$F = 4\sqrt{(p_A p_B)^2 - m_A^2 m_B^2} \tag{2.111}$$

und nach (2.109)

$$dQ = (2\pi)^4 \delta(p_A + p_B - p_C - p_D) \frac{d^3 p_C}{(2\pi)^3 2E_C} \frac{d^3 p_D}{(2\pi)^3 2E_D}. \tag{2.112}$$

Im Schwerpunktsystem ist

$$|\mathbf{p}_A| = |\mathbf{p}_B| \equiv p_i, \quad |\mathbf{p}_C| = |\mathbf{p}_D| \equiv p_f \tag{2.113}$$

und F läßt sich schreiben als

$$F = 4p_i \sqrt{s}, \tag{2.114}$$

während man in dQ die Erhaltung des räumlichen Impulses ausnutzen kann, um über $\mathbf{p}_D$ zu integrieren

$$dQ = \frac{1}{4\pi^2} \frac{d^3 p_C}{2E_C} \frac{1}{2E_D} \delta(E_A + E_B - E_C - E_D). \tag{2.115}$$

Mit dem Raumwinkelelement $d\Omega$ um $\mathbf{p}_C$ und $\sqrt{s} \equiv W = E_A + E_B$ wird hieraus

$$dQ = \frac{1}{4\pi^2} \frac{p_f^2 d^3 p_f}{4E_C E_D} \delta(W - E_C - E_D). \tag{2.116}$$

Benutzt man $W = E_C + ED$, so läßt sich über

$$\frac{dW}{dp_f} = p_f \left(\frac{1}{E_C} + \frac{1}{E_D} \right) \tag{2.117}$$

die Energieintegration ausführen und dQ hat die endgültige Form

$$dQ = \frac{1}{4\pi^2}\frac{p_f}{4\sqrt{s}}d\Omega, \tag{2.118}$$

also ist der differentielle Wirkungsquerschnitt im Schwerpunktsystem

$$\frac{d\sigma}{d\Omega}|_S = \frac{1}{64\pi^2 s}\frac{p_f}{p_i}|\mathcal{M}|^2. \tag{2.119}$$

3 Symmetrien

Das vermutlich wichtigste Ergebnis in der theoretischen Beschreibung der Elementarteilchen und ihrer Wechselwirkungen ist die Tatsache, daß *Symmetrien* eine fundamentale Rolle spielen. So wie die Maxwell–Gleichungen die zugrundeliegende Symmetrie der Raum–Zeit – die Lorentzinvarianz – ans Licht gebracht haben, so stellen sich die Grundgleichungen der Teilchenphysik über die Lorentz–Transformationen hinaus als invariant (oder kovariant) unter sogenannten inneren Symmetrien heraus. Erläuterungen und Verständnis der entsprechenden Konzepte sind also unerläßlich.

3.1 Diskrete Symmetrien

Diskrete Symmetrietransformationen sind dadurch ausgezeichnet, daß bereits endlich viele eine Gruppe bilden (also insbesondere abgeschlossen sind). Wichtig sind (mindestens) die folgenden:

$$
\begin{array}{llccc}
\text{Raumspiegelung:} & \text{P} & \mathbf{x} & \to & -\mathbf{x} \\
\text{Ladungskonjugation:} & \text{C} & Q & \to & -Q \\
 & & M & \to & -M \\
 & & B & \to & -B \\
 & & L & \to & -L \\
\text{Zeitspiegelung:} & \text{T} & t & \to & -t\,.
\end{array}
$$

Offensichtlich gilt

$$
\text{P}^2 = 1, \qquad \text{C}^2 = 1, \qquad \text{T}^2 = 1, \tag{3.1}
$$

d.h. die jeweilige Gruppe umfaßt lediglich zwei Elemente.

3.1.1 P, T, C in der klassischen Physik

Wir fassen die Transformationsregeln unter P, T, C für die wichtigsten Größen in Tab. 3.1 zusammen und diskutieren die Konsequenzen. Die Vorzeichen

Tab. 3.1

Physikalische Größe	P	T	C
$\mathbf{x}$	$-\mathbf{x}$		
t		$-t$	
$\dot{\mathbf{x}}$	$-\dot{\mathbf{x}}$	$-\dot{\mathbf{x}}$	
$\mathbf{p}$	$-\mathbf{p}$	$-\mathbf{p}$	
$\mathbf{L} = \mathbf{x} \times \mathbf{p}$	$\mathbf{L}$	$-\mathbf{L}$	
$\mathbf{F} = m\ddot{\mathbf{x}}$	$-\mathbf{F}$	$\mathbf{F}$	
$E_{kin} = \frac{p^2}{2m}$	E_{kin}	E_{kin}	
$U(\mathbf{x})$	$U(-\mathbf{x})$	$U(\mathbf{x})$	
$\varrho(\mathbf{x}, t)$	$\varrho(-\mathbf{x}, t)$	$\varrho(\mathbf{x}, -t)$	$-\varrho(\mathbf{x}, t)$
$\mathbf{j}(\mathbf{x}, t)$	$-\mathbf{j}(-\mathbf{x}, t)$	$-\mathbf{j}(\mathbf{x}, -t)$	$-\mathbf{j}(\mathbf{x}, t)$
$\mathbf{E}(\mathbf{x}, t)$	$-\mathbf{E}(-\mathbf{x}, t)$	$\mathbf{E}(\mathbf{x}, -t)$	$-\mathbf{E}(\mathbf{x}, t)$
$\mathbf{B}(\mathbf{x}, t)$	$\mathbf{B}(-\mathbf{x}, t)$	$-\mathbf{B}(\mathbf{x}, -t)$	$-\mathbf{B}(\mathbf{x}, t)$
$A^0(\mathbf{x}, t)$	$A^0(-\mathbf{x}, t)$	$A^0(\mathbf{x}, -t)$	$-A^0(\mathbf{x}, t)$
$\mathbf{A}(\mathbf{x}, t)$	$-\mathbf{A}(-\mathbf{x}, t)$	$-\mathbf{A}(\mathbf{x}, -t)$	$-\mathbf{A}(\mathbf{x}, t)$

- sind konsistent. Beispiel:

$$\text{P}: \quad \mathbf{x} \quad \to \quad -\mathbf{x} \quad \Rightarrow \quad \mathbf{p} = m\dot{\mathbf{x}} \to -\mathbf{p}$$
$$\text{T}: \quad t \quad \to \quad -t \quad \Rightarrow \quad \mathbf{p} = m\dot{\mathbf{x}} \to -\mathbf{p}$$

- entsprechen (möglichst) unseren naiven Erwartungen. Beispiel:

In P : $\mathbf{j}(\mathbf{x}, t) \to -\mathbf{j}(-\mathbf{x}, t)$ entspricht das negative Vorzeichen der umgekehrten Flußrichtung des Stromes relativ zum gespiegelten Koordinatensystem; in $\mathbf{B}(\mathbf{x}, t) \to -\mathbf{B}(-\mathbf{x}, t)$ entspricht das negative Vorzeichen der Umkehrung der Feldrichtung als Folge der Umkehrung der Flußrichtung des Stromes in der Zeit.

- lassen die Maxwellschen Gleichungen invariant.

Hierzu geben wir die Maxwellschen Gleichungen in den cgs (Lorentz–Heaviside) Einheiten an und überlassen die Verifikation der Invarianz dem Leser.

$$\nabla \cdot \mathbf{E} = \varrho \qquad \nabla \times \mathbf{E} = -\frac{\partial \mathbf{B}}{\partial t} \qquad (3.2)$$
$$\nabla \cdot \mathbf{B} = 0 \qquad \nabla \times \mathbf{B} = \frac{\partial \mathbf{E}}{\partial t} + \mathbf{j}$$

Ein wichtiges Kontrollbeispiel, anhand dessen man auch die "richtigen" Transformationseigenschaften der elektromagnetischen Potentiale ($\phi, \mathbf{A}$) herleiten kann, ist die Hamiltonfunktion für ein Teilchen im elektromagnetischen Feld:

$$H = e\phi + \hat{H}(\mathbf{p} - e\mathbf{A}, q). \tag{3.3}$$

Damit H invariant unter C sein kann ($C : e \to -e$), müssen sich die Potentiale wie $\phi \to -\phi$ und $\mathbf{A} \to -\mathbf{A}$ transformieren. Entsprechendes gilt für P und T. Um die Zeitspiegelung tiefer zu verstehen, diskutieren wir sie detaillierter. Wir denken uns ein mechanisches System durch eine Hamiltonfunktion $H(q,p)$ gegeben. Die Bewegungsgleichungen

$$\begin{aligned} \dot{q} &= \frac{\partial H}{\partial q} \\[2mm] \dot{p} &= -\frac{\partial H}{\partial p} \end{aligned} \tag{3.4}$$

bestimmen zusammen mit den Anfangswerten zur Zeit $t = 0$

$$\begin{aligned} q(0) &= q_0 \\ p(0) &= p_0 \end{aligned} \tag{3.5}$$

die Bewegung $q = q(t)$, $p = p(t)$ eindeutig. Zur Zeit $t = T > 0$ möge die Lösung die Werte

$$\begin{aligned} q(T) &= q_1 \\ p(T) &= p_1 \end{aligned} \tag{3.6}$$

annehmen. Nun definieren wir neue Funktionen

$$\begin{aligned} q'(t) &= q(T - t) \\ p'(t) &= -p(T - t). \end{aligned} \tag{3.7}$$

Sie besitzen die Anfangswerte

$$\begin{aligned} q'(0) &= q(T) \\ p'(0) &= -p(T) \end{aligned} \tag{3.8}$$

und erfüllen die Differentialgleichungen

$$\begin{aligned} \dot{q}'(t) &= -\dot{q}(T - t) = -\frac{\partial H\left(q(T - t), p(T - t)\right)}{\partial p(T - t)} \\[3mm] &= \frac{\partial H\left(q', -p'\right)}{\partial p'} \end{aligned} \tag{3.9}$$

$$\begin{aligned} \dot{p}'(t) &= \dot{p}(T - t) = -\frac{\partial H\left(q(T - t), p(T - t)\right)}{\partial q(T - t)} \\[3mm] &= -\frac{\partial H\left(q', -p'\right)}{\partial q'}. \end{aligned} \tag{3.10}$$

Für $t = T$ nehmen sie die Werte

$$\begin{aligned} q'(T) &= q(0) = q_0 \\ p'(0) &= -p(0) = -p_0 \end{aligned} \tag{3.11}$$

an. D.h. wir können $q'(t)$ und $p'(t)$ als Koordinaten bzw. Impuls eines anderen mechanischen Systems auffassen, das sich im Zeitintervall $[0, t]$ aus $(q_1, -p_1)$ in $(q_0, -p_0)$ entwickelt. Es ist das bewegungsumgekehrte oder zeitgespiegelte System mit der Hamiltonfunktion

$$H' = H(q', -p'). \tag{3.12}$$

Für den Fall, daß

$$H' = H \tag{3.13}$$

gilt, besitzt das System "Zeitumkehrinvarianz".
Ein Blick auf die Newtonsche Form der Bewegungsgleichungen zeigt, daß ein *konservatives* mechanisches System zeitumkehrinvariant ist:

$$m\ddot{\mathbf{x}} = -\nabla U(\mathbf{x}). \tag{3.14}$$

Reibungskräfte hingegen definieren ebenso eine Zeitrichtung, wie es makroskopische Anfangsbedingungen tun können: Gas ströme aus einem Behälter unter hohem Druck durch ein Ventil in einen Bereich mit niedrigem Druck; hier wird ein Zeitpfeil vorgegeben! Die Diffusions- bzw. Wärmeleitungsgleichungen, die linear in der Zeitableitung sind, tragen diesem Umstand Rechnung. So kann makroskopisch Irreversibilität entstehen, obwohl die mikroskopischen Kräfte zeitumkehrinvariant sind.

3.1.2 Diskrete Symmetrien in der Quantenmechanik

In der Quantenmechanik wird ein physikalisches System durch einen Hamilton-operator charakterisiert, seine Zustände entsprechen Elementen eines Hilbert–Raumes und die Vektoren dieses Hilbert–Raumes lassen sich durch die Eigenwerte eines maximalen Satzes von kommutierenden Observablen eindeutig identifizieren. Ehe wir die Operationen P, T, C besprechen, wollen wir an das "Symmetrisierungspostulat" erinnern, mit dem die Austauschentartung, die mit identischen Teilchen verknüpft ist, aufgehoben wird. Wenn etwa für ein System aus zwei identischen Teilchen

$$\begin{aligned} H\left(\mathbf{r}^{(1)}, \mathbf{p}^{(1)}; \mathbf{r}^{(2)}, \mathbf{p}^{(2)}\right) &= \frac{p^{(1)2}}{2m} + \frac{p^{(2)2}}{2m} + V, \\ V &= V\left(|\mathbf{r}^{(1)} - \mathbf{r}^{(2)}|\right) \end{aligned} \tag{3.15}$$

der Hamilton–Operator ist, dann gilt selbstverständlich

$$H(1,2) = H(2,1)\,. \tag{3.16}$$

Sind vor einem Stoß die Teilchen in weit voneinander getrennten Raumgebieten lokalisiert, so sind ihre Wellenfunktionen

$$\psi\left(\mathbf{r}^{(1)}, \mathbf{r}^{(2)}\right) = \psi'\left(\mathbf{r}^{(1)}\right)\psi''\left(\mathbf{r}^{(2)}\right)$$
$$\hat\psi\left(\mathbf{r}^{(1)}, \mathbf{r}^{(2)}\right) = \psi'\left(\mathbf{r}^{(2)}\right)\psi''\left(\mathbf{r}^{(1)}\right) \tag{3.17}$$

linear unabhängig und damit ist jede Linearkombination $\lambda\psi + \mu\hat\psi$ Eigenfunktion eines vollständigen Satzes von kommutierenden Observablen. λ und μ stellen sich auch nach einem Stoß als nicht meßbar heraus: "Austauschentartung". Sie wird dadurch beseitigt, daß man postuliert: "Genau einer der Basisvektoren

$$\psi^{(S)} = \frac{1}{\sqrt{2}}\left(\psi + \hat\psi\right)$$
$$\psi^{(A)} = \frac{1}{\sqrt{2}}\left(\psi - \hat\psi\right) \tag{3.18}$$

beschreibt den tatsächlichen Zustand des Systems". Man nimmt also den Permutationsoperator zum vollständigen Satz von kommutierenden Observablen hinzu.

In diese Formulierung ist das ursprüngliche Pauli–Prinzip aufgegangen. Die symmetrische Wellenfunktion wird identischen Bosonen, die antisymmetrische identischen Fermionen zugeordnet. Berücksichtigt man, daß sich jede Wellenfunktion als Produkt aus Raum– und Spin–Funktionen schreiben läßt,

$$\psi = \alpha(\text{Raum})\beta(\text{Spin}), \tag{3.19}$$

so lassen sich sehr brauchbare Auswahlregeln formulieren. Die Bahnbewegung der zwei Teilchen umeinander wird durch Kugelflächenfunktionen $Y_l^m(\vartheta, \varphi)$ beschrieben; bei Vertauschung der beiden Teilchen geht $\vartheta \to \pi - \vartheta$, $\varphi \to \pi + \varphi$ und damit $Y_l^m(\vartheta, \varphi)$ in $(-1)^l Y_l^m(\vartheta, \varphi)$ über (s.u. Beispiel Wasserstoffatom); also ist α symmetrisch für $l = 0, 2, 4\ldots$, antisymmetrisch für $l = 1, 3\ldots$. Die Spinfunktion ist symmetrisch unter Vertauschung für parallelen und antisymmetrisch für antiparallelen Spin. Danach sind für Bosonen α und β beide symmetrisch bzw. antisymmetrisch, für Fermionen folgt für symmetrisches α antisymmetrisches β und umgekehrt.

Als Anwendungsbeispiel wollen wir zeigen, daß der Zerfall

$$\varrho^0 \to 2\pi^0 \tag{3.20}$$

verboten ist. ϱ^0 hat Spin 1, also ist auch der Gesamtdrehimpuls $J = 1$. π^0 hat Spin 0, die Wellenfunktion der beiden π^0 muß also gemäß (3.19) gerade sein unter der Vertauschung – im Widerspruch zum Verhalten der Wellenfunktion von

ϱ^0. Drehimpulserhaltung und Austauschsymmetrie verbieten also den Zerfall. Die Zerfälle $\varrho^0 \to \pi^+\pi^-$, $\varrho^\pm \to \pi^\pm\pi^0$ sind dagegen nicht von der Austauschsymmetrie eingeschränkt, denn die erzeugten Pionen sind ja nicht identisch. Wenn wir nunmehr die Konsequenzen von P, T, C in quantenmechanischen Systemen verfolgen wollen, so können wir uns dabei auf ein wichtiges Theorem von WIGNER stützen. Unter einer Symmetrietransformation $\tau : \mathcal{H} \to \mathcal{H}$ des Hilbert–Raumes auf sich werden wir solche Abbildungen τ verstehen, die die *Beträge* von Amplituden invariant lassen.

$$
\begin{aligned}
|\langle u'|v'\rangle| &= |\langle u|v\rangle| \\
\text{für} \quad |u'\rangle &= \tau|u\rangle \\
|v'\rangle &= \tau|v\rangle\,.
\end{aligned}
\tag{3.21}
$$

denn nur die Beträge von Amplituden sind meßbar. Und hier sagt nun das Wignersche Theorem aus, daß es genau zwei Möglichkeiten gibt, freie Phasen in den Bildern $|u'\rangle$ unter τ zu wählen:

$$
\begin{aligned}
\langle u'|v'\rangle &= \langle u|v\rangle \\
\langle u'|v'\rangle &= \langle u|v\rangle^*.
\end{aligned}
\tag{3.22}
$$

Im ersten Fall ist der Operator τ in

$$
|u'\rangle = \tau|u\rangle
\tag{3.23}
$$

unitär, linear, im zweiten Fall unitär, antilinear.[1] Wenn jeder Vektor des Hilbert–Raumes Eigenvektor eines vollständigen Satzes von kommutierenden Observablen ist, dann ist τ bis auf eine Phase bestimmt. Im Falle der Paritätsoperationen definieren wir demgemäß

$$
\begin{aligned}
\mathrm{Pr}\mathrm{P}^\dagger &= -\mathbf{r} \\
\mathrm{Pp}\mathrm{P}^\dagger &= -\mathbf{p} \\
\mathrm{Ps}\mathrm{P}^\dagger &= \mathbf{s}.
\end{aligned}
\tag{3.24}
$$

Da die Vertauschungsrelationen $[r_i, p_j]$ invariant bleiben, muß P unitär *linear* sein und operiert in der $\{\mathbf{r}, s_z\}$–Darstellung der Basisvektoren in der Form

$$
\mathrm{P}|\mathbf{r}, s_z\rangle = |-\mathbf{r}, s_z\rangle.
\tag{3.25}
$$

(Dies ist äquivalent zu (3.24).) Auf Wellenfunktionen lautet die letzte Relation also

$$
\mathrm{P}\psi\left(\mathbf{r}, s_z\right) = \psi\left(-\mathbf{r}, s_z\right).
\tag{3.26}
$$

---

[1]Ein antilinearer Operator A erfüllt:
$A\left(\lambda_1|u_1\rangle + \lambda_2|u_2\rangle\right) = \lambda_1^* A|u_1\rangle + \lambda_2^* A|u_2\rangle$,
$\left(\langle v|A^\dagger\right)|u\rangle = \left[\langle v|\left(A|u\rangle\right)\right]^*$,
$\left(\langle v|A_1^\dagger A_2^\dagger\right)|u\rangle = \left[\left(\langle v|A_1^\dagger\right)\left(A_2|u\rangle\right)\right]^* = \langle v|\left(A_1 A_2|u\rangle\right)$.

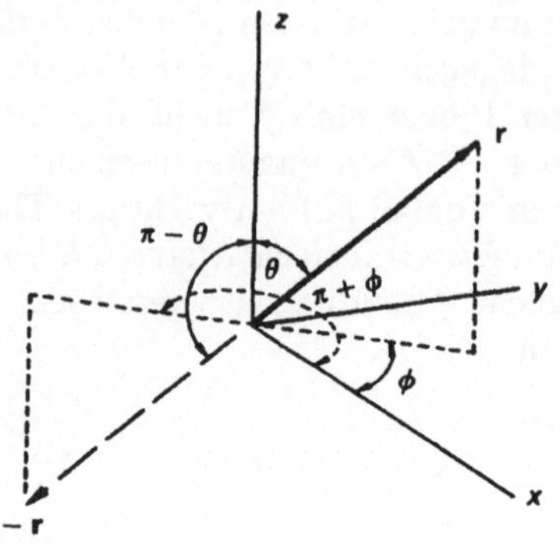

Abb. 3.1
Raumspiegelung

Da

$$P^2 = 1 \quad \text{und} \quad P^\dagger = P^{-1}.$$

(3.27)

folgt

$$P^\dagger = P,$$

(3.28)

d.h. P ist selbst eine Observable und die möglichen Eigenwerte ± 1 von P sind Erhaltungsgrößen, wenn

$$[P, H] = 0$$

(3.29)

gilt.

Als Beispiel (1) betrachten wir das *Wasserstoffatom* (ohne Spin). Es gilt

$$H(-\mathbf{r}) = H(\mathbf{r}) = H(|\mathbf{r}|),$$

(3.30)

d.h. die gebundenen Zustände haben wohldefinierte Parität. Die Lösungen der Schrödingergleichung lauten

$$\psi(r, \vartheta, \varphi) = \chi(r) Y_l^m(\vartheta, \varphi)$$

(3.31)

mit

$$Y_l^m = \sqrt{\frac{(2l+1)(l-m)!}{4\pi(l+m)!}} P_l^m(\cos\vartheta) e^{im\varphi}.$$

(3.32)

Die Spiegelung $\mathbf{r} \to -\mathbf{r}$ ist gleichbedeutend mit $\vartheta \to \pi - \vartheta$, $\varphi \to \pi + \varphi$ (s. Abb. 3.1), also:

$$e^{im\varphi} \to e^{im(\pi+\varphi)} = (-1)^m e^{im\varphi}.$$

(3.33)

Aus der Darstellung

$$P_l^m(x) = \frac{(-1)^m}{2^l l!} \left(1 - x^2\right)^{\frac{m}{2}} \frac{d^{l+m}}{dx^{l+m}} \left(1 - x^2\right)^l$$

(3.34)

der assoziierten Legendrepolynome ist ersichtlich, daß

$$P_l^m(-x) = (-1)^{l+m} P_l^m(x)$$

und damit

$$Y_l^m(\pi - \vartheta, \pi + \varphi) = (-1)^l Y_l^m(\vartheta, \varphi) \tag{3.35}$$

gilt. Also haben die Wellenfunktionen des H–Atoms die Parität $(-1)^l$. Die atomaren Zustände s, d, g,... sind gerade, die Zustände p, f, h,... ungerade.

In Atomen (d.h. in Atomhüllen) erfolgen Übergänge zwischen den Niveaus im wesentlichen über *elektrische Dipolstrahlung*, d.h. die Drehimpulsdifferenz Δl ist ± 1. Da Nachbarniveaus relativ zueinander negative Parität haben, muß man der elektrischen Dipolstrahlung ebenfalls negative Parität zuordnen, damit Paritätserhaltung gilt.

Bei γ–Emissionen im Kern wird auch höhere Multipolstrahlung, insbesondere auch magnetische, abgestrahlt. Der elektrischen Multipolstrahlung muß man dazu die Parität $(-1)^l$, der magnetischen $(-1)^{l+1}$ zuordnen. (BLATT / WEISSKOPF)

Als Beispiel (2) für die Erhaltung der Parität diskutieren wir die *innere Parität* des π^-. Der bestimmende Prozeß ist der Einfang von Pionen im Deuterium

$$\pi^- + d \to n + n \to 2n + \gamma. \tag{3.36}$$

(Das Deuteron hat Spin 1, das Pion Spin 0, das Neutron Spin 1/2.) Wie man experimentell nachweist, wird das Pion auf einem S–Niveau eingefangen, also ist der Drehimpuls des Anfangszustandes $J_a = 1$ und damit die Parität

$$P_a = (+1)^1 P(\pi^-) P(d) = P(\pi^-), \tag{3.37}$$

denn

$$P(d) = P(p)P(n) = P(p)^2 = 1 \tag{3.38}$$

(wegen Baryonerhaltung kann die innere Parität von p und n als gleich definiert werden). Im Endzustand kann der Gesamtdrehimpuls 1 erreicht werden durch

$$
\begin{array}{ll}
l = 0 & s = 1 \\
l = 1 & s = 0 \\
l = 1 & s = 1 \\
l = 2 & s = 1.
\end{array}
\tag{3.39}
$$

In jedem dieser Fälle trägt die Wellenfunktion das Vorzeichen $(-1)^{l+s+1}$ bei Vertauschung und muß für die zwei identischen Fermionen (-1) betragen. Also ist $l + s$ gerade, d.h. $l = s = 1$. Die Parität des Endzustandes ist demnach

$$P = (-1)^{l=1}(+1)^{s=1}\,(P(n))^2 = -1. \tag{3.40}$$

Also hat das π die innere Parität (-1) und ist demnach ein *pseudoskalares Meson* (mit Spin 0). Aus dem Zerfall $\pi^0 \to 2\gamma$ kann man analog auf $P(\pi^0) = -1$ schließen.

Um die *Zeitspiegelung* T in der Quantenmechanik darzustellen, gehen wir von der Schrödingergleichung

$$i\frac{\partial\psi}{\partial t} = H\psi \tag{3.41}$$

und unserer Behandlung des klassischen Falles aus. Wir nehmen also an, daß zur Zeit

$$t = 0 \qquad \psi = \psi_0(\mathbf{x})$$

und zur Zeit

$$t = T > 0 \qquad \psi = \psi_1(\mathbf{x}) \tag{3.42}$$

ist. Die Zeitentwicklung

$$\psi(\mathbf{x}, t) = e^{-itH}\psi(\mathbf{x}) \tag{3.43}$$

sagt dann

$$\psi(\mathbf{x}, T) = e^{-iTH}\psi(\mathbf{x}), \tag{3.44}$$

$$\text{d.h.} \qquad \psi_1(\mathbf{x}) = e^{-iTH}\psi_0(\mathbf{x})$$

$$\text{oder} \qquad \psi_0(\mathbf{x}) = e^{iTH}\psi_1(\mathbf{x}). \tag{3.45}$$

Wenn wir nun als Wellenfunktion

$$\chi(\mathbf{x}, T) := \psi(\mathbf{x}, T - t) \tag{3.46}$$

für den transformierten Zustand definieren würden, so würde die Schrödingergleichung zu

$$i\frac{\partial\chi}{\partial t} = -H\chi \tag{3.47}$$

mit nach unten unbeschränktem Operator führen: ein unsinniges Ergebnis. Da aber nur Beiträge von Matrixelementen meßbar sind, können wir auch festlegen:

$$\text{für} \quad t = 0 \qquad \chi(\mathbf{x}) = \psi_1^*(\mathbf{x}),$$

$$\text{für} \quad t = T \qquad \chi(\mathbf{x}) = \psi_0^*(\mathbf{x}) \tag{3.48}$$

mit

$$i\frac{\partial\chi}{\partial t} = H^*\chi \tag{3.49}$$

und das zeitgespiegelte System ist durch den Hamiltonoperator H^* charakterisiert. Invarianz gilt für

$$H = H^*. \tag{3.50}$$

Den Übergang zum zeitgespiegelten System vermittelt ein antilinearer unitärer
Operator.
Um die *Ladungskonjugation* zu formulieren, benutzt man die Tabelle 3.1 für
die entsprechenden Größen im Hamilton–Operator des Systems.

3.1.3 Diskrete Transformationen in der Quantenfeldtheorie

Wir wollen nun auf diesen Feldern die diskreten Symmetrien P, C, T operieren
lassen und dann das CPT–Theorem formulieren.
Für ein reelles (pseudoskalares) Feld definieren wir

$$\mathrm{P}\phi\,(\mathbf{x},t)\,\mathrm{P}^{-1} \;=\; \pm\phi\,(-\mathbf{x},t) \tag{3.51}$$
$$\mathrm{C}\phi\,(\mathbf{x},t)\,\mathrm{C}^{-1} \;=\; \phi\,(\mathbf{x},t)$$
$$\mathrm{T}\phi\,(\mathbf{x},t)\,\mathrm{T}^{-1} \;=\; \pm\phi\,(\mathbf{x},-t)\,.$$

Ein komplexes skalares Feld ϕ kann elektrische Ladung tragen (s.u.), so daß
für C

$$\mathrm{C}\phi\,(\mathbf{x},t)\,\mathrm{C}^{-1} = \phi^{\dagger}\,(\mathbf{x},t) \tag{3.52}$$

gelten soll. Für das Photonfeld legen wir ganz in Analogie zum klassischen Fall
fest:

$$\mathrm{P}A_0\,(\mathbf{x},t)\,\mathrm{P}^{-1} \;=\; A_0\,(-\mathbf{x},t) \tag{3.53}$$
$$\mathrm{P}\mathbf{A}\,(\mathbf{x},t)\,\mathrm{P}^{-1} \;=\; -\mathbf{A}\,(-\mathbf{x},t)$$
$$\mathrm{C}A_\mu\,(\mathbf{x},t)\,\mathrm{C}^{-1} \;=\; -A_\mu\,(\mathbf{x},t)$$
$$\mathrm{T}A_0\,(\mathbf{x},t)\,\mathrm{T}^{-1} \;=\; A_0\,(\mathbf{x},-t)$$
$$\mathrm{T}\mathbf{A}\,(\mathbf{x},t)\,\mathrm{T}^{-1} \;=\; -\mathbf{A}\,(\mathbf{x},-t)\,.$$

Mehrere reelle Vektorfelder können kombiniert werden und dann nichttriviale
Realisierungen von C tragen. Für einen Dirac–Spinor soll gelten:

$$\mathrm{P}\psi\,(\mathbf{x},t)\,\mathrm{P}^{-1} \;=\; \gamma_0\psi\,(-\mathbf{x},t) \tag{3.54}$$
$$\mathrm{C}\psi_\alpha\,(\mathbf{x},t)\,\mathrm{C}^{-1} \;=\; \mathrm{C}_{\alpha\beta}\bar{\psi}_\beta\,(\mathbf{x},t)$$
$$\mathrm{C}\bar{\psi}_\alpha\,(\mathbf{x},t)\,\mathrm{C}^{-1} \;=\; -\psi_\beta\,(\mathbf{x},t)\,\mathrm{C}_{\beta\alpha}$$
$$\mathrm{T}\psi_\alpha\,(\mathbf{x},t)\,\mathrm{T}^{-1} \;=\; \mathrm{T}_{\alpha\beta}\psi_\beta\,(\mathbf{x},-t)\,.$$

In der Standarddarstellung der γ–Matrizen lauten die Matrizen C und T

$$\mathrm{C} \;=\; i\gamma^2\gamma^0 \tag{3.55}$$
$$\mathrm{T} \;=\; i\gamma^1\gamma^3\,.$$

Das Auftreten von γ^0 in der Paritätstransformation macht deutlich, daß ein
Dirac–Spinor zwei Weyl–Spinoren beherbergt, die jeweils einzeln bereits Spin

1/2 realisieren:

$$\psi_D = \begin{pmatrix} \bar{\phi} \\ \chi \end{pmatrix}. \tag{3.56}$$

Weyl–Gleichungen:

$$i\sigma^{\mu}_{\alpha\dot{\alpha}}\partial_{\mu}\bar{\phi}^{\dot{\alpha}} = 0 \tag{3.57}$$
$$i\partial^{\mu}\chi_{\alpha}\bar{\sigma}^{\alpha\dot{\alpha}}_{\mu} = 0$$

$(\sigma^{\mu} \equiv (\mathbf{1},\boldsymbol{\sigma}), \bar{\sigma}^{\mu} \equiv (\mathbf{1},-\boldsymbol{\sigma}))$.

Wir kombinieren für die weitere Rechnung die einzelnen Transformationen zu

$$\Theta = \mathrm{PCT} \tag{3.58}$$

und finden für die Felder

$$\Theta\phi\left(\mathbf{x},t\right)\Theta^{-1} = \pm\phi\left(-\mathbf{x},-t\right) \tag{3.59}$$
$$\Theta A_{\mu}\left(\mathbf{x},t\right)\Theta^{-1} = -A_{\mu}\left(-\mathbf{x},-t\right)$$
$$\Theta\psi_{\alpha}\left(\mathbf{x},t\right)\Theta^{-1} = i\left(\gamma^{0}\gamma^{5}\right)_{\alpha\beta}\bar{\psi}_{\beta}\left(-\mathbf{x},-t\right)$$
$$\Theta\bar{\psi}_{\alpha}\left(\mathbf{x},t\right)\Theta^{-1} = -i\psi_{\beta}\left(-\mathbf{x},-t\right)\left(\gamma^{5}\gamma^{0}\right)_{\beta\alpha}.$$

Nach diesen Vorbereitungen läßt sich nun das *CPT-Theorem* formulieren und beweisen. Es besagt: Jedes normalgeordnete [2] Produkt $\mathcal{L}$ von Feldoperatoren ϕ, A_{μ}, ψ, $\bar{\psi}$ und ihren Ableitungen ∂_{μ}, das ein Lorentz(Pseudo)skalar und Hermitisch ist, ist invariant unter CPT:

$$\Theta\mathcal{L}\Theta^{-1} = \mathcal{L}. \tag{3.60}$$

Da die Vertauschungsrelationen der Felder ebenfalls invariant unter CPT sind, ist CPT eine Symmetrie. (Bei der praktischen Rechnung muß man jeweils bedenken, daß Θ eine antilineare Transformation ist, d.h. alle Koeffizienten in ihre komplex konjugierte überführt werden.)
Bei der Behandlung der einzelnen Wechselwirkungen werden wir jeweils darauf eingehen, ob sie diese diskrete Symmetrie respektieren oder nicht. Es ist aber eine klare Konsequenz des Theorems, daß, wenn eine der Symmetrien P, C, T verletzt ist, mindestens eine weitere verletzt sein muß.

---

[2]Ein Feldprodukt heißt normalgeordnet, wenn alle Vernichter rechts von allen Erzeugern stehen.

3.2 Kontinuierliche Transformationen

Kontinuierliche Transformationen hängen von Parametern ε_i, $i = 1\ldots I$ ab und sollen eine Gruppe bilden, d.h.

$$T_1 T_2 = T_3 \in G \quad \forall\ T_{1,2} \in G \tag{3.61}$$

$$T T^{-1} = 1 \quad \forall\ T \in G \tag{3.62}$$

$$(T_1 T_2)\, T_3 = T_1\, (T_2 T_3) \quad \forall\ T_{1,2,3} \in G\,. \tag{3.63}$$

(Wir werden so parametrisieren, daß $T\,(\varepsilon_i = 0) = 1$ das Eins–Element der Gruppe – die identische Transformation – darstellt.)

3.2.1 Klassische Punktmechanik

Die wichtigsten Beispiele für kontinuierliche Transformationen sind die folgenden

(1) Translationen
$$- \text{im Raum} \quad \mathbf{x}' = \mathbf{x} + \mathbf{a} \tag{3.64}$$
$$I = 3, \quad a_i \equiv \varepsilon_i$$
$$- \text{in der Zeit} \quad t' = t + \tau \tag{3.65}$$
$$I = 1, \quad a \equiv \varepsilon$$

(2) Drehungen $\quad \mathbf{x}' = R(\omega)\mathbf{x}$ $\tag{3.66}$
$$\text{Bed.:} \quad R R^T = 1 \tag{3.67}$$
$$I = 3, \quad (\omega)_i \equiv \varepsilon_i$$

(3) Galilei–Transformationen $\quad \mathbf{x}' = \mathbf{x} + \mathbf{v}t$
$$I = 3, \quad (\mathbf{v})_i \equiv \varepsilon_i\,. \tag{3.68}$$

Von Bedeutung werden solche kontinuierlichen Transformationen dann, wenn sie *Symmetrien* eines physikalischen Systems sind, d.h. ein gegebenes System invariant lassen. In einer solchen Situation enthält das *Theorem von Noether* die relevante Information: Ist $L(q, \dot{q}, t)$ die Lagrangefunktion eines physikalischen Systems und läßt eine Gruppe von (mit der **1** verbundenen) kontinuierlichen Transformationen $T \in G : q \to q', t \to \tau$ die Wirkung

$$S = \int_{t_1}^{t_2} dt\, L(q, \dot{q}, t) \tag{3.69}$$

invariant, so existiert zu diesen Transformationen eine Erhaltungsgröße Q. Q "erzeugt" die infinitesimalen Transformationen über die Poisson–Klammern:

$$\varepsilon_i \left\{ Q_i, q_j \right\} = \delta q_j\,. \tag{3.70}$$

Für die obigen Beispiele geben wir die Erhaltungsgrößen an:

(1) $\mathbf{a}$;   Erhaltungsgröße: Impuls p_i

$$a_i \{p_i, q_j\} = a_j \tag{3.71}$$

τ;   Erhaltungsgröße: Energie H

die Bewegungsgleichung $\{H, q_j\} = \dot{q}_j$

entspricht: $\delta t \{H, q_j\} = \delta q_j$ (3.72)

(2) $\boldsymbol{\omega}$;   Erhaltungsgröße: Drehimpuls L_i

$$\omega_i \{L_i, q_j\} = \omega_i \varepsilon_{ijk} q_k = \delta q_j \tag{3.73}$$

(3) $\mathbf{v}$;   Erhaltungsgröße: Gesamtimpuls,

erzeugt die Schwerpunktsbewegung.

3.2.2   Feldtheorie

Wir haben die Diskussion der Punktmechanik in 3.2.1 vorgeführt, um die Übertragung auf das Kontinuum plausibel zu machen.

Den Auslenkungen $q(t)$ entsprechen im Kontinuum Feldamplituden ϕ; den diskreten Indizes j ($j = 1, \ldots, N$ = Anzahl der Massenpunkte) entsprechen die kontinuierlichen $\mathbf{x}$. Die Lagrangefunktion L entsteht durch Integration über eine *Lagrange-Dichte* L

$$L = \int d^3x \, \mathcal{L}\,(\phi, \partial\phi, t). \tag{3.74}$$

Den konjugierten Impulsen

$$p_j(t) = \frac{\partial L}{\partial \dot{q}_j(t)} \tag{3.75}$$

entsprechen

$$\pi\,(\mathbf{x}, t) = \frac{\partial \mathcal{L}}{\partial \dot{\phi}\,(\mathbf{x}, t)}. \tag{3.76}$$

Die Poisson–Klammern

$$\{f, g\} = \sum_j \left(\frac{\partial f}{\partial p_j} \frac{\partial g}{\partial g_j} - \frac{\partial f}{\partial g_j} \frac{\partial g}{\partial p_j} \right) \tag{3.77}$$

gehen über in

$$\{f(t), g(t)\} = \int d^3x \left(\frac{\partial f}{\partial \dot{\phi}\,(\mathbf{x}, t)} \frac{\partial g}{\partial \phi\,(\mathbf{x}, t)} - \frac{\partial f}{\partial \phi\,(\mathbf{x}, t)} \frac{\partial g}{\partial \dot{\phi}\,(\mathbf{x}, t)} \right) \tag{3.78}$$

Um das Noether–Theorem im Kontinuum formulieren zu können, führen wir einige neue Begriffe ein. Die Koordinaten x werden in x' transformiert mit der infinitesimalen Änderung Δx

$$x' = x + \Delta x. \tag{3.79}$$

Die Feldtransformation setzt sich zusammen aus der Änderung der *Form*

$$\Delta \phi(x) = \phi'(x) - \phi(x) \tag{3.80}$$

und hängt mit der *Gesamtänderung*

$$\delta \phi(x) = \phi'(x') - \phi(x) \tag{3.81}$$

zusammen über die Gleichung

$$\Delta \phi(x) = \phi'(x') - \phi(x) - \Delta x \frac{\partial}{\partial x} \phi(x) \tag{3.82}$$

$$= \delta \phi(x) - \Delta x \frac{\partial}{\partial x} \phi(x). \tag{3.83}$$

(Hier sind Änderungen zweiter Ordnung vernachlässigt worden.)
Die Änderung der Wirkung

$$S = \int_X d^4x \, \mathcal{L}(\phi, \partial\phi) \tag{3.84}$$

unter der Variation gegeben durch Δx und $\delta\phi$ lautet dann

$$\delta S = \int_{X'} d^4x' \, \mathcal{L}\left[\phi'(x'), \partial\phi'(x')\right] - \int_X d^4x \, \mathcal{L}\left[\phi(x), \partial\phi(x)\right] \tag{3.85}$$

und kann nach einigen Umformungen geschrieben werden als

$$\delta S = \int_X d^4x \, \frac{\partial}{\partial x^\mu} \left(\Delta x^\mu \mathcal{L} + \Delta\phi \frac{\mathcal{L}}{\partial\partial_\mu\phi} \right). \tag{3.86}$$

Wenn S also unter der vorgegebenen Variation invariant ist, so ist der Strom[3]

$$J_\mu = -\left(\Delta x_\mu \mathcal{L} + \Delta\phi \frac{\mathcal{L}}{\partial\partial^\mu\phi} \right) \tag{3.87}$$

eine Erhaltungsgröße:

$$\partial^\mu J_\mu = 0. \tag{3.88}$$

Wenn δS nicht verschwindet, die Änderung von $\mathcal{L}$ aber gerade eine Divergenz ist,

$$\delta\mathcal{L} = \partial^\mu K_\mu, \tag{3.89}$$

dann ist die Größe $J_\mu - K_\mu$ erhalten

$$\partial^\mu \left(J_\mu - K_\mu \right) = 0. \tag{3.90}$$

---

[3]Das Vorzeichen ist eine Konvention.

In der relativistischen Physik spielen die Poincarétransformationen

$$x'^{\mu} = \Lambda^{\mu}_{\nu} x^{\nu} + a^{\mu} \tag{3.91}$$

der Koordinaten und die zugehörigen Transformationen der Felder eine Schlüsselrolle. Der Invarianz unter den Translationen a^{μ} entspricht die Erhaltung des Energie–Impuls–Tensors, während die Lorentztransformationen Λ^{μ}_{ν} zum erhaltenen Drehimpuls führen. (Für Details verweisen wir auf Lehrbücher der Quantenfeldtheorie.)

Um den Anschluß an die diskreten Transformationen, genauer die Ladungskonjugation C, zu gewinnen, diskutieren wir im folgenden den Spezialfall der Transformationen, die

$$x' = x, \quad \text{d.h.} \ \ \Delta x = 0 \tag{3.92}$$

erfüllen. Dann gilt

$$\Delta \phi(x) = \delta \phi(x), \tag{3.93}$$

d.h. Form– und Gesamtvariation fallen zusammen: man spricht von *inneren* Symmetrien.

Wir beginnen mit dem Beispiel einer einparametrigen (also *abelschen*) Transformation und behandeln nebeneinander ein komplexes skalares Feld ϕ und einen Dirac–Spinor ψ

$$\delta \phi(x) = ie\alpha\phi(x) \tag{3.94}$$
$$\delta \phi^{\dagger}(x) = -ie\alpha\phi^{\dagger}(x)$$
$$\delta \psi(x) = ie\alpha\psi(x) \tag{3.95}$$
$$\delta \bar{\psi}(x) = -ie\alpha\bar{\psi}(x) \, .$$

Die Lagrange–Funktionen

$$\mathcal{L} = \partial_{\mu}\phi^{\dagger}\partial^{\mu}\phi - m^2 \phi^{\dagger}\phi \, , \tag{3.96}$$
$$\mathcal{L} = \bar{\psi}\left(i\slashed{\partial} - m\right)\psi \tag{3.97}$$

sind invariant. Also gibt es erhaltene Ströme

$$j_{\mu}\left(\phi, \phi^{\dagger}\right) = -\frac{\partial \mathcal{L}}{\partial \partial^{\mu}\phi}\delta\phi - \frac{\partial \mathcal{L}}{\partial \partial^{\mu}\phi^{\dagger}}\delta\phi^{\dagger}$$
$$= -ie\partial_{\mu}\phi^{\dagger}\phi + ie\partial_{\mu}\phi\phi^{\dagger}$$
$$= ie\left(-\partial_{\mu}\phi^{\dagger}\phi + \phi^{\dagger}\partial_{\mu}\phi\right) \tag{3.98}$$
$$j_{\mu}\left(\psi, \bar{\psi}\right) = -i\bar{\psi}\gamma_{\mu}ie\psi = e\bar{\psi}\gamma_{\mu}\psi \, . \tag{3.99}$$

Die Ladung ist definiert durch

$$Q = \int d^3x \, j_0(x) \tag{3.100}$$

und ist erhalten:

$$\frac{d}{dt}Q \;=\; \int_V d^3x\,\partial^0 j_0 \;=\; \int_V d^3x\,\nabla\mathbf{j}$$

$$=\; \int_{\partial V} d\sigma\mathbf{j} = 0. \tag{3.101}$$

Für die beiden Felder erhalten wir

$$Q\left(\phi,\phi^\dagger\right) \;=\; ie\int d^3x\,\left(\phi^\dagger\partial_0\phi - \partial_0\phi^\dagger\phi\right) \tag{3.102}$$

$$Q\left(\psi,\bar\psi\right) \;=\; e\int d^3x\,\psi^\dagger\psi. \tag{3.103}$$

Benutzen wir die gleichzeitigen Vertauschungsrelationen der Felder

$$\left[\dot\phi^\dagger(\mathbf{x},t),\phi(\mathbf{y},t)\right] \;=\; -i\delta^{(3)}(\mathbf{x}-\mathbf{y}), \tag{3.104}$$

$$\left\{\bar\psi^\dagger(\mathbf{x},t),\psi(\mathbf{y},t)\right\} \;=\; -i\delta^{(3)}(\mathbf{x}-\mathbf{y}), \tag{3.105}$$

so finden wir

$$[Q,\phi(y)] \;=\; \int d^3x\,\left(\left[\phi^\dagger\dot\phi,\phi(y)\right]\left[\dot\phi^\dagger\phi,\phi(y)\right]\right)$$

$$=\; i^2 e\phi(y), \tag{3.106}$$

$$i\,[Q,\phi(y)] \;=\; -ie\phi(y), \tag{3.107}$$

$$[Q,\psi(y)] \;=\; e\int d^3x\,\left\{\psi^\dagger\psi,\psi(y)\right\}$$

$$=\; -ie\psi(y). \tag{3.108}$$

3.3   Nichtabelsche innere Symmetrietransformationen

Als Ausgangspunkt für die anzustellenden Überlegungen betrachten wir ein Multiplett von n Spinoren und Transformationen, die sie linear ineinander transformieren[4]:

$$\varepsilon_i\delta_i\begin{pmatrix}\psi_1\\ \ldots\\ \psi_n\end{pmatrix} = \varepsilon_i\left(D_i\right)\begin{pmatrix}\psi_1\\ \ldots\\ \psi_n\end{pmatrix}. \tag{3.109}$$

Falls die Matrizen D_i alle kommutieren,

$$[D_i,D_j] = 0 \qquad \forall i,j, \tag{3.110}$$

---

[4]Summation über doppelt auftretende Indizes

können sie gemeinsam diagonalisiert werden und wir haben lediglich den Fall von I abelschen Transformationen realisiert. Falls aber

$$[D_i, D_j] = i f_{ijk} D_k \tag{3.111}$$

mit nicht identisch verschwindender rechter Seite gilt, so finden wir sofort eine Bedingung an die Koeffizienten f_{ijk}. Die Matrizen D_i erfüllen die Jakobi–Identität

$$0 = [D_i [D_j, D_k]] + [D_j [D_k, D_i]] + [D_k [D_i, D_j]] \tag{3.112}$$
$$0 = (f_{ijk'} f_{k'kl} + f_{jkk'} f_{k'il} + f_{kik'} f_{k'jl}) D_l D_{l'} . \tag{3.113}$$

Falls also

$$\text{Tr}\,(D_l D_{l'}) \propto Tr\,(\delta_{ll'}) \neq 0, \tag{3.114}$$

muß die Klammer verschwinden:

$$f_{ijk'} f_{k'kl} + f_{jkk'} f_{k'il} + f_{kik'} f_{k'jl} = 0 . \tag{3.115}$$

Wenn darüber hinaus

$$f_{ijk'} f_{ijk} \propto \delta_{kk'} \tag{3.116}$$

gilt, dann sind die f_{ijk} total antisymmetrisch. Reelle f_{ijk} definieren eine *Lie–Algebra* und die Transformationen (3.109) sind die infinitesimalen Transformationen der zugehörigen *Lie–Gruppe*. Die D_i bilden eine *Darstellung* der Lie–Algebra.

Beispiel (3.3.1):   SU(2) Starker Isospin

Die Masse des Protons und des Neutrons sind voneinander nur um etwa $0,14\%$ verschieden:

$$m_p = 938,\,272\,31\,(28)\ MeV$$
$$m_n = 939,\,565\,63\,(28)\ MeV. \tag{3.117}$$

Die Kernkräfte sind ladungsunabhängig: z.B. haben in den Spiegelkernen H^3 (nnp) und He^3 (ppn) die Konstituenten dieselbe Bindungsenergie, wenn man um die Coulombenergie korrigiert hat. Als Gleichung für Potentiale:

$$V_{pp} = V_{nn}. \tag{3.118}$$

Aus der (niederenergetischen) Streuung von p und n kann man ebenfalls auf Gleichheit der Kräfte schließen:

$$V_{np} = V_{nn}. \tag{3.119}$$

Dies legt nahe, Proton und Neutron in Bezug auf die starke Wechselwirkung als ununterscheidbare, identische Teilchen anzusehen und anzunehmen, daß im Raum der Nukleonen keine Richtung ausgezeichnet ist. Mit N ist

$$N' = UN = \begin{pmatrix} u_{11} & u_{12} \\ u_{21} & u_{22} \end{pmatrix} \begin{pmatrix} p \\ n \end{pmatrix} \tag{3.120}$$

eine äquivalente Variable zur Beschreibung der Theorie. Wenn noch eine irrelevante Phase abgespalten wird, folgt

$$UU^\dagger = 1 \tag{3.121}$$

$$\det U = 1 \tag{3.122}$$

(*Iso(topen)spin-Invarianz*, HEISENBERG 1932). Die Transformationen haben drei reelle Parameter und bilden die Gruppe SU(2). Eine bequeme Parametrisierung ist möglich mit den Pauli–Matrizen τ

$$U = e^{i\alpha \cdot \frac{\tau}{2}}, \tag{3.123}$$

infinitesimal

$$\delta N = i\alpha \cdot \frac{\tau}{2} N. \tag{3.124}$$

$U^\dagger = U^{-1}$ folgt aus der Hermitizität der τ's, $\det U = 1$ aus dem Verschwinden der Spur:

$$\det U = e^{Tr \ln U} = e^{Tr\left(i\alpha \cdot \frac{\tau}{2}\right)} = e^0 = 1. \tag{3.125}$$

Die Algebra

$$\left[\frac{\tau_i}{2}, \frac{\tau_j}{2}\right] = i\varepsilon_{ijk}\frac{\tau_k}{2} \tag{3.126}$$

hat also die Strukturkonstanten

$$f_{ijk} = \varepsilon_{ijk} = \begin{cases} +1 & \text{gerade Permutationen} \\ & \text{von } ijk \\ -1 & \text{ungerade Permutationen} \\ & \text{von } ijk \\ 0 & \text{sonst} \end{cases} \tag{3.127}$$

Die Relationen

$$\left\{\frac{\tau_i}{2}, \frac{\tau_j}{2}\right\} = \frac{1}{2}\delta_{ij}\mathbf{1} \tag{3.128}$$

führen zur "Normierung"

$$\mathrm{Tr}\left(\frac{\tau_i}{2}\frac{\tau_j}{2}\right) = \frac{1}{2}\delta_{ij}. \tag{3.129}$$

Um Strom und Ladung konstruieren zu können, leiten wir eine invariante Lagrange–Funktion her. Es ist leicht zu sehen, daß

$$\mathcal{L} = \bar{N}\left(i\slashed{\partial} - m\right)N \tag{3.130}$$

invariant ist. Für den erhaltenen Strom ergibt sich (s. (3.87))

$$j_\mu = -\frac{\partial \mathcal{L}}{\partial \partial^\mu \bar{N}} \delta \bar{N} - \frac{\partial \mathcal{L}}{\partial \partial^\mu N} \delta N \tag{3.131}$$

$$j_{\mu k} = \bar{N} \gamma_\mu \frac{\tau_k}{2} N \tag{3.132}$$

und für die erhaltene Ladung

$$I_k = \int d^3 x j_{0k} = \int d^3 x N^\dagger \frac{\tau_k}{2} N \; . \tag{3.133}$$

Diese Isospinladungen I^k erfüllen die Algebra

$$[I_j, I_k] = i\varepsilon_{jkl} I_l \tag{3.134}$$

und erzeugen die Transformation

$$[I_k, N] = \delta_k N \; . \tag{3.135}$$

Die Algebra (3.134) ist genau die der τ's (3.126) und zwar die wohlbekannte
für Spin 1/2. Die drei Komponenten I^k kommutieren also mit $\mathbf{I}^2$:

$$\mathbf{I}^2 = I_1^2 + I_2^2 + I_3^2 \, , \tag{3.136}$$
$$0 = \left[\mathbf{I}^2, I_k\right] \qquad k = 1, 2, 3 \tag{3.137}$$

und man kann $\mathbf{I}^2$ und z.B. I_3 gemeinsam diagonalisieren. Deren Eigenwerte I,
I_3 numerieren die Zustände. Die Kombinationen

$$I_\pm = \frac{1}{2} \left(I_1 \pm iI_2 \right) \tag{3.138}$$

entsprechen

$$\tau_\pm = \frac{1}{2} \left(\tau_1 \pm i\tau_2 \right) = \begin{cases} \begin{pmatrix} 0 & 1 \\ 0 & 0 \end{pmatrix} \\[2em] \begin{pmatrix} 0 & 0 \\ 1 & 0 \end{pmatrix} \end{cases} \tag{3.139}$$

und spielen ebenso die Rolle der Auf– bzw. Absteigeoperatoren. Die explizite
Form von I_3 lautet:

$$I_3 = \int d^3 x N^\dagger \frac{\tau_3}{2} N = \frac{1}{2} \left(p^\dagger p - n^\dagger n \right) \; . \tag{3.140}$$

D.h.

$$I_3 \begin{pmatrix} p \\ 0 \end{pmatrix} = \frac{1}{2} \begin{pmatrix} p \\ 0 \end{pmatrix},$$ (3.141)

$$I_3 \begin{pmatrix} 0 \\ n \end{pmatrix} = -\frac{1}{2} \begin{pmatrix} 0 \\ n \end{pmatrix},$$ (3.142)

p, n sind Isospineigenzustände zu den Eigenwerten $\pm 1/2$. Analog verifiziert man sofort

$$I_+ \begin{pmatrix} p \\ 0 \end{pmatrix} = 0 \quad I_- \begin{pmatrix} 0 \\ n \end{pmatrix} = 0 \quad I_+ \begin{pmatrix} 0 \\ n \end{pmatrix} = \begin{pmatrix} p \\ 0 \end{pmatrix}.$$ (3.143)

Also ist N ein Isodublett und gehört zum Isospin $1/2$.
Wir erinnern an (3.100) und schließen, daß der Operator der elektrischen Ladung

$$Q = \int d^3x\, p^\dagger p = \int d^3x\, N^\dagger \frac{1 + \tau_3}{2} N$$ (3.144)

lautet. Die letztere Form zeigt, daß

$$[Q, I_k] \neq 0 \qquad k = 1, 2$$ (3.145)

also auch, daß

$$[Q, \mathbf{I}^2] \neq 0.$$ (3.146)

Q bricht demnach die Isospininvarianz; doch das hatten wir ja erwartet, denn nur unter Vernachlässigung der Unterschiede, die von der elektrischen Ladung herrühren, hatten wir den Isospin als Symmetrie eingeführt.
Wir definieren nun ad hoc einen Operator für die Baryonenzahl:

$$B := \int d^3x \left(p^\dagger p + n^\dagger n \right).$$ (3.147)

Dann läßt sich Q schreiben als

$$Q = \frac{1}{2} B + I_3,$$ (3.148)

wie man auf p oder n sofort nachprüft. Die starke Wechselwirkung wird nach YUKAWA durch das Pion vermittelt. Wie läßt es sich inkorporieren? Der Massenunterschied zwischen geladenem und neutralem Pion

$$m_{\pi^\pm} = 139,567\,55 \pm 33 \; MeV$$ (3.149)

$$m_{\pi^0} = 134,973\,4 \pm 25 \; MeV$$

$$\Delta m = 4,594\,2 \quad \frac{\Delta m}{m} \approx 3,3\%$$ (3.150)

deutet bereits an, daß die Berechnung der Isospininvarianz in der Größenordnung von 3% sein wird, aber approximativ könnte sie so gelten. Da wir drei

Zustände unterzubringen haben, $2I + 1 = 3$, käme $I = 1$ in Frage. Da die *Dimension* von SU(2) (=Anzahl der Erzeugenden) auch gerade drei ist, können wir als Darstellungsmatrizen die der *adjungierten* Darstellung verwenden:

$$\left(D^j\right)_{ik} = i\varepsilon_i{}^j{}_k, \tag{3.151}$$

(allgemein: $(adD^j)_{ik} = if_i{}^j{}_k$), die aus den Strukturkonstanten gebildet wird.

$$D^1 \;=\; \begin{pmatrix} 0 & 0 & 0 \\ 0 & 0 & -1 \\ 0 & 1 & 0 \end{pmatrix}$$

$$D^2 \;=\; \begin{pmatrix} 0 & 0 & 1 \\ 0 & 0 & 0 \\ -1 & 0 & 0 \end{pmatrix}$$

$$D^3 \;=\; \begin{pmatrix} 0 & -1 & 0 \\ 1 & 0 & 0 \\ 0 & 0 & 0 \end{pmatrix} \tag{3.152}$$

Die Darstellungsrelation (3.111) für die Matrizen (3.151) ist gerade die Jakobi–Identität für die ϵ's.
Die infinitesimalen Transformationen, die zu der Darstellung (3.151) gehören, haben die Form

$$\delta\phi_k = \alpha^l \delta^l \phi_k = \alpha^l i\varepsilon_k{}^l{}_{k'}\phi_{k'}. \tag{3.153}$$

(Wir benutzen den Buchstaben ϕ, weil D_3 nicht diagonal ist, die Pionen aber Eigenzustände des Isospins sein sollen (s.u.).) (3.153) ist genau die infinitesimale Drehung eines reellen Vektors, also sind die Invarianten wohlbekannt:

$$\mathcal{L} = \frac{1}{2}\partial\phi\partial\phi - V(\phi\phi) \tag{3.154}$$

ist invariant unter (3.153).
Um die Pion–Nukleon–Wechselwirkungen einzuführen, benötigen wir ein Produkt von mindestens drei Feldern. Um die Lorentzinvarianz zu garantieren, ist die Kombination $\bar{N}\cdots N$ erforderlich; dann zeigt aber ein Blick auf den Isospinstrom $j_{\mu k}$ (3.132), daß er sich wie ein Isovektor transformiert. Also ist $\bar{N}(\tau_k/2)N\phi_k$ isospininvariant. Berücksichtigen wir zudem, daß die Pionen negative Eigenparität haben, die Wechselwirkung aber die Parität erhalten soll, so gelangen wir zu

$$\mathcal{L}_{int}(N,\boldsymbol{\phi}) = i\bar{N}\gamma^5\frac{\tau_k}{2}\phi_k N. \tag{3.155}$$

Der Faktor i macht $\mathcal{L}$ hermitisch.
Wie bereits erwähnt, ist D^3 nicht diagonal, die reellen ϕ sind auch keine Ei-

genvektoren. Der Übergang erfolgt mit den Redefinitionen

$$\pi^\pm = \frac{1}{\sqrt{2}}\left(\phi_1 \pm i\phi_2\right) \tag{3.156a}$$

$$\pi^0 = \phi_3. \tag{3.156b}$$

Dann folgt

$$\left[I_3, \pi^\pm\right] = \pm\pi^\pm \tag{3.157a}$$

$$\left[I_3, \pi^0\right] = = 0 \tag{3.157b}$$

und die neuen Darstellungsmatrizen lauten

$$D^{1\prime} = \frac{1}{\sqrt{2}}\begin{pmatrix} 0 & 1 & 0 \\ 1 & 0 & 1 \\ 0 & 1 & 0 \end{pmatrix}$$

$$D^{2\prime} = \frac{1}{\sqrt{2}}\begin{pmatrix} 0 & -i & 0 \\ i & 0 & -i \\ 0 & i & 0 \end{pmatrix}$$

$$D^{3\prime} = \begin{pmatrix} 1 & 0 & 0 \\ 0 & 0 & 0 \\ 0 & 0 & -1 \end{pmatrix}. \tag{3.158}$$

Die Relation (3.148) gilt auch für die Pionen, wenn wir den Beitrag der Pionen zu den Operatoren hinzufügen:

$$\begin{aligned} j_\mu^k &= -\frac{\partial\mathcal{L}}{\partial\partial^\mu\phi}\delta^k\phi \\ &= -\partial_\mu\phi_l i\varepsilon_l^k{}_{l'}\phi_{l'} \\ &= -\partial_\mu\phi_l D_{ll'}^k\phi_{l'} \end{aligned} \tag{3.159}$$

für den Isospinstrom,

$$I^k = -\int d^3x\,\partial_0\phi_l D_{ll'}^k\phi_{l'} \tag{3.160}$$

für die Isospinladung und

$$\begin{aligned} Q &= \int d^3x\left(\left(\dot{\pi}^+\right)\pi^+ - \left(\dot{\pi}^-\right)\pi^-\right) \\ &= i\int d^3x\left(-\dot{\phi}_1\phi_2 + \dot{\phi}_2\phi_1\right) \end{aligned} \tag{3.161}$$

für die elektrische Ladung.

Welche Konsequenzen hat nun diese Symmetrie? Benutzen wir eine spezifische Lagrange–Funktion (etwa (3.130), (3.154) mit spezifischen V und (3.155)), so geben wir damit auch eine spezifische Dynamik vor. Etwas allgemeiner ist eine

Schlußweise, die nur Isospinsymmetrie an sich annimmt. Hier ein Beispiel für solche Betrachtungen:

Elastische πN-Streuung

Streut man $\pi^\pm$ elastisch an einem aus p und n bestehenden isoskalaren Target, so sind folgende Prozesse möglich:

$$
\begin{aligned}
\pi^+ p &\to \pi^+ p \qquad \pi^- p \to \pi^- p \\
\pi^- n &\to \pi^- n \qquad \pi^- p \to \pi^0 n \\
\pi^+ n &\to \pi^+ n \\
\pi^+ n &\to \pi^0 p.
\end{aligned}
\tag{3.162}
$$

In den ersten beiden Prozessen sind Zustände mit $I_3 = \pm 3/2$ beteiligt, in den restlichen vier haben die Zustände $I_3 = \pm 1/2$; die ersteren gehören also zu $I = 3/2$, die letzteren zu $I = 3/2$ oder zu $I = 1/2$.

Isospininvarianz heißt nun, daß diese Prozesse nicht vom jeweiligen Wert I_3 abhängen, sondern nur von zwei Amplituden, die dem Gesamtisospin $3/2$ bzw. $1/2$ entsprechen. Die Zerlegung der Pion–Nukleon–Zustände in Isospin-Eigenzustände $|I, I_3\rangle$ ist gegeben durch

$$
\begin{aligned}
|\pi^+, p\rangle &= |3/2, 3/2\rangle \\
|\pi^0, n\rangle &= \sqrt{\tfrac{2}{3}}\,|3/2, -1/2\rangle + \sqrt{\tfrac{1}{3}}\,|1/2, -1/2\rangle \\
|\pi^-, p\rangle &= \sqrt{\tfrac{1}{3}}\,|3/2, -1/2\rangle - \sqrt{\tfrac{2}{3}}\,|1/2, -1/2\rangle.
\end{aligned}
\tag{3.163}
$$

Die Streuamplituden sind demnach

$$
\begin{aligned}
\langle \pi^+, p | \pi^+, p \rangle &= \langle 3/2, 3/2 | 3/2, 3/2 \rangle \equiv A_{3/2} \\
\langle \pi^-, p | \pi^-, p \rangle &= \tfrac{1}{3} A_{3/2} + \tfrac{2}{3} A_{1/2} \\
\langle \pi^0, n | \pi^-, p \rangle &= \frac{\sqrt{2}}{3} A_{3/2} - \frac{\sqrt{2}}{3} A_{1/2}.
\end{aligned}
\tag{3.164}
$$

Die totalen Wirkungsquerschnitte sind bei Energien, bei denen Vielfach-Mesonenproduktion nicht relevant ist, gegeben durch

$$
\sigma_{\pi+} = \rho \left| A_{3/2} \right|^2 ,
\tag{3.165}
$$

$$
\begin{aligned}
\sigma_{\pi-} &= \sigma\left(\pi^- p \to \pi^- p\right) + \sigma\left(\pi^- p \to \pi^0 n\right) \\
&= \rho \left(\tfrac{1}{3} \left| A_{3/2} \right|^2 + \tfrac{2}{3} \left| A_{1/2} \right|^2 \right)
\end{aligned}
\tag{3.166}
$$

(ρ ist ein kinematischer Faktor, der gleich ist für beide Reaktionen, wenn man Massenunterschiede vernachlässigt). Die Zuordnung $I = 3/2$ bedeutet, daß für

Resonanzenergie (d.h. dort, wo das Teilchen $\Delta(1238)$ mit Isospin $3/2$ erzeugt wird) gilt

$$\frac{\sigma_{\pi^+}}{\sigma_{\pi^-}} = 3. \tag{3.167}$$

Diese Vorhersage wird vom Experiment bestätigt.

Zum Abschluß der Diskussion des Isospins geben wir noch die Wellenfunktion für die Systeme NN und Nukleon–Antinukleon an. Die Zwei–Nukleonen–Zustände ergeben sich ganz genau wie bei der Addition von zwei Spins $1/2$ und führen zu einem Isospin 1 sowie einem Isospin 0

$$I \;=\; 1 \quad \begin{cases} p_1 p_2 & \uparrow\uparrow \\ \frac{1}{\sqrt{2}}\,(p_1 n_2 + n_1 p_2) & \uparrow\downarrow + \downarrow\uparrow \\ n_1 n_2 & \downarrow\downarrow \end{cases} \tag{3.168}$$

$$I \;=\; 0 \quad \frac{1}{\sqrt{2}}\,(p_1 n_2 - n_1 p_2) \quad \uparrow\downarrow - \downarrow\uparrow\,. \tag{3.169}$$

Für die Nukleon–Antinukleon–Zustände kann man eine Besonderheit der Gruppe SU(2) ausnutzen:

$$\begin{aligned} U^* \;=\; e^{-i\frac{\alpha}{2}\tau^*} \;&=\; (-i\tau_2)e^{i\frac{\alpha}{2}\tau}(i\tau_2) \\ &=\; (-i\tau_2)U(i\tau_2)\,. \end{aligned} \tag{3.170}$$

Für SU(2) ist die komplex konjugierte Darstellung U^* zur fundamentalen Darstellung U *äquivalent*.

Wir bezeichnen das Anti–Proton, das erzeugt wird von $\bar{p}C$ mit $\psi_{\bar{p}}$ (entsprechend für das Anti–Neutron: $\bar{n}C \equiv \psi_{\bar{n}}$). Das Neutron transformiert sich gemäß

$$N = UN \;\Rightarrow\; \bar{N}' = \bar{N}U^\dagger = U^*\bar{N}. \tag{3.171}$$

Mit der Definition

$$A = -i\tau_2\bar{N}C = \begin{pmatrix} -\bar{n}C \\ \bar{p}C \end{pmatrix} = \begin{pmatrix} -\psi_{\bar{n}} \\ \psi_{\bar{p}} \end{pmatrix} \tag{3.172}$$

für das Anti–Nukleon folgt dann als Transformationsgesetz

$$\begin{aligned} A' \;&=\; -i\tau_2\bar{N}'C \;=\; -i\tau_2 U^*\bar{N}C \\ &=\; (-i\tau_2)^2 U(i\tau_2)\bar{N}C = -U(-1)\begin{pmatrix} -\psi_{\bar{n}} \\ \psi_{\bar{p}} \end{pmatrix} \\ &=\; U\begin{pmatrix} -\psi_{\bar{n}} \\ \psi_{\bar{p}} \end{pmatrix} \;=\; UA, \end{aligned} \tag{3.173}$$

d.h. das Anti–Nukleon transformiert sich unter Isospin wie das Nukleon. Also gilt für ein Nukleon–Antinukleon–System

$$
I \;=\; 1 \quad
\begin{cases}
-\psi_p \psi_{\bar{n}} \\[4pt]
\frac{1}{\sqrt{2}} \left(\psi_p \psi_{\bar{p}} - \psi_n \psi_{\bar{n}} \right) \\[4pt]
\psi_n \psi_{\bar{p}}
\end{cases}
\tag{3.174}
$$

$$
I \;=\; 0 \quad \frac{1}{\sqrt{2}} \left(\psi_p \psi_{\bar{p}} + \psi_n \psi_{\bar{n}} \right) .
\tag{3.175}
$$

Beispiel (3.3.2):   Flavor-SU(3)
SU(3) für Isospin und Strangeness
Die Isospininvarianz war ursprünglich im Rahmen der Kernphysik formuliert und genutzt worden. Als man Anfang der Fünfziger Jahre dann "neue" Teilchen mit Beschleunigern gezielt produzieren konnte, erweiterte man dieses Konzept auf alle stark wechselwirkenden Teilchen und versuchte, sie so weit wie möglich in Isospin–Multipletts anzuordnen. Etwa um 1953 hatte man ein Spektrum vor sich wie in Tabelle 3.2 angegeben.   Bei den Baryonen waren

Tab. 3.2 Spektrum

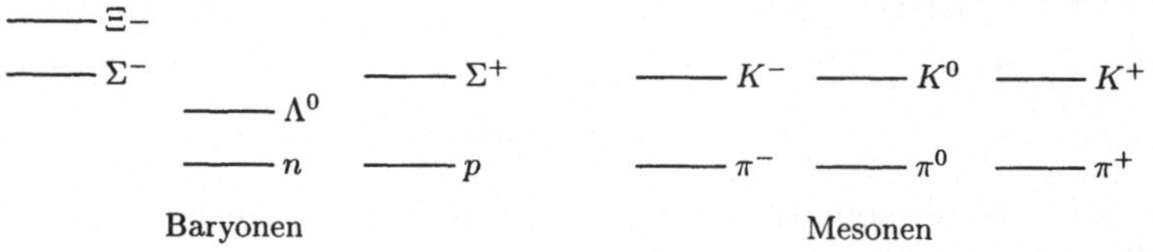

$$
\begin{array}{llll}
\underline{\quad\;} \; \Xi^{-} & & & \\[6pt]
\underline{\quad\;} \; \Sigma^{-} & \underline{\quad\;}\;\Sigma^{+} & \underline{\quad\;}\;K^{-} \quad \underline{\quad\;}\;K^{0} \quad \underline{\quad\;}\;K^{+} & \\[2pt]
& \underline{\quad\;}\;\Lambda^{0} & & \\[6pt]
\underline{\quad\;}\;n & \underline{\quad\;}\;p & \underline{\quad\;}\;\pi^{-} \quad \underline{\quad\;}\;\pi^{0} \quad \underline{\quad\;}\;\pi^{+} & \\[6pt]
\text{Baryonen} & & \text{Mesonen} &
\end{array}
$$

n und p klarerweise ein Iso–Dublett, Σ^{-} und Σ^{+} hätten ein Triplett ergeben können, allerdings fehlte ein Σ^{0} dafür und das Λ^{0} hätte man wegen des großen Massenunterschiedes ungern als Σ^{0} interpretiert; für das Ξ^{-} fehlten mögliche Partner. Bei den Mesonen bildeten die Pionen ein anerkanntes Triplett, während für die K–Mesonen die Lage verworren war: Das eigentlich "seltsame" an der Situation waren jedoch die Zeitskalen der Zerfälle

$$
\begin{aligned}
\Lambda^{0} &\;\rightarrow\; p + \pi^{-} \\
\Sigma^{\pm} &\;\rightarrow\; n + \pi^{\pm} \\
K^{\pm} &\;\rightarrow\; \pi^{\pm} + \pi^{0} \\
\Xi^{-} &\;\rightarrow\; \Lambda^{0} + \pi^{-},
\end{aligned}
\tag{3.176}
$$

die alle in der Größenordnung von $10^{-10}\ sec$ waren, also für schwache Wechselwirkung sprachen. Gleichzeitig wurde aber z.B. Λ^{0} über

$$
\pi^{-} + p \rightarrow \Lambda^{0} + \pi's
\tag{3.177}
$$

in großer, für starke Wechselwirkung typischer Rate erzeugt: offenbar eine Verletzung der Reversibilität der starken Prozesse. Ein erster Schritt zur Klärung war die Beobachtung, daß in der Produktion

$$\pi^- + p \longrightarrow \Lambda^0(\to p + \pi^-) + K^0(\to \pi^-\pi^+) \tag{3.178}$$

dem Λ^0-Zerfall durchaus eine starke Rate zugeschrieben werden konnte, wenn *assoziiert* zu Λ^0 auch K^0 produziert wurde. Entsprechendes ließ sich für einige der anderen Prozesse (3.176) zeigen. Als eigentlicher Schlüssel zum Verständnis erwies sich eine neue, bei starken Prozessen erhaltene Quantenzahl S (*Strangeness, Seltsamkeit*), deren Wert für n, p und die Pionen 0, für das Λ^0 aber $S = -1$ war. Dann ist der Zerfall ($\Lambda^0 \to p\pi$) begleitet von $|\Delta S| = 1$ und damit verboten. In der "Ladungsbilanz" (3.148) trägt S gemäß

$$Q = \frac{1}{2}B + \frac{1}{2}S + I_3 \tag{3.179}$$

bei, so daß also z.B. die Zuordnung $S(\Sigma) = -1$ zu einem Isospin–Triplett $\Sigma^{\pm,0}$ paßt. Hier sollte Σ^0 durchaus von Λ^0 verschieden und der fehlende Nachweis dadurch erklärt sein, daß

$$\Sigma^0 \to \Lambda^0 + \gamma \tag{3.180}$$

unter Erhaltung von S möglich ist. Tatsächlich hat man Σ^0 mit Hilfe dieser Reaktion identifiziert. Wenn der Zerfall ($\Xi^- \to \Lambda^0\pi^-$) ebenfalls durch Verletzung der Strangeness–Erhaltung $|\Delta S| = 1$ zu verstehen ist, dann kann man Ξ^- $S = -2$ zuordnen und damit auch erklären, warum Ξ^- nicht in $n\pi^-$ zerfällt: dieser Übergang hätte $|\Delta S| = 2$. Als Isospin kommt Ξ^- gemäß (3.179) $I_3 = -1/2$ zu. In der Tat entdeckte man daraufhin seinen Isospin-Partner Ξ^0 mit $I_3 = +1/2$.

Die K–Mesonen haben $B = 0$, die Zuordnung $S(K^+) = +1$ führt zu $I_3(K^+) = 1/2$, d.h. K^+ sollte einen Isospin–Partner haben – das könnte gerade K^0 sein. K^- kann das Anti–Teilchen von K^+ mit $S(K^-) = -1$ sein, es sollte dann aber einen Iso–Partner $\bar K^0$ haben; der müßte das Anti–Teilchen zu K^0 und mit diesem massenentartet sein. $\bar K^0$ wurde mit diesen Eigenschaften gefunden. Definiert man als neue Quantenzahl die *Hyperladung*

$$Y = \frac{1}{2}(B + S), \tag{3.181}$$

so führen die bisherigen Untersuchungen für Baryonen zu bemerkenswert ähnlichen Strukturen für Baryonen und Mesonen: s. Tabelle 3.3.

Nach dieser qualitativen Diskussion wollen wir die Einzelheiten etwas genauer fassen. Neben dem Isospin soll Strangeness eine neue erhaltene Quantenzahl sein. Die Gruppe SU(2) soll also in eine größere eingebettet werden, die eine weitere mit allen anderen kommutierende Erzeugende hat (vom Rang zwei ist).

Tab. 3.3 Hyperladung und Isospin der Baryonen und Mesonen

Y	I	Baryonen	Mesonen
1	1/2	n, p	K^0, K^+
0	1	$\Sigma^-, \Sigma^0, \Sigma^+$	π^-, π^0, π^+
0	0	Λ^0	η^0
-1	1/2	Ξ^0, Ξ^-	$\bar{K}^0, K^-$

Eine naheliegende Wahl ist SU(3). Das ist die Gruppe aller unitären (3×3)-Matrizen mit Determinante eins:

$$UU^\dagger = 1 \tag{3.182}$$

$$\det U = 1. \tag{3.183}$$

Eine übliche Parametrisierung basiert auf den 8 Gell–Mann–Matrizen λ_i:

$$U = e^{\frac{i}{2}\alpha_j \lambda_j} \tag{3.184}$$

$$\lambda_j = \lambda_j^\dagger \qquad \mathrm{Tr}\lambda_j = 0$$

$$\left[\frac{\lambda_i}{2}, \frac{\lambda_j}{2}\right] = i f_{ijk} \frac{\lambda_k}{2} \tag{3.185}$$

$$\left\{\frac{\lambda_i}{2}, \frac{\lambda_j}{2}\right\} = \frac{1}{3}\delta_{ij}\mathbf{1} + d_{ijk}\frac{\lambda_k}{2} \tag{3.186}$$

$$\mathrm{Tr}\,(\lambda_i \lambda_j) = 2\delta_{ij} \tag{3.187}$$

$$\lambda_1 = \begin{pmatrix} 0 & 1 & 0 \\ 1 & 0 & 0 \\ 0 & 0 & 0 \end{pmatrix} \qquad \lambda_2 = \begin{pmatrix} 0 & -i & 0 \\ i & 0 & 0 \\ 0 & 0 & 0 \end{pmatrix} \tag{3.188}$$

$$\lambda_3 = \begin{pmatrix} 1 & 0 & 0 \\ 0 & -1 & 0 \\ 0 & 0 & 0 \end{pmatrix} \qquad \lambda_4 = \begin{pmatrix} 0 & 0 & 1 \\ 0 & 0 & 0 \\ 1 & 0 & 0 \end{pmatrix}$$

$$\lambda_5 = \begin{pmatrix} 0 & 0 & -i \\ 0 & 0 & 0 \\ i & 0 & 0 \end{pmatrix} \qquad \lambda_6 = \begin{pmatrix} 0 & 0 & 0 \\ 0 & 0 & 1 \\ 0 & 1 & 0 \end{pmatrix}$$

$$\lambda_7 = \begin{pmatrix} 0 & 0 & 0 \\ 0 & 0 & -i \\ 0 & i & 0 \end{pmatrix} \qquad \lambda_8 = \frac{1}{\sqrt{3}}\begin{pmatrix} 1 & 0 & 0 \\ 0 & 1 & 0 \\ 0 & 0 & -2 \end{pmatrix}.$$

λ_3 und λ_8 kommutieren mit allen λ–Matrizen und sind die Erzeugenden für I_3 bzw Y.

Alle Zustände einer irreduziblen Darstellung erreicht man mit den Auf– und

Absteigeoperatoren:

$$I_{\pm} = F_1 \pm iF_2 \qquad (3.189)$$

$$U_{\pm} = F_6 \pm iF_7$$

$$V_{\pm} = F_4 \pm iF_5$$

$$F_i \equiv \frac{1}{2}\lambda_i. \qquad (3.190)$$

Mit der Normierung

$$I_3 = F_3 \qquad (3.191)$$

$$Y = \frac{2}{\sqrt{3}}F_8 \qquad (3.192)$$

kann man sie in einem rechtwinkligen Koordinatensystem mit Abszisse I_3 und Ordinate Y als Pfeile darstellen, die von einem Punkt ausgehen und gleichseitige Dreiecke aufspannen (s. Abb. 3.2). Die *fundamentale* Darstellung **3**

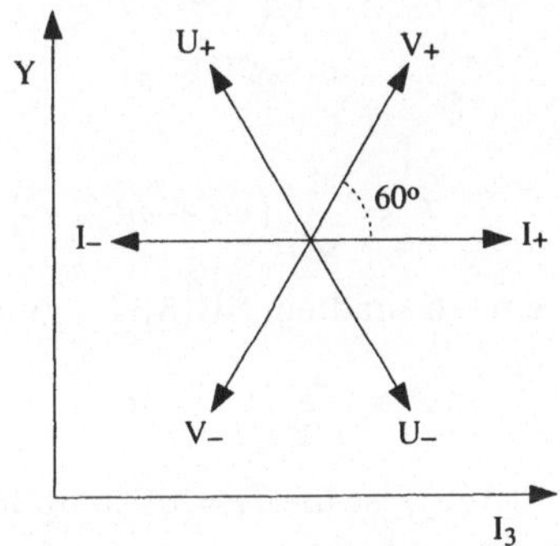

Abb. 3.2
Isospin und Hyperladung in SU(3)

entspricht dem Dreieck in Abb. 3.3. Die komplex konjugierte Darstellung **3̄**

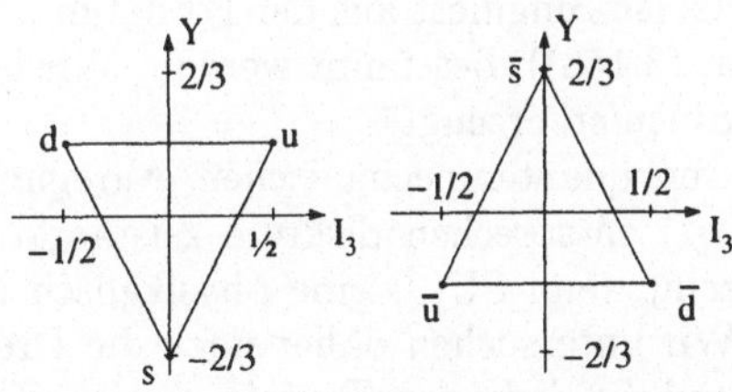

Abb. 3.3
fundamentale Darstellung

entspricht dem gespiegelten Dreieck in Abb. 3.3 (anders als bei SU(2) ist sie der Darstellung **3** *nicht* äquivalent). Die zu Isospin und Hyperladung Y gehörige Untergruppe ist $SU(2)_I \times U(1)_Y$. Produktdarstellungen $I_A \otimes I_B$, $I_A \otimes I_B$

haben also die Quantenzahlen $|I_A - I_B|, \cdots, I_A + I_B$ und $Y_A + Y_B$, sind *additiv*
in I_3 und Y. Diese Beobachtung liegt dem Prinzip zugrunde, mit Hilfe dessen
wir im folgenden neue Darstellungen konstruieren werden.
$(q\bar{q})$–Zustände: Mesonen
Um aus der **3**–Darstellung neue zu erhalten, setzten wir in jeden der Punkte n,
d, s den Schwerpunkt eines Dreiecks $\bar{\mathbf{3}}$ und markieren die so erhaltenen Punkte in der (I_3, Y)–Ebene (s. Abb. 3.4). Wegen der eben erwähnten Additivität
der Quantenzahlen I_3 und Y haben wir Zustände von neuen Darstellungen
erzeugt, die wir wieder nach ihrer Dimension benennen:

$$\mathbf{3} \otimes \bar{\mathbf{3}} = \mathbf{8} \oplus \mathbf{1} \, . \tag{3.193}$$

Die Zustände mit $I_3 = Y = 0$ analysieren wir genauer.

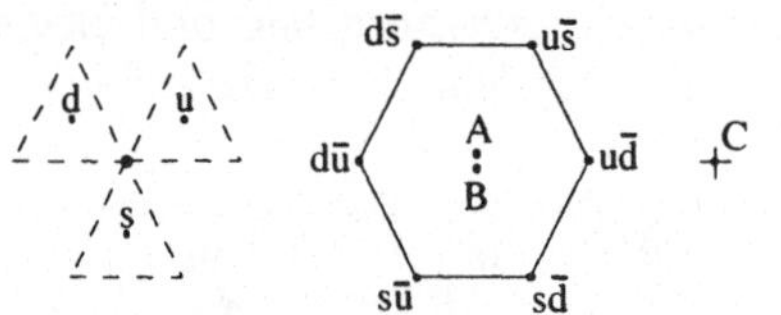

Abb. 3.4
Produktdarstellung

$$C = \frac{1}{\sqrt{3}} \left(u\bar{u} + d\bar{d} + s\bar{s} \right) \tag{3.194}$$

ist ein Iso- und ein SU(3)–Singulett. Der Zustand

$$A = \frac{1}{\sqrt{2}} \left(u\bar{u} - d\bar{d} \right) \tag{3.195}$$

(s. (3.169)) ist die $I_3 = 0$ Komponente des Isotripletts $(d\bar{u}, A, u\bar{d})$. Dann kann
der Zustand

$$B = \frac{1}{\sqrt{6}} \left(u\bar{u} + d\bar{d} - 2s\bar{s} \right) \tag{3.196}$$

als Iso-Singulett aus der Forderung, auf A wie auf C senkrecht zu stehen (vgl.
a. (3.168)), bestimmt werden. Wir haben also aus **3** und $\bar{\mathbf{3}}$ ein *Oktett* und ein
Singulett erzeugt.
Den quantenmechanischen Anregungen von $q\bar{q}$ (Drehungen, Schwingungen,
...) entsprechen diskrete Zustände. Dies müssen die beobachteten Mesonen
sein, wenn SU(3) eine physikalisch relevante (approximative) Symmetrie ist.
Wir untersuchen daher noch die Drehimpulseigenschaften solcher Multipletts
und die diskreten Transformationen P und C.
Da der Spin eines Quarks $1/2$ ist, hat das System $q\bar{q}$ entweder $S = 0$ oder
$S = 1$. Der Gesamtdrehimpuls ist demnach

$$J = L + S \, , \tag{3.197}$$

wobei L der Bahndrehimpuls von q relativ zu $\bar{q}$ ist. Ein Teilchen–Antiteilchen-System hat negative innere Parität, also gilt

$$P = -(-1)^L. \tag{3.198}$$

Als neutrales System ist $q\bar{q}$ Eigenzustand von C. Der Austausch zweier Fermionen, die Symmetrie der Spinzustände und der Ortsvariable führt zu

$$C = -(-1)^{S+1}(-1)^L = (-1)^{L+S}. \tag{3.199}$$

Die erlaubten Zustände für den Grundzustand $L = 0$ und den ersten angeregten Zustand $L = 1$ haben wir in Tabelle 3.4 aufgelistet. Das $J^{PC} = 0^{+-}$

Tab. 3.4 Erlaubte Zustände

$q\bar{q}$ Bahndrehimpuls	$q\bar{q}$ Spin	J^{PC}	Beob. Nonett			Typische Masse (MeV)
			$I = 1$	$I = \frac{1}{2}$	$I = 0$	
$L = 0$	$S = 0$	0^{-+}	π	K	η, η'	500
	$S = 1$	1^{--}	ρ	K^*	ω, ϕ	800
$L = 1$	$S = 0$	1^{+-}	B	Q_2	$H, ?$	1250
	$S = 1$	2^{++}	A_2	K^*	f, f'	1400
		1^{++}	A_1	Q_1	$D, ?$	1300
		0^{++}	δ	κ	ε, S^*	1150

Oktett ist das in Tabelle 3.3 beschriebene Mesonenoktett. Bemerkung: A priori hätte man *nicht* erwartet, daß L und S gute Quantenzahlen sind, denn wir haben es ja mit relativistischen Systemen zu tun. Aber P verbietet die Mischung von L gerade und L ungerade. C-Erhaltung macht dann S eindeutig. Also können $S = 1$ Zustände nur L Zustände mit $\Delta L = 2$ mischen, so daß die niedrigen Anregungszustände der Tab. 3.4 effektiv gutes L und S haben.
(qqq)–Zustände: Baryonen
Analog zum Fall $q\bar{q}$ bilden wir die Zustände

$$\mathbf{3} \otimes \mathbf{3} = \mathbf{6} \oplus \bar{\mathbf{3}} \tag{3.200}$$

durch Überlagerung der entsprechenden Dreiecke. Die Zustände des Sextetts

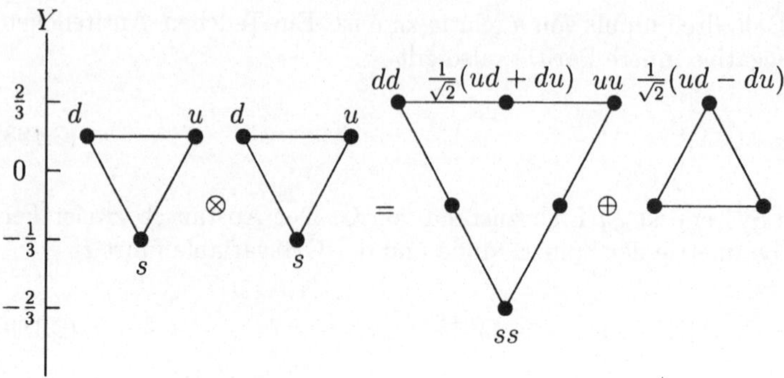

Abb. 3.5 Produktdarstellung

$$1 \;=\; dd$$
$$2 \;=\; \frac{1}{\sqrt{2}}(ud + du)$$
$$3 \;=\; uu$$
$$4 \;=\; \frac{1}{\sqrt{2}}(sd + ds)$$
$$5 \;=\; \frac{1}{\sqrt{2}}(us + su)$$
$$6 \;=\; ss \tag{3.201}$$

sind alle *symmetrisch* unter Vertauschung der beiden Quarks; die Zustände des Tripletts $\bar{3}$

$$7 \;=\; \frac{1}{\sqrt{2}}(ud - du)$$
$$8 \;=\; \frac{1}{\sqrt{2}}(sd - ds)$$
$$9 \;=\; \frac{1}{\sqrt{2}}(us - su) \tag{3.202}$$

sind alle *antisymmetrisch* unter Vertauschung der beiden Quarks (4, 8 entstehen durch U–Spin–Addition; 5, 9 durch V–Spin–Addition). Die weitere Multiplikation

$$\begin{aligned} \mathbf{3} \otimes \mathbf{3} \otimes \mathbf{3} \;&=\; (\mathbf{6} \oplus \bar{\mathbf{3}}) \otimes \mathbf{3} \\ &=\; \mathbf{6} \otimes \mathbf{3} \oplus \bar{\mathbf{3}} \otimes \mathbf{3} \\ &=\; \mathbf{10} \oplus \mathbf{8} \oplus \mathbf{8} \oplus \mathbf{1} \end{aligned} \tag{3.203}$$

liefert Abb. 3.4.

Die uud Kombinationen Δ, p_S, p_A lassen sich leicht herleiten:

$$p_A = \frac{1}{\sqrt{2}}(ud - du)u \qquad (3.204)$$

aus $\bar{3}$ mit 3. Δ ist die vollständig symmetrische Kombination (ohne s):

$$\Delta = \frac{1}{\sqrt{3}}\left(uud + (ud + du)u\right). \qquad (3.205)$$

Dann ergibt sich p_S aus Orthogonalität zu p_A und Δ.

$$p_S = \frac{1}{\sqrt{6}}\left((ud + du)u - 2uud\right) \qquad (3.206)$$

Ebenso leicht läßt sich das vollständig antisymmetrische Singulett angeben:

$$(qqq)_{Sing.} = \frac{1}{\sqrt{6}}\left(uds - usd + sud - sdu + dsu - dus\right). \qquad (3.207)$$

Um mit wirklichen Teilchen identifizieren zu können, müssen wir noch den Spin berücksichtigen. In derselben Bezeichnung nach Dimension der Darstellung läßt sich die Spinaddition als

$$\begin{aligned}
\mathbf{2} \otimes \mathbf{2} \otimes \mathbf{2} &= (\mathbf{3}_S \oplus \mathbf{1}_A) \otimes \mathbf{2} \\
&= \mathbf{4}_S \oplus \mathbf{2}_{M_S} \oplus \mathbf{2}_{M_A} \qquad (3.208)
\end{aligned}$$

schreiben (als untere Indizes haben wir Symmetrieeigenschaften angegeben). Kombinieren wir (3.208) mit der SU(3)–Zerlegung (3.203), so erhalten wir aus

$$(\mathbf{10}_S \oplus \mathbf{8}_{M_S} \oplus \mathbf{8}_{M_A} \oplus \mathbf{1}_A) \otimes (\mathbf{4}_S \oplus \mathbf{2}_{M_S} \oplus \mathbf{2}_{M_A})$$

$$\begin{aligned}
S: &\quad (10, 4) + (8, 2) \qquad\qquad\qquad\qquad (3.209) \\
M_S: &\quad (10, 2) + (8, 4) + (8, 2) + (1, 2) \\
M_A: &\quad (10, 2) + (8, 4) + (8, 2) + (1, 2) \\
A: &\quad (1, 4) + (8, 2).
\end{aligned}$$

Im vollständig symmetrischen Anteil finden wir als $(8, 2)$ das Baryonen–Oktett (s.o.) und das Spin 3/2-Dekuplett. Das Ω^- war auf diesem Weg vorhergesagt und dann experimentell gefunden worden. Es trug ganz wesentlich dazu bei, daß das Quark-Modell akzeptiert wurde.

Gleichzeitig brachte aber die vollständige Symmetrie der Wellenfunktion im Dekuplett ein Problem mit sich: z.B. hat $\Delta^{++} \in (10, 4)$ die Zerlegung

$$\Delta^{++} = u \uparrow u \uparrow u \uparrow, \qquad (3.210)$$

ist also als Produkt Raum $\times$ Spin $\times$ Flavor vollständig symmetrisch. Das widerspricht dem Pauli–Prinzip! Dieses Problem erwies sich als ernsthaft und

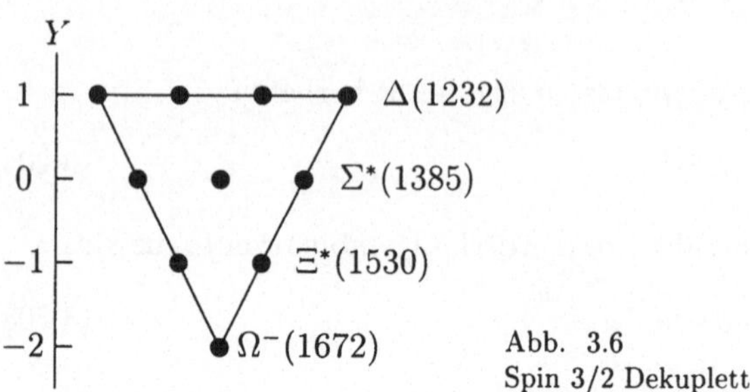

Abb. 3.6
Spin 3/2 Dekuplett

wurde schließlich gelöst durch Hinzunahme einer weiteren erhaltenen Quantenzahl: der *Farbe* (color).

Beispiel (3.3.3):   Farb-SU(3)

Dieses Symmetriepostulat besagt: jedes Quark kommt in 3 "Farb"–Zuständen vor (Rot, Grün, Blau) transformiert sich in Bezug auf diese Quantenzahl wieder als fundamentale Darstellung von SU(3). Die beobachteten Hadronen sind farbneutral, also Farbsinguletts. Damit folgt für die Raum × Spin × Flavor–symmetrischen Baryonen: multipliziere mit antisymmetrischer Farbwellenfunktion, die ein Farbsingulett sein muß. Dies hat die Zerlegung (s. (3.207))

$$(qqq)_{Farbsing.} = \sqrt{\frac{1}{6}} (RGB - RBG + BRG$$
$$-BGR + GBR - GRB) . \qquad (3.211)$$

Während die Flavor–SU(3) relativ stark gebrochen ist (s.o. Massenangaben im Multiplett), ist die Farb–SU(3) eine streng erhaltene Symmetrie. Da das Farbsingulett eindeutig und komplett antisymmetrisch ist, muß die Raum × Spin × Flavor–Wellenfunktion vollständig symmetrisch sein! Die „Wahl der Gruppe" kann begründet werden: Nach den Regeln der abstrakten Quantenfeldtheorie entspricht die Ununterscheidbarkeit der benötigten Quarkkopien einer Symmetrie. Die kleinste einschlägige Gruppe für *drei* Kopien ist SU(3). (GREENBERG)

4 Die elektromagnetische Wechselwirkung

Die Wechselwirkungen der Elementarteilchen, die derzeit dem Experiment
zugänglich sind, lassen sich theoretisch mit den Begriffen von *Eichtheorien*
beschreiben. Mit dem gegenwärtigen Abschnitt beginnen wir diese Diskussion.

4.1 Das abelsche Eichprinzip

Am längsten und wohl auch am genauesten bekannt ist die Wechselwirkung
von Photonen mit elektrisch geladenen Teilchen: die *elektromagnetische Wechselwirkung*. Ihre mathematische Formulierung läßt sich am leichtesten über das
Noether-Theorem finden. Wir gehen von einer Wirkung

$$\Gamma = \int \bar{\psi}(i\partial\!\!\!/ - m)\psi \tag{4.1}$$

für einen Dirac-Spinor aus und stellen fest, daß sie invariant unter den Phasentransformationen

$$\begin{aligned} \delta\psi &= ie\alpha\psi \\ \delta\bar{\psi} &= -ie\alpha\bar{\psi} \end{aligned} \tag{4.2}$$

ist. Den erhaltenen Strom (s. 3.99)

$$j_\mu = e\bar{\psi}\gamma_\mu\psi \tag{4.3}$$

koppeln wir über ein Vektorfeld A_μ so in die Theorie, daß erstens die neue
Wirkung

$$\Gamma = \int \bar{\psi}\left(i\partial\!\!\!/ + e\gamma^\mu A_\mu - m\right)\psi \tag{4.4}$$

immer noch invariant unter (4.2) ist und zweitens der Strom durch die Ableitung nach A_μ erzeugt wird:

$$\frac{\delta\Gamma}{\delta A^\mu} = j_\mu \,. \tag{4.5}$$

Die Erhaltungsgleichung für den Strom

$$\partial^\mu j_\mu = 0 \tag{4.6}$$

wird jetzt in eine Identität

$$\partial^\mu \frac{\delta\Gamma}{\delta A^\mu} + ie\psi\frac{\delta\Gamma}{\delta\psi} - ie\bar{\psi}\frac{\delta\Gamma}{\delta\bar{\psi}} = 0 \tag{4.7}$$

umformuliert. Diese *Ward-Identität* kann aber als Ausdruck der Symmetrie von Γ unter den Transformationen

$$\delta\psi = ie\alpha(x)\psi \tag{4.8a}$$
$$\delta\bar{\psi} = -ie\alpha(x)\bar{\psi} \tag{4.8b}$$
$$\delta A_\mu = \partial_\mu\alpha(x) \tag{4.8c}$$

interpretiert werden: Invarianz unter *lokalen* Phasentransformationen, während (4.2) nur Invarianz unter starren (x-unabhängigen) Phasenänderungen beschreibt.

Den physikalischen Hintergrund für dieses rein mathematische Postulat kann man aus einer quantenmechanischen Analyse von Doppelspaltexperimenten gewinnen (FEYNMAN, 'T HOOFT). Hierzu geht man von der Transformation (4.8) und der bekannten Tatsache aus, daß klassisch eine solche *Eichtransformation* die beobachtbaren Größen (z.B. die elektrischen Feldstärken **E** und die magnetischen Feldstärken **B** invariant läßt. Der Zusammenhang mit der Phase einer Materiewellenfunktion ergibt sich dann folgendermaßen. Zuerst vergleicht man das Interferenzmuster einer Streuung am Doppelspalt mit demjenigen, bei dem man durch eine äußere Vorrichtung die Phase an *beiden* Spalten gemeinsam verändert - kein Unterschied ist feststellbar, denn die Quantenmechanik sagt ja aus, daß die *absolute* Phase der Wellenfunktion *nicht* meßbar ist (starre Transformation (4.2)). Dann ändert man die Phase durch eine äußere Vorrichtung an nur *einem* der beiden Spalte. Jetzt entsteht tatsächlich ein neues Interferenzbild - der Phasenunterschied ist meßbar. Kompensiert man, wie wir es in der obigen Rechnung getan haben, gerade die lokale Änderung der Phase der Materiewellenfunktion durch die lokale Änderung des Vektorpotentials, so gerät man nicht in Widerspruch mit der Quantenmechanik, der möglich wäre, weil man ja mit (4.8) lokal das A_μ-Feld, also auch die Wechselwirkung ändert. Kopplung von A_μ an den Strom - wie es das Korrespondenzprinzip nahelegt - muß also mit lokaler Phasentransformation ein-eindeutig verknüpft sein.
Soll dem Feld A_μ ein Teilchen, das Photon, entsprechen, so muß die Wirkung (4.4) noch um einen kinetischen Term für A_μ ergänzt werden (das sind per definitionem für Bosonen Terme, die bilinear in den Feldern und bilinear in

Ableitungen sind). Als eichinvarianter Beitrag ist dann nur

$$\Gamma_{kin}(A) \;\equiv\; -\frac{1}{4}\int F^{\mu\nu}F_{\mu\nu}$$

$$F_{\mu\nu} \;=\; \partial_\mu A_\nu - \partial_\nu A_\mu \tag{4.9}$$

möglich (konventionelle Normierung).

$$\Gamma = \int -\frac{1}{4}F^{\mu\nu}F_{\mu\nu} + \bar\psi\,(i\slashed\partial + e\slashed A - m)\,\psi \tag{4.10}$$

ist also die vollständige lokal eichinvariante Wirkung für das gekoppelte System Dirac-Spinor/Photon (*Spinor-Elektrodynamik*). In den physikalischen Anwendungen steht der Spinor für ein elektrisch geladenes Spin 1/2-Teilchen (z.B. Elektron oder Proton) und die entsprechenden Anti-Teilchen.
Eine ganz analoge Überlegung für das geladene skalare Feld (s. 3.96) führt dazu, daß

$$\Gamma = \int (D_\mu\phi)^\dagger\, D_\mu\phi - V(\phi^\dagger\phi) + \Gamma_{kin}(A) \tag{4.11a}$$

$$D_\mu\phi \equiv (\partial_\mu - ieA_\mu)\,\phi \tag{4.11b}$$

eine lokal eichinvariante Wirkung ist, die neben der bisherigen Selbstwechselwirkung der Skalare (ausgedrückt in $V(\phi^\dagger\phi)$ über die *kovariante Ableitung* (4.11b) die Wechselwirkung mit dem Photon beschreibt (man nennt das Ersetzen von gewöhnlichen Ableitungen ∂_μ durch die kovariante Ableitung D_μ auch „minimale Kopplung"). Eine kleine Rechnung zeigt, daß sich $D_\mu\phi$ genauso unter Eichtransformationen ändert wie ϕ:

$$\delta\phi \;=\; ie\alpha(x)\phi$$

$$\delta D_\mu\phi \;=\; ie\alpha(x)D_\mu\phi\,. \tag{4.12}$$

Das erklärt die Sprechweise „kovariante Ableitung".
Ehe wir nun in (4.10) bzw. (4.11a) die Wechselwirkungsterme identifizieren und eine systematische Störungsrechnung im Sinne der Abschnitte (2.3-2.5) beginnen, müssen wir auf eine typische Schwierigkeit der Quantenfeldtheorie gegenüber der klassischen Feldtheorie hinweisen. Γ_{kin} (4.9) liefert als Beitrag zur Bewegungsgleichung des Photons

$$\frac{\delta\Gamma_{kin}}{\delta A^\mu} = (\eta_{\mu\nu}\Box - \partial_\mu\partial^\nu)\,A_\nu\,, \tag{4.13}$$

unterscheidet sich also von (2.9) um $\partial_\mu\partial^\nu A_\nu$. Klassisch darf man $\partial^\nu A_\nu$ Null setzen (Lorentz-Eichung), im quantisierten Fall führt das jedoch zu Widersprüchen. Man darf solche „Beiträge der Eichfixierung" nur zwischen physikalischen Zuständen, also in Erwartungswerten als irrelevant ansehen. Bei der Diskussion von Feynmandiagrammen, die geschlossene Schleifen enthalten, müssen wir auf diesen Tatbestand noch einmal zurückkommen; in den nachfolgenden Beispielen ist es konsistent, nur den Anteil $\Box A_\mu$ im (4.13) zu berücksichtigen: „Feynman-Eichung".

Vergleichen wir die Bewegungsgleichungen, die sich aus (4.10) bzw. (4.11a) ergeben, mit (2.1), so ist klar, daß alle Terme in Γ, die mehr als bilinear in den Feldern sind, als Wechselwirkungsterme zu betrachten sind und Anlaß zu nicht-trivialen Feynman-Diagrammen geben.

4.2   Einfache Prozesse

Der Term

$$\Gamma_{int} = \int e\bar{\psi}\gamma^\mu A_\mu \psi \qquad (4.14)$$

wird als elementarer Wechselwirkungsvertex ―――― dargestellt und mit den Propagatoren ⌇⌇ für das Photon, ――▶ für das Fermion so kombiniert, daß Feynman-Diagramme für Greensche Funktionen entstehen (vergl. Abschnitt 2.4). Als Beispiele haben wir bereits im Abschnitt 2.4 ausführlicher die Diagramme in Abb. 4.1, 4.2 betrachtet und die analytischen Ausdrücke

Abb. 4.1 Fermion-Fermion-Streuung

Abb. 4.2 Photon-Fermion-Streuung

für die entsprechende Greensche Funktion angegeben.
Für die skalare Elektrodynamik (4.11a) mit „Potential"

$$V(\phi^\dagger\phi) = m^2\phi^\dagger\phi + \lambda\left(\phi^\dagger\phi\right)^2 \qquad (4.15)$$

trägt der bilineare Term $m^2\phi^\dagger\phi$ zur freien Theorie (d.h. zum Propagator) bei, während ――λ―― die Selbstwechselwirkung des skalaren Feldes beschreibt. Aus der minimalen Kopplung ergeben sich die elementaren Vertizes e ―――― und ―――― .

Als Feynman-Diagrammme niedrigster Ordnung in e findet man z.B. analog zu Abb. 4.1 und 4.2 die Diagramme von Abb. 4.3. Die Greenschen Funktionen,

Abb. 4.3 niedrigste Ordnung e

die durch diese Diagramme dargestellt werden, entsprechen verschiedenen physikalischen Prozessen je nachdem, welche Anti-Teilchen man als „ein-" bzw. „auslaufend" interpretiert. So beschreiben (4.1) die Prozesse $e^- e^- \rightarrow e^- e^-$, $e^+ e^+ \rightarrow e^+ e^+$ und $e^+ e^- \rightarrow e^+ e^-$ für identische Fermionen. Für nichtidentische Fermionen, also z.B. für die Prozesse $e^- \mu^- \rightarrow e^- \mu^-$, $e^+ \mu^+ \rightarrow e^+ \mu^+$, $e^- \mu^+ \rightarrow e^- \mu^+$, $e^+ e^- \rightarrow \mu^+ \mu^-$ trägt nur das linke Diagramm in (4.1) bei, denn das Diagramm mit gekreuzten Linien entstand ja gerade wegen der Identität der Teilchen im Anfangszustand. Analog beschreiben die Diagramme (4.2) die Prozesse $e^- \gamma \rightarrow e^- \gamma$, $e^+ \gamma \rightarrow e^+ \gamma$, aber auch $e^+ e^- \rightarrow \gamma\gamma$. Wir wollen nun die Wirkungsquerschnitte für diese Prozesse herleiten.

4.2.1 Møller-Streuung

Die Streuung von Elektronen an Elektronen, $e^- e^- \rightarrow e^- e^-$, wurde zuerst von MØLLER berechnet und heißt daher Møller-Streuung. Um das entsprechende S-Matrix-Element aus der Greenschen Funktion $G(\psi, \bar{\psi}, \psi, \bar{\psi})$ (2.61) zu gewinnen, müssen wir nach Abschnitt 2.5 für das bei A einlaufende Fermion mit dem Faktor

$$\frac{-i}{\sqrt{Z}} \left(-i\partial\!\!\!/_{x_1} - m\right) U_{q_1 s_1}(x_1)$$

von rechts multiplizieren und über x_1 integrieren

Abb. 4.4
Møller-Streuung

$$-\frac{i}{\sqrt{Z}} \int dx_1 \, \langle T \dots \bar{\psi}(x_1) \dots \rangle \times$$

$$(\overleftarrow{-i\overleftarrow{\partial}_{x_1} - m})U_{q_1 s_1}(x_1)$$

$$= -\frac{i}{\sqrt{Z}} \int dx_1 \dots S_c(z_1 - x_1)_{\beta_1 \alpha_1} \times$$

$$(\overleftarrow{(-i\overleftarrow{\partial}_{x_1} - m})U_{q_1 s_1}(x_1))$$

$$= -\frac{i}{\sqrt{Z}} \int dx_1 \, \frac{i}{(2\pi)^4} \int dk \, e^{-ik(z_1 - x_1)} \times$$

$$\frac{\slashed{k} + m}{k^2 - m^2 + i\varepsilon}(\overleftarrow{-i\overleftarrow{\partial}_{x_1} - m})U_{q_1 s_1}(x_1)$$

$$= \frac{1}{\sqrt{Z}} \int dx_1 \, \delta(z_1 - x_1)U_{q_1 s_1}(x_1)$$

$$= \frac{1}{\sqrt{Z}}U_{q_1 s_1}(z_1) \, . \tag{4.16}$$

Analog für das bei B einlaufende Fermion:

$$\frac{1}{\sqrt{Z}}\bar{U}_{q_3 s_3}(z_2) \, .$$

Für das bei C auslaufende Fermion haben wir zu berechnen:

$$-\frac{i}{\sqrt{Z}} \int dx_2 \, \bar{U}_{p_2 s_2}(x_2)\overrightarrow{(i\overrightarrow{\partial}_{x_2} - m)}S_c(x_2 - z_2)$$

$$= \frac{-i}{\sqrt{Z}} \int dx_2 \, \bar{U}_{p_2 s_2}(x_2)\frac{i}{(2\pi)^4} \int dk \, e^{-ik(x_2 - z_1)}\times$$

$$\frac{(\slashed{k} - m)(\slashed{k} + m)}{k^2 - m^2}$$

$$= \frac{1}{\sqrt{Z}} \int dx_2 \, \bar{U}_{p_2 s_2}(x_2)\delta(x_2 - z_1)$$

$$= \frac{1}{\sqrt{Z}}\bar{U}_{p_2 s_2}(z_1) \, . \tag{4.17}$$

Für das bei D auslaufende Fermion entsteht entsprechend der Faktor

$$\frac{1}{\sqrt{z}}\bar{U}_{p_4 s_4}(z_2) \, .$$

Insgesamt trägt also das Diagramm (4.1a) in dieser Ordnung [1] mit

$$-e^2 \int dz_1 dz_2\, \bar{U}_{p_2 s_2}(z_1)\gamma^\mu U_{q_1 s_1}(z_1) \times$$

$$\langle A_\mu(z_1)A_\nu(z_2)\rangle \bar{U}_{p_4 s_4}(z_2)\gamma^\nu U_{q_3 s_3}(z_2)$$

$$= \quad -e^2 \int dz_1 dz_2\, e^{ip_1 z_1}\bar{u}(p_2,s_2)\gamma^\mu e^{-iq_1 z_1} \times$$

$$u(q_1,s_1)\Delta_{\mu\nu}(z_1 - z_2)e^{ip_4 z_2}\bar{u}(p_4,s_4) \times$$

$$\gamma^\nu e^{-iq_3 z_2} u(q_3,s_3) \tag{4.18}$$

zur S-Matrix bei. Einsetzen des Photonpropagators (2.14) ermöglicht das Ausführen
aller Integrationen:

$$S_{fi}^{(a)} \quad = \quad -e^2 \int dz_1 dz_2\, e^{i(p_2-q_1)z_1}\bar{u}(p_2,s_2)\gamma^\mu \times$$

$$u(q_1,s_1)\frac{-i\eta_{\mu\nu}}{(2\pi)^4}\int dk \frac{e^{ik(z_1-z_2)}}{k^2 + i\varepsilon} \times$$

$$e^{i(p_4-q_3)z_2}\bar{u}(p_4,s_4)\gamma^\nu u(q_3,s_3)$$

$$= \quad -e^2 \int dk (2\pi)^4 \delta(p_2 - q_1 - k) \times$$

$$\delta(p_4 - q_3 + k)\bar{u}(p_2,s_2)\gamma^\mu u(q_1,s_1) \times$$

$$\frac{-i\eta_{\mu\nu}}{k^2 + i\varepsilon}\bar{u}(p_4,s_4)\gamma^\nu u(q_3,s_3) \tag{4.19}$$

$$= \quad e^2(2\pi)^4\delta(p_2 + p_4 - q_1 - q_3)\bar{u}(p_2,s_2) \times$$

$$\gamma^\mu u(q_1,s_1)\frac{-i\eta_{\mu\nu}}{(p_2 - q_1)^2}\bar{u}(p_4,s_4)\gamma^\nu u(q_3,s_3)$$

(Der Limes $\varepsilon \to 0$ ist hier trivial.) Das Diagramm (4.1b) liefert einen ganz
ähnlichen Beitrag:

$$S_{fi}^{(b)} \quad = \quad e^2(2\pi)^4\delta(p_2 + p_4 - q_1 - q_3)\bar{u}(p_4,s_4)\gamma^\mu \times$$

$$u(q_1,s_1)\frac{-i\eta_{\mu\nu}}{(p_4 - q_1)^2}\bar{u}(p_2,s_2)\gamma^\nu u(q_3,s_3)\,. $$

$$\tag{4.20}$$

---

[1] In Beiträgen ohne geschlossene Schleifen ist $Z = 1$

Die invariante Amplitude (vergl. (2.93) und(2.108)) lautet also für diesen Prozeß

$$-i\mathcal{M} = (ie\bar{u}_C\gamma^\mu u_A)\frac{-i\eta_{\mu\nu}}{(p_A - p_C)^2}(ie\bar{u}_D\gamma^\nu u_B)$$

$$- (ie\bar{u}_D\gamma^\mu u_A)\frac{-i\eta_{\mu\nu}}{(p_A - p_D)^2}(ie\bar{u}_C\gamma^\nu u_B)$$

$$(4.21)$$

und kann auch im Sinne von Feynmanregeln gefunden werden: für jeden Vertex schreibe man $ie\gamma_\mu$, für jedes einlaufende Fermion u, für jedes auslaufende Fermion $\bar{u}$, für jede innere Linie einen entsprechenden Propagator. Es sind alle Diagramme zu summieren, die zu einem Prozeß beitragen. Diagramme gelten auch schon als unterschiedlich, wenn sie wie hier a und b durch „Kreuzen" von Linien entstehen. (Feynmanregeln sind also eine Art Kurzschrift für das Verfahren: aus Gell-Mann-Low-Formel, Prozeß aus Greenscher Funktion, invariante Amplitude aus Prozeß.)
Um von der Amplitude zum Wirkungsquerschnitt zu gelangen, muß man die Amplitude quadrieren, d.h. man hat Ausdrücke der Form

$$|\bar{u}(f)\Gamma u(i)|^2 = \bar{u}(f)\Gamma u(i)\bar{u}(i)\bar{\Gamma} u(f) \tag{4.22}$$

mit $\Gamma = \gamma^\mu, \gamma^\mu\gamma_5, \gamma^\mu\gamma^\nu, \dots$
zu studieren. Sie erlauben eine vergleichsweise einfache Berechnung, wenn es möglich ist Spinsummationen vom Typ (2.81)

$$\sum_s u_\beta(p,s)\bar{u}_\alpha(p,s) = (\not{p}+m)_{\beta\alpha} \tag{4.23}$$

zu verwenden. Das entspricht auch häufig der experimentellen Situation: Einfallende Teilchen sind i.a. nicht polarisiert, also mittelt man über alle Spineinstellungen:

$$\frac{1}{2s_A + 1}\frac{1}{2s_B + 1}\sum_{s_A,s_B} \cdot$$

Bei den auslaufenden Teilchen registriert man oft auch nicht die Spineinstellung, sondern nur, ob überhaupt ein Teilchen (mit gegebenem Impuls) auftritt: dann hat man über die Spineinstellungen der Endzustände zu summieren. Von $|\mathcal{M}|^2$ gehen wir also über zu

$$\overline{|\mathcal{M}|^2} \equiv \frac{1}{(2s_A + 1)(2s_B + 1)}\sum_{s_A,s_B}|\mathcal{M}|^2. \tag{4.24}$$

Unter diesen einfachen experimentellen Umständen wird man in der Berechnung zu Spuren von γ-Matrizen geführt, die wohlbekannte Eigenschaften haben:

$$
\begin{aligned}
\mathrm{Tr}\mathbf{1} &= 4 \\
\mathrm{Tr}\slashed{a}\slashed{b} &= 4a\cdot b \\
\mathrm{Tr}\slashed{a}_1\cdots\slashed{a}_{2n+1} &= 0 \\
\mathrm{Tr}\slashed{a}_1\cdots\slashed{a}_{2n} &= a_1\cdot a_2\,\mathrm{Tr}\slashed{a}_3\cdots a_{2n} \\
&\quad -a_1\cdot a_3\,\mathrm{Tr}\slashed{a}_2\slashed{a}_4\cdots a_{2n}+\cdots \\
&\quad +a_1\cdot a_{2n}\,\mathrm{Tr}\slashed{a}_2\cdots a_{2n-1}\,.
\end{aligned}
\tag{4.25}
$$

Am Beitrag des Diagramms (a) zur Møller-Streuung wollen wir die Berechnung illustrieren. Wir schreiben $\overline{|\mathcal{M}|^2}$ in Produktform

$$
\overline{|\mathcal{M}|^2}_{(a)} = \left(\frac{e^2}{q^2}\right)^2 L_{e_1}^{\mu\nu} L_{e_2\mu\nu}
\tag{4.26}
$$

$$
\begin{aligned}
L_{e_1}^{\mu\nu} &= \frac{1}{2}\sum_{e_1-Spin} \left(\bar{u}_{e_1}(k')\gamma^\mu u_{e_1}(k)\right)\times \\
&\qquad\qquad \left(\bar{u}_{e_1}(k')\gamma^\mu u_{e_1}(k)\right)^* \\[2mm]
&= \frac{1}{2}\sum_{s'} \bar{u}_\alpha^{(s')}(k')\gamma_{\alpha\beta}^\mu \sum_s u_\beta^{(s)}(k)\times \\
&\qquad\qquad \bar{u}_\gamma^{(s)}(k)\gamma_{\gamma\delta}^\nu u_\delta^{(s')}(k')
\end{aligned}
\tag{4.27}
$$

(L_{e_2} hat dieselbe Form) und benutzen (4.23), so daß

$$
\begin{aligned}
L_{e_1}^{\mu\nu} &= \frac{1}{2}\mathrm{Tr}\left((\slashed{k}'+m)\gamma^\mu(\slashed{k}+m)\gamma^\nu\right) \\
&= \frac{1}{2}\mathrm{Tr}\left(\slashed{k}'\gamma^\mu\slashed{k}\gamma^\nu\right)+\frac{1}{2}m^2\mathrm{Tr}\gamma^\mu\gamma^\nu \\
&= 2\left(k'^\mu k^\nu + k'^\nu k^\mu - \eta^{\mu\nu}(k'\cdot k - m^2)\right).
\end{aligned}
\tag{4.28}
$$

Hier haben wir die Spurformeln (4.25) ausgenutzt. Der vollständige Beitrag zu $\overline{|\mathcal{M}|^2}_{(a)}$ lautet

$$
\begin{aligned}
\overline{|\mathcal{M}|^2}_{(a)} &= \frac{8e^4}{(q^2)^2}\left((k'p')(kp)+(k'p)(kp')\right. \\
&\qquad\left. - m^2(p'p+k'k)+2m^4\right).
\end{aligned}
\tag{4.29}
$$

Im relativistischen Grenzfall, in dem man die Massen gegen die Gesamtenergie vernachlässigen kann, wird hieraus

$$
\overline{|\mathcal{M}|^2}_{(a)} = \frac{8e^4}{(k-k')^4}\left((k'p')(kp)+(k'p)(kp')\right)
$$

$$
\tag{4.30}
$$

und mit den Mandelstam-Variablen

$$
\begin{aligned}
s &\equiv (k+p)^2 \simeq 2kp = 2k'p' \\
t &\equiv (k-k')^2 \simeq -2kk' = -2pp' \\
u &\equiv (k-p')^2 \simeq -2kp' = -2k'p
\end{aligned}
\tag{4.31}
$$

$$
\overline{|\mathcal{M}|^2}_{(a)} \simeq 2e^4 \frac{s^2+u^2}{t^2} \, .
\tag{4.32}
$$

Analog kann man den Beitrag $\overline{|\mathcal{M}|^2}_{(b)}$ und den Interferenzterm $\overline{\mathcal{M}_{(a)}\mathcal{M}^*_{(b)} + \mathcal{M}^*_{(a)}\mathcal{M}_{(b)}}$ berechnen und findet als Gesamtergebnis (im relativistischen Grenzfall)

$$
\overline{|\mathcal{M}|^2} \simeq 2e^4 \left(\frac{s^2+u^2}{t^2} + \frac{2s^2}{tu} + \frac{s^2+t^2}{u^2} \right) .
\tag{4.33}
$$

Im Schwerpunktsystem ergibt sich gemäß (2.119) für den differentiellen Wirkungsquerschnitt

$$
\frac{d\bar{\sigma}}{d\Omega}\Big|_s = \frac{1}{64\pi^2 s} \overline{|\mathcal{M}|^2}
\tag{4.34}
$$

(denn $p_f = p_i$ für gleiche Massen), also

$$
\frac{d\bar{\sigma}}{d\Omega}\Big|_s = \frac{\alpha^2}{8E^2} \left(\frac{1+\cos^4\theta/2}{\sin^4\theta/2} + \frac{2}{\sin^2\theta/2\cos^2\theta/2} \right.
$$
$$
\left. + \frac{1+\sin^4\theta/2}{\cos^4\theta/2} \right)
\tag{4.35}
$$

mit

$$
\begin{aligned}
\alpha &\equiv \frac{e^2}{4\pi} \\
E &\equiv E_1 \equiv E_2 = \text{Anfangsenergie} \\
\mathbf{k}\cdot\mathbf{k}' &= \mathbf{p}\cdot\mathbf{p}' = E\cos\theta \, .
\end{aligned}
$$

θ bezeichnet den Streuwinkel im Schwerpunktsystem. Wir haben die folgenden (in dieser Näherung $m = 0$) gültigen kinematischen Relationen benutzt:

$$
\begin{aligned}
s &= (E_1+E_2)^2 = 4E^2 \\
t &= (p_A - p_C)^2 = -(\mathbf{p}_i - \mathbf{p}_f)^2 \\
  &= -2E^2(1-\cos\theta) \\
u &= (p_A - p_D)^2 = -(\mathbf{p}_i + \mathbf{p}_f)^2 \\
  &= -2E^2(1+\cos\theta)
\end{aligned}
\tag{4.36}
$$

Der Übergang von θ zu $\theta/2$ macht die Sigularitäten für $\theta \to 0$ bzw. π augenfällig.

Der erste Beitrag dominiert für $\theta \to 0$ „Vorwärtsstreuung", der letzte für $\theta \to \pi$ „Rückwärtsstreuung".

4.2.2 $e^+e^+ \to e^+e^+$

Die Amplitude für Positron-Positron-Streuung erhält man aus derselben Greenschen Funktion wie die für Elektron-Elektron-Streuung, man ersetzt lediglich alle Wellenfunktionen u, $\bar{u}$ durch v, $\bar{v}$ (vgl. 2.84); die Vorzeichenänderung bei den Impulsen hat für die Amplitude keine Konsequenz. Beim Auswerten des Amplitudenquadrates benutzt man jetzt anstelle von (4.32) die Relation

$$\sum_s v_\beta(p,s)\bar{v}_\alpha(p,s) = (-\not{p} + m)_{\beta\alpha} \,, \tag{4.37}$$

so daß sich die Vorzeichen aller Impulse umdrehen. Offensichtlich beeinflußt das das Gesamtergebnis nicht, d.h. gemitteltes Amplitudenquadrat und Wirkungsquerschnitt sind gleich denen der Elektron-Elektron-Streuung.

4.2.3 $e^-e^+ \to e^-e^+$

Auch die Amplitude für diesen Prozeß (BHABHA-Streuung) erhält man aus der Greenschen Funktion (2.61). Nur ist jetzt an den Punkten B und D ein ein- bzw. ein auslaufendes *Anti*-Fermion anzunehmen. Im Diagramm (4.1a) wird nur der Vertex 2 insgesamt abgeändert, mit dem Effekt $ie\bar{u}_D\gamma^\nu u_B \to ie\bar{v}_D\gamma^\nu v_D$, und keiner Änderung des Impulsübertrags durch die Photonlinie. Im Diagramm (4.1b) hingegen ändern sich beide Vertizes und auch der Impulsübertrag:
Die Multiplikation mit

$$\frac{i}{\sqrt{Z}} \int dx_B \bar{V}_{p_B s_B}(x_B)(i\not{\partial}_{x_B} - m)$$

amputiert den entsprechenden Propagator und erzeugt wegen

$$\bar{V}_{p_B s_B} = e^{-ip_B z_1}\bar{v}(p_B, s_B)$$

in der Impulsdeltadistribution den Beitrag $\delta(-k - p_A - p_B)$; analog entsteht für das bei D auslaufende Anti-Fermion die Distribution $\delta(-k + p_C + p_D)$. Der Photonpropagator hat infolgedessen das Argument

$$k^2 = (p_C + p_D)^2 = (p_A + p_B)^2 = s \,. \tag{4.38}$$

Die invariante Amplitude für diesen Prozeß (d.h. das Analogon zu (4.21))
lautet nun

$$
\begin{aligned}
-i\mathcal{M} \;=\; & (ie\bar{u}_C\gamma^\nu u_A)\,\frac{-i\eta_{\mu\nu}}{(p_A - p_C)^2}\,(ie\bar{v}_D\gamma^\nu v_B) \\[2mm]
& - (ie\bar{v}_D\gamma^\nu u_A)\,\frac{-i\eta_{\mu\nu}}{(p_A + p_B)^2}\,(ie\bar{u}_C\gamma^\nu v_B)\,.
\end{aligned}
\tag{4.39}
$$

Im Spin-gemittelten Amplitudenquadrat des ersten Terms entstehen durch das
unterschiedliche Vorzeichen in (4.37) gegenüber (4.23) zunächst $-\not{p}_D, -\not{p}_B$ anstelle von $\not{p}_D, \not{p}_B$; da jedoch nur Quadrate in $p_d p_B$ beitragen, ist dieser Unterschied irrelevant und der Beitrag von Diagramm (a) allein ist genau der alte
(relativistischer Grenzfall):

$$
\overline{|\mathcal{M}|^2}_{(a)} \simeq 2e^4 \frac{s^2 + u^2}{t^2}\,.
\tag{4.40}
$$

Für den Beitrag von Diagramm (b) allein schlagen die unterschiedlichen Spin-
kontraktionen jedoch zu Buche und führen zu:

$$
\overline{|\mathcal{M}|^2}_{(b)} \simeq 2e^4 \frac{u^2 + t^2}{s^2}
\tag{4.41}
$$

im relativistischen Grenzfall. Dieses Ergebnis folgt aus dem der Elektron-
Elektron-Streuung durch die Vertauschung $s \leftrightarrow u$, d.h. durch die Vertauschung
$p_B \leftrightarrow -p_D$. Das ist aber gerade die Zuordnung von Impuls (Teilchen) (D) zu
Impuls (Antiteilchen) (B) und umgekehrt und entspricht der umgeordneten
Reaktion

$$
A + \bar{D} \to C + \bar{B}
\tag{4.42}
$$

aus

$$
A + B \to C + D\,.
\tag{4.43}
$$

Mit der Reaktion (4.43) ist also auch die Reaktion (4.42) möglich und das gemittelte Amplitudenquadrat ergibt sich aus der Ersetzung $s \leftrightarrow u$: „Crossing".
Ein ernsthafter Test für dieses Konzept ist die Berechnung des Interferenz-
termes. Der Wert $se^4\frac{2u^2}{ts}$, der durch „Crossing" gefunden wird, ergibt sich
tatsächlich durch explizite Berechnung der entsprechenden Spinsummen. Das
gemittelte Amplitudenquadrat für den gesamten Prozeß hat den Wert

$$
\overline{|\mathcal{M}|^2} = 2e^4 \left(\frac{s^2 + u^2}{t^2} + \frac{2u^2}{ts} + \frac{u^2 + t^2}{s^2} \right)\,.
\tag{4.44}
$$

Hieraus folgt gemäß (2.119) für den differentiellen Wirkungsquerschnitt im Schwerpunktsystem $(e^-e^+ \to e^-e^+)$

$$\frac{d\bar{\sigma}}{d\Omega}\Big|_s = \frac{\alpha^2}{8E^2}\left(\frac{1+\cos^4\theta/2}{\sin^4\theta/2} + \frac{2\cos^4\theta/2}{\sin^2\theta/2} + \frac{1+\cos^2\theta}{2}\right) \tag{4.45}$$

$E \simeq |\mathbf{p}_i| = |\mathbf{p}_f|$ Energie eines einlaufenden Teilchens im Schwerpunktsystem

$$\begin{aligned} s &= 4E^2 \\ t &= -2E^2(1-\cos\theta) \\ u &= -2E^2(1+\cos\theta) \end{aligned}$$

$\theta = $ Streuwinkel im Schwerpunktsystem.
Während (4.44) und (4.33) sehr einfach durch „Crossing" $s \leftrightarrow u$ miteinander verknüpft sind, ist eine ähnlich einfache Relation für (4.35) und (4.45) nicht ersichtlich.

4.2.4 $\gamma e^- \to \gamma e^-$

Die Streuung von Photonen an Elektronen heißt COMPTON-Streuung. Die Amplitude für diesen Prozeß geht aus der Greenschen Funktion (2.62) hervor, wobei zu spezifizieren ist, welche Anti-Teilchen ein- bzw. auslaufend sind. Gemäß

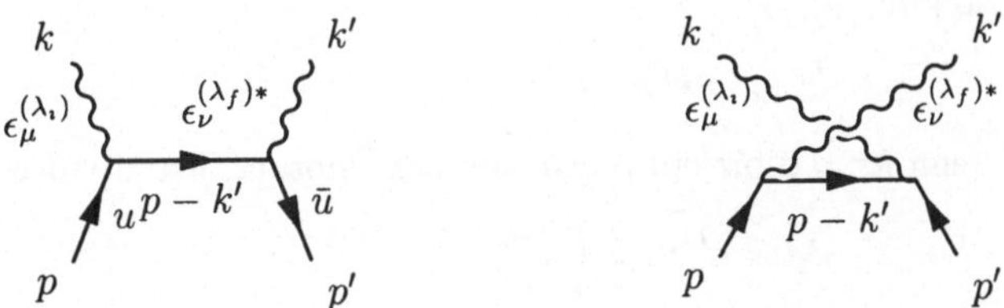

Abb. 4.5 Comptonstreuung

(2.91) ist für ein einlaufendes Photon mit Impuls k und Polarisation λ_i ein Faktor $e^{-ikx}\varepsilon_\mu^{(\lambda_i)}(k)$, für ein auslaufendes Photon mit Impuls k' und Polarisation λ_f ein Faktor $e^{-ik'x}\varepsilon_\mu^{(\lambda_f)^*}(k')$ zu setzen. Die x-Integration am Vertex führt dann zu δ-Distributionen für die Impulserhaltung. Für ein einlaufendes Fermion mit Spineinstellung s und Impuls p steht der Faktor $e^{-ipx}u(p,s)$, für ein auslaufendes $e^{-ip'x}\bar{u}(p', s')$. Diagramm (4.5a) liefert demnach

$$-i\mathcal{M}(a) \;=\; \bar{u}(p', s') \left(\varepsilon_\nu^{(\lambda_f)*}(ie\gamma^\nu) \times \right. \tag{4.46}$$

$$\left. \frac{i(\not{p} + \not{k} + m)}{(p+k)^2 - m^2}(ie\gamma^\mu)\varepsilon_\mu^{(\lambda_i)} \right) u(p, s)\,,$$

während Diagramm (4.5b) zu

$$-i\mathcal{M}(b) \;=\; \bar{u}(p', s') \left(\varepsilon_\mu^{(\lambda_i)}(ie\gamma^\mu) \times \right. \tag{4.47}$$

$$\left. \frac{i(\not{p} - \not{k}' + m)}{(p-k')^2 - m^2}(ie\gamma^\nu)\varepsilon_\nu^{(\lambda_f)*} \right) u(p, s)$$

führt. Die Summe

$$\mathcal{M}(a) + \mathcal{M}(b) = \mathcal{M} \tag{4.48}$$

hat einige wichtige Eigenschaften:
(1) Sie ist symmetrisch bei Vertauschung der zwei Photonen $k, \varepsilon^{(\lambda_i)} \leftrightarrow -k', \varepsilon^{(\lambda_f)*}$ (s. Anhang C für die explizite Form der Polarisationsvektoren) - das ist wieder ein Ausdruck für „Crossing"-Invarianz.
(2) Die Amplitude ist eichinvariant. Das besagt folgendes. Wir haben in der freien Wellengleichung für das Photon (C.12) Beiträge $\partial^\nu A_\nu$ weggelassen und das damit begründet, daß „zwischen phyikalischen Zuständen" solche Terme nicht beitragen. Ändern wir den Polarisationsvektor $\varepsilon_\mu(k)$ um ak_μ ab

$$\varepsilon_\mu \to \varepsilon_\mu + ak_\mu = \hat{\varepsilon}_\mu\,, \tag{4.49}$$

so gilt

$$k^\mu \hat{\varepsilon}_\mu = k^\mu \varepsilon_\mu = 0\,, \tag{4.50}$$

denn $k^2 = 0$ für ein physikalisches Photon. Schreiben wir

$$\mathcal{M} = \varepsilon_\mu^{(\lambda_i)}\varepsilon_\nu^{(\lambda_f)*}T^{\nu\mu}\,, \tag{4.51}$$

so sollte die Abänderung (4.49) für $\varepsilon^{(\lambda_i)}$ bzw. $\varepsilon^{(\lambda_f)*}$ keine Änderung für $\mathcal{M}$ bewirken:

$$k_\mu T^{\nu\mu} = k'_\nu T^{\nu\mu} = 0. \tag{4.52}$$

Für $\mathcal{M}(a), \mathcal{M}(b)$ ist das einzeln nicht der Fall; für die Summe $\mathcal{M}$ gilt jedoch (4.52).
Um die Spin-gemittelten invarianten Amplituden zu berechnen, geben wir erst die Mandelstam-Variablen für ein physikalisches Photon und ein relativisti-

sches (d.h. masseloses) Elektron an:

$$
\begin{aligned}
s &= (p+k)^2 = 2kp = 2k'p' \\
t &= (k-k')^2 = -2kk' = -2pp' \\
u &= (k-p')^2 = -2kp' = -2k'p .
\end{aligned}
\tag{4.53}
$$

Also gilt für (4.46) und (4.47)

$$
\mathcal{M}(a) = \frac{e^2}{s}\varepsilon'^{*}_{\nu}\varepsilon_{\mu}\bar{u}(p')\gamma^{\nu}(\not{p}+\not{k})\gamma^{\mu}u(p)
\tag{4.54}
$$

$$
\mathcal{M}(b) = \frac{e^2}{u}\varepsilon'^{*}_{\nu}\varepsilon_{\mu}\bar{u}(p')\gamma^{\nu}(\not{p}-\not{k})\gamma^{\mu}u(p)
\tag{4.55}
$$

$(\varepsilon'_{\nu} \equiv \varepsilon_{\nu}^{(\lambda_f)}(k'), \varepsilon_{\mu} \equiv \varepsilon_{\mu}^{(\lambda_i)}(k))$. Für physikalische Photonen gilt

$$
\sum_{T} \varepsilon_{\mu}^{T*}\varepsilon_{\nu}^{T} \to -\eta_{\mu\nu}
\tag{4.56}
$$

(T: transversal) und damit kann die Spinsumme über die Photonen leicht ausgeführt werden:

$$
\overline{|\mathcal{M}(a)|^2} = \frac{e^2}{4s^2}\sum_{s,s'}(\bar{u}(p',s')\gamma^{\nu}(\not{p}+\not{k})\gamma^{\mu}u(p,s)) \times
$$

$$
(\bar{u}(p,s)\gamma_{\mu}(\not{p}+\not{k})\gamma_{\nu}u(p',s'))
\tag{4.57}
$$

(1/4=1/(2 transv. Ph.·2 Elektr.-Spin-Einst.)).
Mit (4.23), der Vollständigkeit für die Spinoren, folgt schließlich

$$
\overline{|\mathcal{M}(a)|^2} = 2e^4\left(-\frac{u}{s}\right) .
\tag{4.58}
$$

Die entsprechende Rechnung für $\overline{|\mathcal{M}(b)|^2}$ führt zu

$$
\overline{|\mathcal{M}(a)|^2} = 2e^4\left(-\frac{s}{u}\right)
\tag{4.59}
$$

und zu

$$
\overline{\mathcal{M}(a)\mathcal{M}^{*}(b)} = 0 .
\tag{4.60}
$$

Also ist die gesamte Spin-gemittelte invariante Amplitude gegeben durch

$$
\overline{|\mathcal{M}|^2} = 2e^4\left(-\frac{u}{s}-\frac{s}{u}\right) .
\tag{4.61}
$$

4.2.5 $e^+e^- \to \gamma\gamma$

Die Amplitude für *Paarvernichtung* folgt wie die für $\gamma e^- \to \gamma e^-$ aus der Greenschen Funktion (2.62). Einlaufend sind nun ein Fermion wie vorher und ein Antifermion, auslaufend ein Photon wie vorher und ein weiteres Photon. Die

entsprechenden Feynmann-Diagramme haben die Form wie in Abb. 4.6 angegeben und mit analoger Rechnung gelangt man zur Amplitude

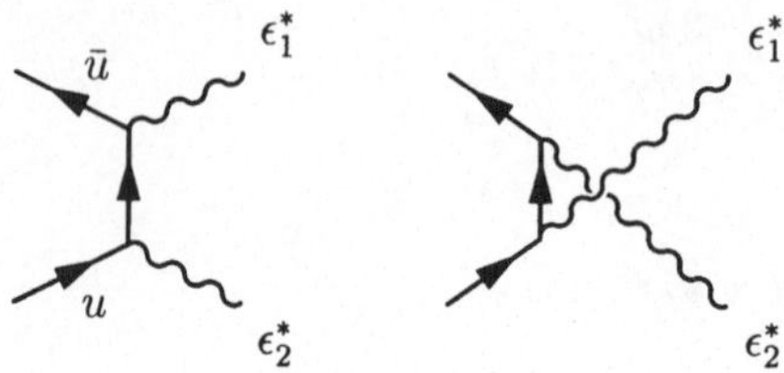

Abb. 4.6 Paarvernichtung

$$i\mathcal{M} \;=\; (ie)^2 \bar{v}(p_1,s_1) \left(\not{\epsilon}_1^* \frac{i}{\not{p}_1 - \not{k}_1 - m} \not{\epsilon}_2^* \times \right.$$

$$\left. + \not{\epsilon}_2^* \frac{i}{\not{p}_2 - \not{k}_1 - m} \not{\epsilon}_1^* \right) u(p_2,s_2)\,. \tag{4.62}$$

Für relativistische Elektronen ($m = 0$) lautet das Spin-gemittelte invariante
Amplitudenquadrat

$$\overline{|\mathcal{M}|^2} = 2e^4 \left(\frac{u}{t} + \frac{t}{u} \right)\,. \tag{4.63}$$

Dieses Resultat folgt aus (4.61) durch „Crossing":
einlaufendes Photon: $k,\varepsilon \to -k_2, \varepsilon_2^*$ auslaufendes Photon
auslaufendes Elektron: $p', \bar{u}(p',s') \to -p, \bar{v}(p_1,s_1)$ einlaufendes Positron.
Einlaufendes Elektron und auslaufendes Photon bleiben unverändert

$$u(p,s) \;\equiv\; u(p_2,s_2)$$
$$k',\varepsilon'^* \;\to\; k_1, \varepsilon_1^*\,.$$

4.3 $e^- p^+ \to e^- p^+$
Formfaktoren des Protons

Die Streuung von Elektronen am Proton ist nur ein Spezialfall, der in 4.2.3 ab-
gehandelt worden ist, solange wir das Proton wie das Elektron als ein punktförmiges Dirac-Teilchen auffassen. Das zweite einlaufende Fermion ist nun nicht
mehr (anti-) identisch mit dem ersten, so daß nur Diagramm (4.14a) beiträgt.
Vernachlässigen wir im Prozeß $e^-(k) + p^+(p) \to e^-(k') + p^+(p')$ die Elek-
tronmasse, berücksichtigen aber die Protonmasse (M), so lautet das Spin-

gemittelte Betragsquadrat der Amplitude

$$\overline{|\mathcal{M}|^2} = \frac{8e^4}{(q^2)^2}\left((k'p')(kp) + (k'p)(kp')\right.$$
$$\left. -M^2(k'k)\right)$$
$$= \frac{8e^4}{(q^2)^2}\left(-\frac{1}{2}q^2(kp - k'p) + 2(k'p)(kp)\right.$$
$$\left. +\frac{1}{2}M^2q^2\right) \tag{4.64}$$
$$q \equiv k - k'$$

Näherung: $k^2 = k'^2 \simeq 0$, $q^2 \simeq -2kk'$.

Für die nachfolgenden Betrachtungen ist es sinnvoll, den differentiellen Wirkungsquerschnitt im Laborsystem anzugeben und zwar für ruhendes Proton, $p = (M, 0)$. Hierfür benötigt man einige kinematische Relationen:

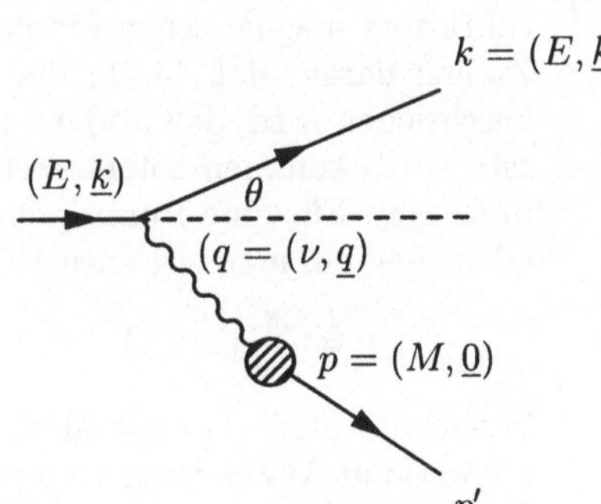

Abb. 4.7
Kinematik

$$\mathbf{q}^2 \simeq -2EE'(1 - \cos\theta)$$
$$= -4EE'\sin^2\frac{\theta}{2} \tag{4.65}$$
$$q^2 = -2pq = -2\nu M \tag{4.66}$$
$$\nu = E - E' = -\frac{q^2}{2M}. \tag{4.67}$$

Im Laborsystem ist der differentielle Wirkungsquerschnitt gegeben durch

$$d\bar{\sigma} = \frac{1}{(2E)(2M)}\frac{\overline{|\mathcal{M}|^2}}{4\pi^2}\frac{d^3k'}{2E'}\frac{d^3p'}{2p_0'}\delta^{(4)}(p + k - p' - k')$$
$$= \frac{1}{4ME}\frac{\overline{|\mathcal{M}|^2}}{4\pi^2}\frac{1}{2}E'dE'd\Omega\frac{d^3p'}{2p_0'}\delta^{(4)}(p + q - p'). \tag{4.68}$$

Mit

$$\int \frac{d^3 p'}{2p_0'} \delta^{(0)}(p + q - p') = \frac{1}{2MA} \delta\left(E' - \frac{E}{A}\right)$$

$$A \equiv 1 + \frac{2E}{M} \sin^2 \frac{\theta}{2} \tag{4.69}$$

folgt schließlich

$$\frac{d\bar{\sigma}}{dE'd\Omega} = \left(\frac{2\alpha E'}{q^2}\right)^2 \left(\cos^2 \frac{\theta}{2} - \frac{q^2}{2M^2} \sin^2 \frac{\theta}{2}\right) \delta\left(\nu + \frac{q^2}{2M}\right) \tag{4.70}$$

und nach Integration über dE'

$$\frac{d\bar{\sigma}}{d\Omega}\bigg|_{Lab} = \frac{\alpha^2}{4E^2 \sin^4 \frac{\theta}{2}} \frac{E'}{E} \left(\cos^2 \frac{\theta}{2} - \frac{q^2}{2M^2} \sin^2 \frac{\theta}{2}\right). \tag{4.71}$$

Der Faktor $E'/E = 1/A$ wird vom Rückstoß des Zielteilchens verursacht. Für
ein Zielteilchen ohne Spin trägt der zweite Term nicht bei, d.h. dieser Anteil
rührt vom magnetischen Moment des Spin 1/2-Zielteilchens her.
Zweifel daran, daß (4.71) die Streuung $e^- p^+$ über *alle* Energiebereiche gut
beschrieben wird, daß also ein punktförmiges Proton eine gute Approximation
sein wird, kommen sofort, wenn man die *anomalen magnetischen Momente*
bestimmt. Für eine Punktladung mit Masse m und Spin 1/2 sagt die Dirac-
Gleichung ein magnetisches Moment $e/2m$ voraus. Abweichungen a davon

$$\mu = \frac{e}{2m}(1 + a) \tag{4.72}$$

bezeichnet man als anomales magnetisches Moment und interpretiert sie als
Hinweis auf Abweichung vom punktförmigen Charakter bzw. auf Substruktur.
Für das Elektron hat man

$$a_e = 0,001\,16 \tag{4.73}$$

gemessen (s. Abschnitt 8.1.2 für eine genauere Diskussion), während man für
Proton und Neutron

$$a_p = 1,79 \tag{4.74}$$

$$a_n = -1,97 \tag{4.75}$$

gefunden hat. Es ist also sicher eine gute Näherung, das Elektron als punktförmig
anzusehen, aber eine ganz grobe, dasselbe für Proton und Neutron anzunehmen.
Elektron-Proton-Streuexperimente waren und sind nun gerade das wichtigste Hilfsmittel, um die Substruktur des Protons aufzuklären. Dafür ist es unerläßlich, eine geeignete Parametrisierung der Streudaten zu verwenden, die
systematische Rückschlüsse auf die zu findende Struktur erlaubt. Nimmt man

an, daß das Elektron punktförmig ist und bei Stoßprozessen zunächst ein Photon, dann zwei Photonen usw. ausgetauscht werden, so wird in niedrigster Näherung ein Diagramm der Form (4.8) („Ein-Photon-Austausch") mit der

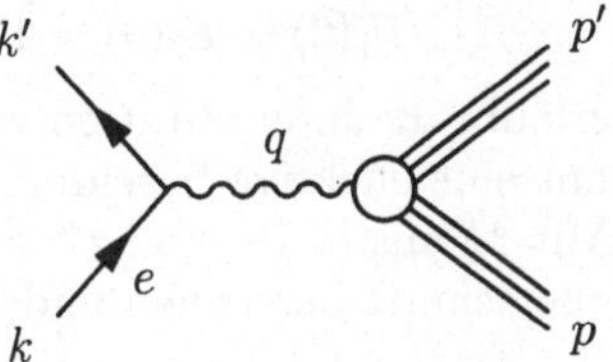

Abb. 4.8
Ein-Photon-Austausch

Amplitude

$$\mathcal{M} = \bar{u}_e(k')\gamma^\mu u_e(k)\Delta_{\mu\nu}(q)\bar{u}(p')F^\nu(q)u(p) \tag{4.76}$$

den Prozeß beschreiben. Hier ist vorausgesetzt, daß die Protonwellenfunktionen $u(p), \bar{u}(p')$ die freie Dirac-Gleichung erfüllen

$$(\not{p} - M)u(p) = 0 \tag{4.77}$$
$$\bar{u}(p')(\not{p}' - M) = 0.$$

Die Funktion F^ν soll ein Lorentz*vektor* und der „Strom"

$$J^\nu = e\bar{u}(p')F^\nu u(p) \tag{4.78}$$

soll erhalten sein. Ein allgemeiner Ansatz für ein hermitisches J^ν ist zunächst

$$\begin{aligned} J^\nu = {} & e\bar{u}(p')\left(\gamma^\nu K_1 + i\sigma^{\nu\mu}(p' - p)_\mu K_2\right. \\ & +i\sigma^{\nu\mu}(p' + p)_\mu K_3 + (p' - p)^\nu K_4 \\ & \left.+(p' + p)^\nu K_5\right) u(p) \end{aligned} \tag{4.79}$$

$$\sigma^{\nu\mu} \equiv \frac{i}{2}[\gamma^\nu, \gamma^\mu].$$

Mit Hilfe der Gordon-Zerlegung

$$\bar{u}(p')i\sigma^{\nu\mu}(p' - p)_\mu u(p) = 2m\bar{u}\gamma^\nu - \bar{u}(p' + p)^\nu u \tag{4.80}$$

des Stromes zeigt man, daß K_5 als Beitrag zu K_1 und K_2 umgeformt werden kann. Den Beitrag K_3 kann man mit Hilfe der Dirac-Gleichungen (4.76) in K_4 überführen, so daß in diesem Zwischenstadium J^ν die Form

$$J^\nu = e\bar{u}(p')\left(\gamma^\nu F_1 + \frac{\kappa}{2M}F_2 i\sigma^{\mu\nu}q_\mu + q^\nu F_3\right) u(p) \tag{4.81}$$

hat $(q = p' - p)$. Die Bedingung, daß

$$q^\nu J_\nu = 0, \tag{4.82}$$

d.h. daß der Strom erhalten ist, erzwingt $F_3 = 0$, so daß also

$$F^\nu = \gamma^\nu F_1(q^2) + \frac{\kappa}{2M}F_2(q^2)i\sigma^{\mu\nu}q_\mu \tag{4.83}$$

resultiert (Daß q^2 der einzige linear unabhängige Lorentzskalar ist, folgt aus $p'^2 = (p+q)^2 = p^2 + 2pq + q^2$ also $M^2 = M^2 + 2pq + q^2$ und damit $pq = -1/2q^2$). Die Normierung

$$F_1(0) = F_2(0) = 1 \tag{4.84}$$

erlaubt die Interpretation von κ als anomalem magnetischem Moment und damit eine effektive Beschreibung des Protons.

Mit M aus (4.76) und F^ν aus (4.83) können wir den differentiellen Wirkungsquerschnitt berechnen und finden anstelle von (4.71)

$$\frac{d\bar\sigma}{d\Omega}\Big|_{Lab} = \frac{\alpha^2}{4E^2 \sin^4 \frac{\theta}{2}} \frac{E'}{E} \left(\left(F_1^2 - \frac{\kappa^2 q^2}{4M^2} F_2^2 \right) \cos^2 \frac{\theta}{2} \right.$$
$$\left. - \frac{q^2}{2M^2} (F_1 + \kappa F_2)^2 \sin^2 \frac{\theta}{2} \right) \tag{4.85}$$

(Rosenbluth-Formel).

$\kappa = 0$ und $F_1(q^2) = 1$ führt (4.85) auf (4.71) zurück. Wir haben mit (4.76) und (4.83) nun aber nicht ein ganz spezifisches Modell gewählt, das das Proton beschreibt, sondern eine ganze Modellklasse, die nur durch die ziemlich allgemeinen Postulate Lorentzkovarianz, Paritäts- und Stromerhaltung festgelegt ist. Die experimentellen Daten dienen dazu, die Funktion F_1 und F_2 (*Formfaktoren* des Proton) zu bestimmen. Entwickeln wir neue theoretische Vorstellungen darüber, wie das Proton etwa als gebundener Zustand zu beschreiben ist, dann müssen diese die Funktionen F_1, F_2 liefern, die mit dem Experiment übereinstimmen.

Um einen Eindruck davon zu gewinnen, was diese Funktionen qualitativ aussagen, und um ihren Namen zu verstehen, gehen wir noch einmal zurück zur klassischen Feldtheorie und betrachten ein nicht-relativistisches Proton als Quelle eines äußeren elektromagnetischen Feldes A^μ. Einer solchen Situation entspricht in unserer bisherigen Betrachtung der Austausch eines sehr langwelligen Photons (d.h. $|\mathbf{q}|$ klein). Das Übergangsmatrixelement für das Elektron hat demnach die Form

$$T_{fi} = ie \int \bar\psi_f \gamma_\mu A^\mu \psi_i d^4x \tag{4.86}$$
$$= -i \int (-e) \bar u_f(p') \gamma_\mu u_i(p) e^{i(k'-k)x} A^\mu(x) d^4x \, .$$

Für eine statische Ladungsverteilung lautet das elektromagnetische Potential

$$A^\mu = \begin{pmatrix} \phi \\ \mathbf{0} \end{pmatrix} \tag{4.87}$$

mit

$$\Delta\phi(\mathbf{x}) = -Ze\varrho(\mathbf{x}) \, . \tag{4.88}$$

Für diesen statischen Fall wird also

$$T_{fi} = -i2\pi\delta(E_f - E_i)\,(-e\bar{u}_f\gamma_0 u_i)\int e^{i\mathbf{q}\mathbf{x}}\phi(\mathbf{x})d^3x\,.$$ (4.89)

Die Fouriertransformierte der Poisson-Gleichung (4.88) lautet

$$\int d^3x\, e^{i\mathbf{q}\mathbf{x}}\Delta\phi(\mathbf{x}) = -Ze\int d^3x\, e^{i\mathbf{q}\mathbf{x}}\varrho(\mathbf{x})\,.$$ (4.90)

Die rechte Seite definiert die Fouriertransformierte der Ladungsdichte: $-ZeF(\mathbf{q})$; die linke Seite ergibt umgeformt: $-\mathbf{q}^2\int d^3x\, e^{i\mathbf{q}\mathbf{x}}\phi(\mathbf{x})$. Also ist die Fouriertransformierte des Potentials:

$$\int d^3x\, e^{i\mathbf{q}\mathbf{x}}\phi(\mathbf{x}) = \frac{Ze}{\mathbf{q}^2}F(\mathbf{q})\,.$$ (4.91)

Für kleine $|\mathbf{q}|$ können wir die Exponentialfunktion entwickeln

$$F(\mathbf{q}) = \int d^3x\left(1 + i\mathbf{q}\mathbf{x} - \frac{1}{2}(\mathbf{q}\mathbf{x})^2 + \dots\right)\varrho(\mathbf{x})\,.$$

(4.92)

Für eine rotationsymmetrische Ladungsdichte gilt

$$F(\mathbf{q}) = \int d^3x\,\varrho(|\mathbf{x}|) - \frac{1}{6}|\mathbf{q}|^2\langle r^2\rangle + \dots\,.$$ (4.93)

Der erste Term ist die Gesamtladung in Einheiten von $Ze = 1$; der zweite Term

$$\langle r^2\rangle \equiv \int d^3x\, \mathbf{x}^2\varrho(|\mathbf{x}|)$$ (4.94)

definiert einen mittleren quadratischen Radius der Ladungsverteilung usw. für die höheren Beiträge. Eingesetzt in (4.89) erlauben (4.91) und (4.93) die gewünschte Interpretation der Beiträge im differentiellen Wirkungsquerschnitt. Wir berechnen ihn noch einmal für den gegenwärtigen Fall (Streuung an einer starren Quelle)

$$d\sigma = \frac{|T_{fi}|^2}{T}\frac{d^3k_f}{(2\pi)^3 2E_f}\frac{1}{v 2E_i}$$ (4.95)

$$d^3k_f\delta(E_f - E_i) = kEd\Omega\,.$$

Summe über Endspins, Mitteln über Anfangsspins ergibt:

$$\frac{1}{2}\sum_{s_f,s_i}|\bar{u}_f\gamma_0 u_i|^2 = 4E^2\left(1 - v^2\sin^2\frac{\theta}{2}\right)\,.$$ (4.96)

Hierbei ist θ der Winkel, um den das Elektron von der starren Quelle abgelenkt wird (4.9) und $v = k/E$, $k = |\mathbf{k}_f| = |\mathbf{k}_i|$. Für den differentiellen Wirkungs-

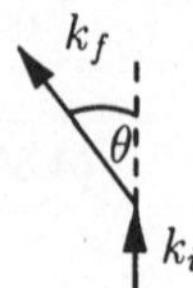

Abb. 4.9
Streuung an starrer Quelle

querschnitt findet man

$$\frac{d\sigma}{d\Omega} = \left(\frac{d\sigma}{d\Omega}\right)_{Mott} |F(\mathbf{k})|^2 \tag{4.97}$$

$$\left(\frac{d\sigma}{d\Omega}\right)_{Mott} = \frac{(Z\alpha^2)E^2}{4k^4\sin^4\frac{\theta}{2}}\left(1 - v^2\sin^2\frac{\theta}{2}\right) . \tag{4.98}$$

Hierbei ist $(d\sigma/d\Omega)_{Mott}$ der differentielle Wirkungsquerschnitt für die Streuung an einer punktförmigen starren Quelle. Die Normierungsbedingung

$$\int d^3x\, \varrho(|\mathbf{x}|) = 1 \tag{4.99}$$

impliziert also (wegen (4.92))

$$F(0) = 1 \tag{4.100}$$

als Normierung für F.

Ehe man dieses Ergebnis für die Interpretation etwa von F_1 als elektrischen Formfaktor benutzen kann, muß man den zweiten Formfaktor F_2 besser verstehen. Hierzu betrachten wir noch einmal die Gordon-Zerlegung des Stroms

$$-e\bar{u}_f\gamma_\mu u_i = -\frac{e}{2m}\bar{u}_f\left((p_f + p_i) - i\sigma_{\nu\mu}q^\nu\right) \tag{4.101}$$

und studieren die Wechselwirkung des zweiten Terms mit einem stationären äußeren Potential A_μ. Wieder ist die Übergangsamplitude gegeben durch

$$T_{fi} = -i2\pi\delta(E_f - E_i)\int\left(-\frac{e}{2m}\right)\bar{\psi}_f i\sigma_{\nu\mu} \times$$
$$(p_f - p_i)^\nu\psi_i A^\mu d^3x . \tag{4.102}$$

Da $E_i = E_f$, tragen nur die raumartigen Komponenten von $p_f - p_i$ bei, so daß $\sigma_{23}, \sigma_{31}, \sigma_{12}$ entstehen und diese projizieren mit γ^0 auf ψ_A

$$\int -\frac{e}{2m}\bar{\psi}_f i\sigma_{\nu\mu}(p_f - p_i)^\nu\psi_i A^\mu d^3x$$
$$= \int \psi_A^{(}f+)\left(\frac{e}{2m}\sigma\cdot\mathbf{B}\right)\psi_A^i d^3x , \tag{4.103}$$

wobei ψ_A die obere, „große" Komponente im Dirac-Spinor $\psi = \begin{pmatrix}\psi_A\\\psi_B\end{pmatrix}$ bezeichnet und $\mathbf{B} = \nabla\times\mathbf{A}$ ist.

Also wird F_2 etwas mit dem magnetischen Moment des Proton zu tun zu haben. Diese Identifikation ist jedoch nicht völlig korrekt, weil das Proton einen Rückstoß erfährt und die Strukturfunktionen korrigiert werden: man sagt, die „Momente mischen" (moment mixing). In einem Koordinatensystem, in dem das Proton ruht, kann eine solche Identifikation vorgenommen werden. Es zeigt sich, daß die Linearkombinationen

$$G_E \equiv F_1 + \frac{\kappa q^2}{4M^2} F_2 , \tag{4.104}$$

$$G_M \equiv F_1 + \kappa F_2 \tag{4.105}$$

zur „Entmischung" von $F_{1,2}$ in der Rosenbluth-Formel führen:

$$\frac{d\sigma}{d\Omega}\Big|_{Lab} = \frac{\alpha^2}{4E^2 \sin^4 \frac{\theta}{2}} \frac{E'}{E} \left(\frac{G_E^2 + \tau G_M^2}{1 + \tau} \cos^2 \frac{\theta}{2} \right.$$

$$\left. + 2\tau G_M^2 \sin^2 \frac{\theta}{2} \right) \tag{4.106}$$

$(\tau \equiv -q^2/4M^2)$
und in dem erwähnten Koordinatensystem mit dem elektrischen bzw. magnetischen Formfaktor identifiziert werden können. Ihre Werte für $q^2 = 0$

$$G_E(0) = 1 \tag{4.107}$$

$$G_M(0) = 1 + \kappa \tag{4.108}$$

sind so normiert, daß die Gesamtladung normiert (4.99), bzw. κ das anormale magnetische Moment ist. Die q^2-Abhängigkeit von G_E erlaubt es, über

$$\langle r^2 \rangle = 6 \left(\frac{dG_E(q^2)}{dq^2} \right) \tag{4.109}$$

einen mittleren quadratischen Ladungsradius des Protons zu definieren. Analoges gilt für die Verteilung des magnetischen Moments. Experimentell ergibt sich für das Proton

$$\langle r^2 \rangle \simeq (0,81 \times 10^{-13} \text{cm})^2 . \tag{4.110}$$

Zusammenfassend können wir also feststellen: solange Elektronen elastisch an Protonen streuen (d.h. eine Reaktion $e^-p^+ \to e^-p^+$ abläuft), können wir versuchen, mit Formfaktoren $F_{1,2}$ bzw. $G_{E,M}$ der Tatsache Rechnung zu tragen, daß das Proton ein ausgedehntes Gebilde ist und ein anomales magnetisches Moment besitzt. In den Formfaktoren ist die Information über diese Momente als Funktion von q^2 enthalten. Mit diesen Funktionen verfügt man über eine phänomenologische Beschreibung des Protons.

5   Die schwache Wechselwirkung

5.1   Strom × Strom-Form

5.1.1   Geladene Ströme

Die Zerfälle

$$\pi^- \;\to\; \mu^- \bar\nu_\mu \tag{5.1}$$

$$\mu^- \;\to\; e^- \bar\nu_e \nu_\mu \tag{5.2}$$

mit den Lebensdauern $\tau = 2,6 \times 10^{-8}$ sec bzw. $\tau = 2,2 \times 10^{-6}$ sec sind ein Hinweis darauf, daß sie auf einer anderen als der starken und der elektromagnetischen Wechselwirkung beruhen. Bei den letzteren erwartet man Zeiten von der Größenordnung $\tau \sim 10^{-23}$ sec bzw. $\tau \sim 10^{-10}$ sec. Und tatsächlich gibt es den Zerfall

$$\pi^0 \to \gamma\gamma \tag{5.3}$$

mit $\tau = (8,4 \pm 0,6)10^{-17}$ sec.

Aus den inversen Zerfallszeiten $1/\tau$ würde man für die schwache Kopplung G erwarten, daß

$$G << \alpha << \alpha_s \tag{5.4}$$

sie also wesentlich kleiner als die elektromagnetische α oder die starke α_s ist. Die Pionen π sind die leichtesten Hadronen, also kann nur π^0 in ein rein elektromagnetisches System zerfallen, die geladenen können es nicht. Noch interessanter ist der Zerfall (5.2). Das Lepton μ^- könnte elektromagnetisch (und kinematisch erlaubt) in $e^- \gamma$ zerfallen; daß dieser Zerfall nicht beobachtet worden ist, dagegen (5.2) auftritt, belegt, daß eine additive Lepton-Zahl erhalten ist – für e und μ separat (L_e, L_μ).

Zuordnung

$$
\begin{aligned}
&L_e(e^-) = +1 \qquad L_e(\nu_e) = -1 \\
&L_e(e^+) = -1 \qquad L_e(\nu_e) = -1 \qquad L_e = 0 \quad \text{sonst}
\end{aligned}
\tag{5.5}
$$

(analog für L_μ und L_τ). Die Erhaltung der Lepton-Zahlen L_e, L_μ erlaubt (5.2) und verbietet $\mu \to e\gamma$.

Wie sind diese Zerfälle nun zu beschreiben? Wie sieht die zugehörige Wechselwirkung aus? Der erste erfolgreiche Vorschlag stammt von FERMI (1932) und bezog sich auf den β-Zerfall der Atomkerne. Ein Zerfall wie etwa

$$^{10}C \to {}^{10}B^* + e^+ \nu_e \tag{5.6}$$

läßt sich auf die Reaktion

$$p^+ \to ne^+ \nu_e \tag{5.7}$$

zurückführen, die zwar für freie Protonen kinematisch nicht möglich, im Innern eines Kerns jedoch erlaubt ist.

Die über „Crossing" entstehende Reaktion

$$n \to p^+ e^- \bar\nu_e \tag{5.8}$$

ist kinematisch möglich und findet tatsächlich statt: das freie Neutron zerfällt mit einer Halbwertszeit von 920 sec und auch hier ist die Größe dieser Zeit ein Beleg für schwache Wechselwirkung. Fermi orientierte sich an der Form der elektromagnetischen Wechselwirkung, etwa der Elektron-Proton-Streuung mit der Amplitude

$$\mathcal{M} = (e\bar{u}_p \gamma^\mu u_p)\, \frac{-1}{q^2}\, (-e\bar{u}_e \gamma_\mu u_e) \tag{5.9}$$

Für einen Prozeß

$$p^+ e^- \to n\nu_e, \tag{5.10}$$

wie er per „Crossing" aus (5.7) oder aus (5.8) folgt, sollte eine Amplitude

$$\mathcal{M} = G\, (\bar{u}_n \gamma^\mu u_n)\, (\bar{u}_{\nu_e} \gamma_\mu u_e) \tag{5.11}$$

angemessen sein: Strom×Strom-Form der Wechselwirkung; G ist eine Kopplungskonstante; der Strom ändert die Ladung: "geladener schwacher Strom". Diese Hypothese der Strom×Strom-Form der Wechselwirkung erwies sich als sehr fruchtbar. Sie wurde zunächst systematisch erweitert auf die allgemeine Form, die man aus fünf bilinearen Lorentz-Kovarianten bilden kann: s. Tabelle 5.1.

Tab. 5.1 Bilineare Lorentz-Kovarianten

		Zahl der Komponenten
Skalar	$\bar\psi\psi$	1
Vektor	$\bar\psi\gamma^\mu\psi$	4
Tensor	$\bar\psi\sigma^{\mu\nu}\psi$	6
Axial-Vektor	$\bar\psi\gamma^5\gamma^\mu\psi$	4
Pseudoskalar	$\bar\psi\gamma^5\psi$	1

Mit einer Vielzahl von scharfsinnigen Experimenten hat sich dann die sogenannte „V-A"-Form ergeben:

$$J^\mu = \bar{u}_e \gamma^\mu \frac{1}{2}(1 - \gamma^5) u_{\nu_e} \,.$$

(5.12)

Die Besonderheit dieser Kombination rührt von den Eigenschaften von γ_5 her.

$$\gamma_5 = i\gamma_0\gamma_1\gamma_2\gamma_3$$

(5.13)

$$\gamma_5^\dagger = \gamma_5$$

$$\gamma_5^2 = \mathbf{1}$$

Damit folgt sofort

$$\left(\frac{1}{2}(1 \pm \gamma_5)\right)^2 = \frac{1}{4}(1 \pm 2\gamma_5 + \gamma_5^2)$$

$$= \frac{1}{2}(1 \pm \gamma_5)$$

(5.14)

$$\frac{1}{2}(1 - \gamma_5)\frac{1}{2}(1 + \gamma_5) = \frac{1}{4}(1 - \gamma_5^2)$$

(5.15)

$$= 0$$

$$\frac{1}{2}(1 - \gamma_5) + \frac{1}{2}(1 + \gamma_5) = \mathbf{1} \,.$$

(5.16)

$1/2(1 \pm \gamma_5)$ sind also vollständige Projektionsoperatoren! Sie projizieren auf die links-bzw. rechtshändigen Anteile von Dirac-Spinoren

$$\psi_{\substack{L \\ R}} = \frac{1}{2}(1 \pm \gamma_5)\psi$$

(5.17)

und in der Standardbasis für γ-Matrizen, die in der Definition (5.13) zugrundegelegt wurde, vertauscht die Paritätsoperation gerade $\psi_L \overset{P}{\longleftrightarrow} \psi_R$.
Physikalisch ist das von außerordentlicher Bedeutung, denn es heißt, daß eine Wechselwirkung, die auf einem Strom (5.13) basiert, die Paritätserhaltung verletzen kann. Es wurde 1957 zum ersten Mal gezeigt, daß das im β-Zerfall

$$^{60}Co \to {}^{60}Ni^* + e^- + \bar{\nu}_e$$

(5.18)

in der Tat der Fall ist! Bei diesem Experiment richtet man in einer ^{60}Co-Probe die Kernspins mit einem Magnetfeld aus und beobachtet die beim Zerfall ausgesandten Elektronen. Es stellt sich heraus, daß bei Umschaltung der Richtung des Magnetfeldes die Rate der gemessenen Elektronen unsymmetrisch ist. Und zwar werden die Elektronen bevorzugt in Gegenrichtung zu den Kernspins ausgesandt. Das Elektron-Neutrino-Subsystem muß $\Delta J_Z = +1$ zur Drehimpulsbilanz beisteuern, d.h. die Spins von e^- und $\bar{\nu}_e$ sind gleichgerichtet. Wenn dann eine Richtungspräferenz der Elektronen gemessen wird, so müssen die Impulse entgegengesetzt gerichtet sein (den Kernrückstoß nimmt die Probe auf). Das geht aber nur bei Korrelation der Händigkeiten: $(e^-)_L \leftrightarrow (\bar{\nu}_e)_R$, d.h.

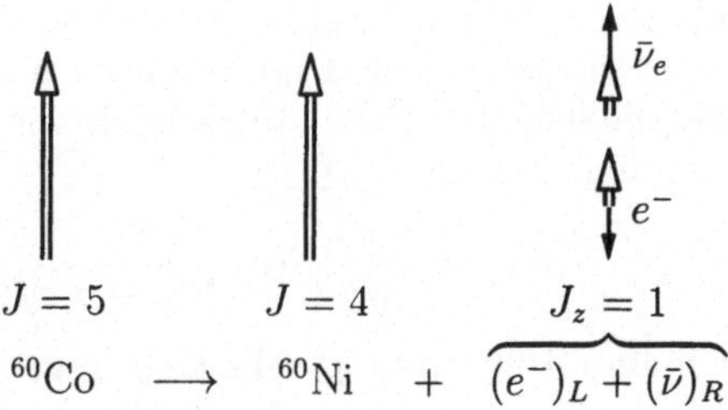

Abb. 5.1 Paritätsverletzung im Beta-Zerfall

in der Wechselwirkung ist diese Projektion eingebaut (es gibt nur rechtshändige Anti-Neutrinos und nur linkshändige Neutrinos in der Wechselwirkung). Damit ist die Parität verletzt. Eine solche Wechselwirkung verletzt auch die Ladungskonjugation:

$$\Gamma\left(\pi^+ \to \mu^+\nu_L\right) \neq \Gamma\left(\pi^+ \to \mu^+\nu_R\right) = 0 \tag{5.19}$$

$$\Gamma\left(\pi^+ \to \mu^+\nu_L\right) \neq \Gamma\left(\pi^- \to \mu^-\bar{\nu}_L\right) = 0. \tag{5.20}$$

Aber die Kombination CP ist erhalten:

$$\Gamma\left(\pi^+ \to \mu^+\nu_L\right) = \Gamma\left(\pi^- \to \mu^-\bar{\nu}_R\right) \tag{5.21}$$

(Vergl. eine ausführliche Diskussion von CP im Abschnitt 5.).
Mit heutigen Neutrino-Streu-Experimenten kann man die V-A-Form des schwachen Stromes direkt nachmessen. Hofft man, eine kompakte Theorie mit möglichst wenigen freien Parametern formulieren zu können, so nimmt man an, daß etwa die Konstante G in der Amplitude

$$\mathcal{M}(p \to ne^+\nu_e) = \frac{G}{2}\left[\bar{u}_n\gamma^\varrho(1 - \gamma_5)u_p\right]\left[\bar{u}_{\nu_e}\gamma_\varrho(1 - \gamma_5)u_e\right], \tag{5.22}$$

die den β-Übergang des Proton bestimmt, dieselbe ist wie in der Amplitude

$$\mathcal{M}(\mu^- \to \bar{e}\bar{\nu}_e\nu_\mu) = \frac{G}{2}\left[\bar{u}_{\nu_\mu}\gamma^\varrho(1 - \gamma_5)u_\mu\right]\left[\bar{u}_e\gamma_\varrho(1 - \gamma_5)u_{\nu_e}\right], \tag{5.23}$$

die den schwachen Zerfall des Muons beschreibt. Und tatsächlich findet man in Kernzerfällen Werte für G

$$G \approx 10^{-5}\frac{1}{m_N^2} \tag{5.24}$$

(m_N =Masse des Nukleon), die mit dem Wert von G im μ-Zerfall übereinstimmen. Diese Tatsache ermutigt dazu,

$$\mathcal{M} = \frac{4G}{\sqrt{2}}J^\varrho J_\varrho^\dagger \tag{5.25}$$

als Strom×Strom-Amplitude ganz allgemein für die schwache Wechselwirkung
ernst zu nehmen und im Vergleich mit der QED die Universalität damit zu
begründen, daß (5.25) tatsächlich wie eine Amplitude in der QED dadurch
entsteht, daß in

$$\mathcal{M} \;=\; \frac{g}{\sqrt{2}} J^{\varrho}(\mu)\frac{1}{M_W^2 - q^2}\frac{g}{\sqrt{2}} J_{\varrho}(e) \tag{5.26}$$

der Impulsübertrag q^2 sehr klein gegen M_W^2, g eine dimensionslose Kopplung
wie e ist und die schwache Wechselwirkung wie die elektromagnetische durch
Austausch eines Vektorbosons vermittelt wird!

Dieses Boson muß eine große Masse haben und geladen sein, denn die Ströme
$J^{\varrho}(\mu, e)$ sind ja geladen. Die Kopplungskonstante G der schwachen Wechselwirkung würde sich aus

$$\frac{G}{\sqrt{2}} \;=\; \frac{g^2}{8 M_W^2} \tag{5.27}$$

ergeben und wäre nicht klein, weil g klein ist, sondern weil M_W^2 sehr groß ist.
Ein g in der Größenordnung von e wäre dann durchaus möglich. Wir werden
in Abschnitt (5.2.1) diese Erweiterung der Theorie diskutieren und zeigen,
daß sie zu einem sehr einheitlichen Verständnis der Wechselwirkungen führt.
Für die nun unmittelbar folgenden Überlegungen steht dieses Bild lediglich als
Motivation im Hintergrund.

5.1.2 Schwache Wechselwirkung der Quarks

Nach dem Bild des Quarkmodells sind alle Hadronen aus Quarks aufgebaut
(vergl. Abschn. 3.3, 6). Baryonen (Hadronen mit halbzahligem Spin) bestehen aus drei (Konstituenten-) Quarks, Mesonen (Hadronen mit ganzzahligem
Spin) aus zwei. Die schwache Wechselwirkung der Hadronen sollte demnach
auf die schwache Wechselwirkung ihrer Konstituenten zurückzuführen sein.
Der Neutron-Zerfall, der in einem gekreuzten Kanal als Streuung mit Austausch eines geladenen schwachen Vektorbosons gelesen werden kann, Abb.
5.2, sollte also dadurch beschreibbar sein, daß im Elementarprozeß ein Quark
d in ein Quark u übergeht. Dieser Übergang wird ermöglicht durch „Absorp-
tion" des geladenen W^+. Der elementare Vertex hätte dieselbe Struktur wie
in der QED, $W^+_{\varrho} J^{\varrho}$, und J^{ϱ} wäre ebenso wie auf dem baryonischen Niveau
geladen und hätte die „V-A"-Form:

$$J^{\varrho} \;=\; \bar{u}_u \gamma^{\varrho}\frac{1}{2}(1 - \gamma^5) u_d \tag{5.28}$$

(vergl. (5.22) für den entsprechenden leptonischen schwachen Strom). Die jeweils anderen Quarks im Neutron (5.2) sind bei diesem Prozeß „Zuschauer".

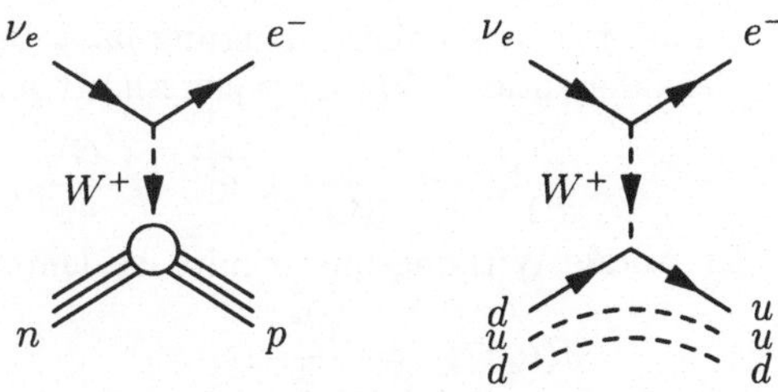

Abb. 5.2 Neutron-Zerfall

Der chirale Projektionsoperator $1/2(1 - \gamma_5)$ läßt hier nur linkshändige d und rechtshändige $\bar{u}$ zu, während im hermitisch konjugierten Strom

$$J_\varrho^\dagger = \bar{u}_d \gamma_\varrho \frac{1}{2}(1 - \gamma_5 5)u_u \tag{5.29}$$

nur linkshändige u und rechtshändige $\bar{d}$ Quarks auftreten.

Fundamentale Prozesse, mit denen man diese Kopplungsstruktur testen kann, sind Neutrino-Streuung an Leptonen und Quarks. Die Diagramme für $\nu_e e^- \to \nu_e e^-$ und $\bar{\nu}_e e^- \to \bar{\nu}_e e^-$ sind in Abb. 5.3 dargestellt. Die invariante Amplitude

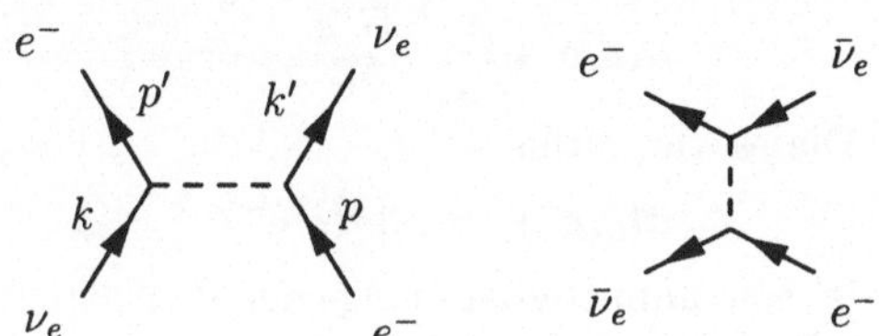

Abb. 5.3 Neutrino-Elektron-Streuung

für Diagramm (a) lautet

$$\mathcal{M} = \frac{G}{\sqrt{2}}\left(\bar{u}(k')\gamma^\varrho(1 - \gamma_5)u(p)\right) \times$$
$$\left(\bar{u}(p')\gamma_\varrho(1 - \gamma_5)u(k)\right) \tag{5.30}$$

und kann völlig analog zur $e^- e^-$-Streuung (Abschnitte 4.2.1, 4.2.3) quadriert und gemittelt werden. Man hat lediglich γ^ϱ durch $\gamma^\varrho(1 - \gamma_5)$ zu ersetzen. Das Spin-gemittelte Amplitudenquadrat ergibt sich zu

$$\frac{1}{2}\sum_{\text{Spin}}|\mathcal{M}|^2 = \frac{G^2}{4}\text{Tr}\left(\gamma^\varrho(1 - \gamma_5)\not{p}\gamma^\sigma(1 - \gamma_5)\not{k}'\right) \times$$
$$\text{Tr}\left(\gamma_\varrho(1 - \gamma_5)\not{k}(1 - \gamma_5)\not{p}'\right)$$
$$= 64G^2(kp)(k'p')$$
$$= 16G^2 s^2 \tag{5.31}$$

(in der relativistischen Näherung $m_e = 0$, $s = (k + p)^2 = 2kp = 2k'p'$).
Der differentielle Wirkungsquerschnitt folgt mit $p_f = p_i$ gemäß (2.119) als

$$\frac{d\bar{\sigma}}{d\Omega}\Big|_s = \frac{1}{64\pi^2 s}\overline{|\mathcal{M}|^2} = \frac{G^2 s}{4\pi^2}\,. \tag{5.32}$$

Der totale Wirkungsquerschnitt ist demnach

$$\bar{\sigma}(\nu_e e^-) = \frac{G^2 s}{\pi}\,. \tag{5.33}$$

Für die Reaktion $\bar{\nu}_e e^- \to \bar{\nu}_e e^-$ (5.3b) erhält man die Amplitude durch „Crossing": $s \to t$

$$\begin{aligned}
\overline{|\mathcal{M}|^2}(\bar{\nu}_e e^-) &= 16 G^2 t^2 \\
&= 4 G^2 s^2 (1 - \cos\theta)^2\,,
\end{aligned} \tag{5.34}$$

wobei θ der Winkel zwischen einlaufendem $\bar{\nu}_e$ und auslaufendem e^- ist; $t \simeq -s/2(1 - \cos\theta)$ (s.(4.36)). Der differentielle Wirkungsquerschnitt beträgt

$$\frac{d\bar{\sigma}}{d\Omega}\Big|_s = \frac{G^2 s}{16\pi^2}(1 - \cos\theta)^2 \tag{5.35}$$

und der totale

$$\bar{\sigma}(\bar{\nu}_e e^-) = \frac{G^2 s}{3\pi}\,. \tag{5.36}$$

Dieses Verhältnis

$$\bar{\sigma}(\bar{\nu}_e e^-) = 3\bar{\sigma}(\nu_e e^-) \tag{5.37}$$

ist eine unmittelbare Folge der V-A-Struktur des Stroms und kann experimentell nachgeprüft werden.
Die *Neutrino-Quark-Streuung* basiert auf derselben Struktur der Ströme, d.h. man kann die Ergebnisse für $\nu_\mu d \to \mu^- u$ oder $\bar{\nu}_e u \to \mu^+ d$ von $\nu_e e^- \to \nu_e e^-$ und $\bar{\nu}_e e^- \to \bar{\nu}_e e^-$ übernehmen. (Wir betrachten hier μ-Neutrinos, weil die verfügbaren Neutrinostrahlen überwiegend ν_μ's enthalten.)
Der differentielle Wirkungsquerschnitt für $\nu_\mu d \to \mu^- u$ entspricht (5.32)

$$\frac{d\bar{\sigma}}{d\Omega} = \frac{G^2 s}{4\pi^2}\,, \tag{5.38}$$

während der für $\bar{\nu}_e u \to \mu^+ d$ demjenigen von $\bar{\nu}_e e^- \to \bar{\nu}_e e^-$ gleich ist:

$$\frac{d\bar{\sigma}}{d\Omega} = \frac{G^2 s}{16\pi^2}(1 + \cos\theta)^2 \tag{5.39}$$

(Hier ist der Winkel θ definiert als Winkel zwischen einlaufendem u und auslaufenden μ^+, also θ (5.34) in $\pi - \theta$.)
Um diese Ergebnisse wirklich in die Praxis umzusetzen, muß man die Wirkungsquerschnitte der Konstituenten in solche für die gebundenen Zustände z.B. Nukleonen umrechnen. Wir verschieben diese Aufgabe in den Abschnitt

6.5, nehmen aber das Ergebnis vorweg, daß die gemessenen Verteilungen mit den berechneten sehr gut übereinstimmen, so daß die Stromstruktur V-A als gesichert gelten kann.

5.1.3 Neutrale Ströme

Die Strom×Strom-Form der schwachen Wechselwirkung, wobei die Ströme die elektrische Ladung der beteiligten Teilchen ändern, legte die Frage nahe, ob es denn nicht auch einen *neutralen* schwachen Strom gibt. Insbesondere theoretische Überlegungen, wie wir sie in Abschnitt 5.2 skizzieren werden, machten es sehr plausibel, daß er existieren sollte. Bis 1973 hatte man aber experimentell nur negative Ergebnisse: Prozesse wie $K^0 \to \mu^+\mu^-$, $K^+ \to \pi^+e^+e^-$, $K^+ \to \pi^+\nu\bar{\nu}$ traten überhaupt nicht auf oder mit einer so kleinen Rate, daß die Änderung der Strangeness, die hier erforderlich ist, auf einen schwachen geladenen Stromübergang und einen anschließenden neutralen elektromagnetischen zurückgeführt werden kann:

$$K^+ \; \to \; \pi^+ \tag{5.40}$$
$$\gamma \; \to \; e^+e^- \,.$$

Die Rate ist im Vergleich zum bekannten (geladenen Strom-) Übergang so klein, daß man auf den Zweistufenprozeß (5.40) schließen konnte:

$$\frac{\Gamma\left(K^+ \to \pi^+e^+e^-\right)}{\Gamma\left(K^+ \to \pi^0e^+\nu_e\right)} \sim \left(\frac{\alpha G}{G}\right) \sim 10^{-5} \,. \tag{5.41}$$

In Neutrino-Experimenten vom Typ

$$\bar{\nu}_\mu e^- \; \to \; \bar{\nu}_\mu e^- \tag{5.42}$$
$$\nu_\mu N \; \to \; \nu_\mu X$$
$$\bar{\nu}_\mu N \; \to \; \bar{\nu}_\mu X$$

(elastische Streuung; N =Nuklon, X =beliebig - nicht aufgeschlüsselt) gelangen 1973 Messungen mit Raten, die vergleichbar mit den üblichen geladener schwacher Ströme waren. Tatsächlich konnte man sie erklären mit Amplituden vom Typ

$$\mathcal{M} \; = \; \frac{4G}{\sqrt{2}}2\rho J_\sigma^{NC} J^{NC\sigma} \,. \tag{5.43}$$

Hier ist die konventionelle Normierung für die neutralen Ströme (NC: neutral current) gewählt worden:

$$J_\sigma^{NC}(\nu) \; = \; \frac{1}{2}\bar{u}_\nu\gamma_\sigma\frac{1}{2}(1-\gamma_5)u_\nu \tag{5.44}$$

für den Anteil, der von den Neutrinos herrührt,

$$J_\sigma^{NC}(q) \;=\; \bar{u}_q \gamma_\sigma \frac{1}{2}(c_V^q - c_A^q)\gamma_5)u_q \tag{5.45}$$

für die jeweiligen Quarks ($q = u, d, \dots$). ρ ist ein freier Parameter, der die relative Stärke neutraler geladener Prozesse moduliert; c_V^q, c_A^q sind Parameter, die die Abweichung von V-A angeben. Für die Neutrinos hat der Strom strenge V-A-Form, für die Quarks jedoch nicht: $c_V^q \neq c_A^q$. Immerhin ist es schon erstaunlich, daß keine anderen Tensorkomponenten auftreten. Wir werden die Koeffizienten c^q im Abschnitt 5.2.5 erklären. Zuvor ist es aber aufschlußreich, ein anderes Phänomen zu betrachten.

5.1.4 Der Cabbibo-Winkel

Die V-A-Form der geladenen schwachen Ströme führt in natürlicher Weise dazu, linkshändige Dubletts von Teilchen zu bilden, denn diese koppeln mit gleicher Stärke:

$$\begin{pmatrix} \nu_e \\ e_L^- \end{pmatrix}, \begin{pmatrix} \nu_\mu \\ \mu_L^- \end{pmatrix} \quad \text{und} \quad \begin{pmatrix} u_L \\ d_L \end{pmatrix}.$$

Versucht man nun, diese Universalität auf die Quarks $\begin{pmatrix} c \\ s \end{pmatrix}$ auszudehnen, so gerät man in Schwierigkeiten. Der Zerfall $K^+ \to \mu^+ \bar{\nu}_\mu$ (s. (5.4)) existiert, d.h.

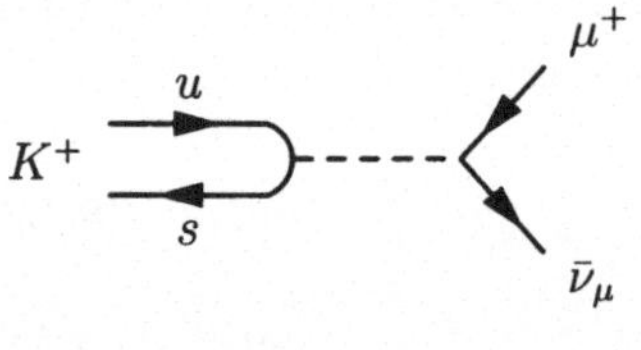

$$\mu^+$$

u

K^+

s

$\bar{\nu}_\mu$

Abb. 5.4
K^+-Zerfall

es muß ein geladener schwacher Strom vorhanden sein, der ein Quark $\bar{s}$ koppelt ($K^+ = u\bar{s}$). Das widerspricht aber dem angedeuteten Schema. CABBIBO hatte die Idee, anstatt der Quarks d, s gedrehte Quarkzustände

$$\begin{aligned} d' &= d\cos\theta_C + s\sin\theta_C \\ s' &= -d\sin\theta_C + s\cos\theta_C \end{aligned} \tag{5.46}$$

einzuführen und mit diesen die Ströme zu bilden:

$$J^\varrho \;=\; (\bar{u}\bar{c})\frac{1}{2}\gamma^\varrho(1-\gamma_5)U\begin{pmatrix} d \\ s \end{pmatrix} \tag{5.47}$$

$$U \;=\; \begin{pmatrix} \cos\theta_C & \sin\theta_C \\ -\sin\theta_C & \cos\theta_C \end{pmatrix} \tag{5.48}$$

Dann kann man die Universalität retten: Die Amplitude

$$\mathcal{M} \;=\; \frac{4G}{\sqrt{2}} J^{\varrho} J_{\varrho}^{\dagger} \tag{5.49}$$

hat nur *eine* Kopplungskonstante G und man hat noch einen weiteren Parameter verfügbar, den Winkel θ_c. Die Masseneigenzustände u, d, c, s sind dann nicht gleich den schwachen Wechselwirkungseigenzuständen u, d', c, s'.[1] W^+ koppelt mit dem zusätzlichen Faktor $\cos\theta_c$ an u, d bzw. c, s und mit dem Faktor $\sin\theta_c$ an u, s bzw. c, d. Die Größe der Mischung kann man bestimmen, indem man $\Delta S = 1$ und $\Delta S \neq 0$ Zerfälle vergleicht:

$$\frac{\Gamma\left(K^+ \to \mu^+ \nu_\mu\right)}{\Gamma\left(\pi^+ \to \mu^+ \nu_\mu\right)} \sim \sin^2 \theta_C \,. \tag{5.50}$$

Es folgt $\theta_c \approx 13^\circ$. Eine Konsequenz von $\theta_C \neq 0$ ist es auch, daß die Kopplungskonstante G im β-Zerfall der Kerne ersetzt werden muß durch

$$G_\beta \;=\; G \cos\theta_C \,, \tag{5.51}$$

während die rein leptonische Zerfallsrate von μ ungeändert bleibt!

5.2   Die elektroschwache Eichtheorie

Die Beschreibung der schwachen Wechselwirkung von Quarks und Leptonen mit Hilfe der Strom×Strom-Form (Abschn. 5.1) war über viele Jahre den experimentellen Ergebnissen adäquat. Und doch konnte man sie aus theoretischen Gründen nicht als befriedigend ansehen. Am Beispiel der Streuung von unpolarisierten Neutrinos und Elektronen haben wir für das Amplitudenquadrat (5.31)

$$\overline{|\mathcal{M}|^2} \;=\; 16 G^2 s^2 \tag{5.52}$$

gefunden. Diese Größe entspricht dem Quadrat eines S-Matrix-Elementes. Die S-Matrix muß unitär sein, um die Wahrscheinlichkeitsinterpretation der Quantenmechanik zu gestatten. Ein Matrixelement, das mit der Schwerpunktsenergie s linear anwächst, kann aber *nicht* zu einer unitären Matrix gehören. D.h. eine Theorie, die auf der Strom×Strom-Form der Wechselwirkung beruht, kann nicht konsistent sein, sondern verletzt ab einer bestimmten Energie die Wahrscheinlichkeitserhaltung. Allerdings hatten wir (5.52) hergeleitet unter Vernachlässigung des Propagators für das ausgetauschte Vektorboson. Die Hoffnung ist nun, daß diese Quelle weiterer Energieabhängigkeit ausreichen wird,

---

[1] Eine vollständigere Diskussion dieser Thematik erfolgt im Rahmen des elektroschwachen Standardmodells s. Abschnitt 5.2.6.

um die Unitarität zu retten. Das ist in der Tat der Fall und wurde im Laufe
der Siebziger Jahre mit immer überzeugenderen Argumenten gezeigt. Es stellte
sich als unerläßlich heraus, für die Gesamtwechselwirkung von Quarks, Leptonen und Vektorbosonen eine nicht-abelsche Eichsymmetrie zu realisieren. Die
Grundzüge dieser Theorie sollen in diesem Abschnitt beschrieben werden.

5.2.1   Die Symmetrie der Leptonen

Für die Leptonen e, μ, τ und ihre Neutrinos ist die Strom-Strom-Wechselwirkung
gegeben durch

$$\mathcal{L}_{eff} \;=\; \frac{G}{\sqrt{2}} J_\lambda^\dagger J^\lambda \tag{5.53}$$

$$J^\lambda \;=\; J_{W_e}^{(+)\lambda} + J_{W_\mu}^{(+)\lambda} + J_{W_\tau}^{(+)\lambda}. \tag{5.54}$$

Hier ist

$$J_{W_e}^{(+)\lambda} \;=\; \bar{\nu}_e \gamma^\lambda \frac{1}{2}(1 - \gamma_5)e \tag{5.55}$$

der positiv,

$$J_{W_e}^{(-)\lambda} \;=\; \bar{e} \gamma^\lambda \frac{1}{2}(1 - \gamma_5)\nu_e \tag{5.56}$$

der negativ geladene schwache Strom.
Diese Ströme waren lange schon bekannt und beschreiben z.B. den μ-Zerfall
$\mu \to e\bar{\nu}_e\nu_\mu$. Desgleichen war der elektromagnetische Strom

$$J_{em}^\lambda \;=\; \bar{e}\gamma^\lambda e \;=\; \bar{e}_R \gamma^\lambda e_R + \bar{e}_L \gamma^\lambda e_L \tag{5.57}$$

längst beobachtet (L, R-Zerlegung s. (5.17)).
1973 hatte man auch den neutralen Strom

$$J_{W_n}^\lambda \;=\; \bar{\nu}_e \gamma^\lambda \frac{1}{2}(1 - \gamma_5)\nu_e \tag{5.58}$$

gemessen; interessanterweise führten jedoch die nachfolgenden Überlegungen
dazu, seine Existenz lange vorher zu postulieren. Die Wechselwirkungen haben
ν_e und e_L zu einem Dublett kombiniert:

$$L \;\equiv\; \begin{pmatrix} \nu_e \\ e_L \end{pmatrix}. \tag{5.59}$$

Mit Hilfe von L lassen sich die Ströme schreiben als:

$$\begin{aligned}
J_W^{(-)\lambda} &= \bar{L}\gamma^\lambda\tau_- L \\
J_W^{(+)\lambda} &= \bar{L}\gamma^\lambda\tau_+ L \\
J_{em}^\lambda &= \bar{e}_R\gamma^\lambda e_R + \bar{L}\gamma^\lambda\frac{1}{2}(1-\tau_3)L \\
J_{W_n}^\lambda &= \bar{L}\gamma^\lambda\frac{1}{2}(1+\tau_3)L\,.
\end{aligned}$$
(5.60)

Hier haben wir die Pauli-Matrizen benutzt:

$$\begin{aligned}
\tau_\pm &= \frac{1}{2}\left(\tau_1 \pm i\tau_2\right) \\
\tau_3 &= \begin{pmatrix} 1 & 0 \\ 0 & -1 \end{pmatrix}.
\end{aligned}$$
(5.61)

Die Pauli-Matrizen erfüllen eine Algebra

$$[\tau_-,\tau_+] = \tau_3$$
(5.62)

und legen nahe, die Ströme zu kombinieren:

$$\begin{aligned}
J_1 &= J^{(-)} + J^{(+)} = \bar{L}\gamma\tau_1 L \\
J_2 &= i\left(J^{(-)} - J^{(+)}\right) = \bar{L}\gamma\tau_2 L \\
J_3 &= \bar{L}\gamma\tau_3 L \\
J &= J_{em} + J_{W_n} = \frac{1}{2}\bar{L}\gamma L + \bar{e}_R\gamma e_R\,.
\end{aligned}$$
(5.63)

Die Stöme J_1, J_2, J_3 könnten die erhaltenen Ströme einer SU(2)-Symmetrie sein, der Strom J könnte zu einer U(1) gehören und Singulett unter SU(2) sein.

Die zugehörigen Feldtransformationen haben die Form

$$\begin{aligned}
\delta L &= i\frac{\tau\omega}{2}L + i\frac{\omega^Y}{2}y_L L \\
\delta e_R &= i\omega^Y Q(e_R)e_R
\end{aligned}$$
(5.64)

mit

$$y_L = 1, \qquad Q(e_R) = -1\,.$$
(5.65)

L transformiert sich demnach als ein Dublett unter SU(2) (*schwacher Isospin*)

$$\begin{aligned}
T_3(\nu_L) &= +\frac{1}{2} \\
T3(e_L) &= -\frac{1}{2},
\end{aligned}$$
(5.66)

während e_r ein SU(2)-Singulett ist.
Mit der elektrischen Ladung

$$Q(\nu_L) = 0 \qquad Q(e_L) = Q(e_R) = 0 \tag{5.67}$$

gilt

$$(Q - T_3)(\nu_e) = -\frac{1}{2} = (Q - T_3)(e_L), \tag{5.68}$$

d.h. man hat in Analogie zu (3.148) und (3.181) eine *schwache Hyperladung*

$$Y = 2(Q - T_3). \tag{5.69}$$

Auf dem rechtshändigen Anteil des Elektrons gilt

$$\begin{aligned}
T_3(e_R) &= 0 \\
Q(e_R) &= -1
\end{aligned} \tag{5.70}$$

also

$$Y_R(e_R) = -2$$

und damit ebenfalls (5.69). Diese Transformationen lassen

$$\mathcal{L} = \bar{L} i \partial\!\!\!/ L + \bar{e}_R i \partial\!\!\!/ e_R \tag{5.71}$$

invariant und führen zu (5.63) als den Noether-Strömen dieser Symmetrie
(vergl. Abschn. 3.3).
Ganz analog kann man mit den anderen Leptonen μ, τ und ihren Neutrinos
verfahren.

5.2.2 Das nicht-abelsche Eichprinzip

Diese Symmetrieüberlegungen sind natürlich mit der Absicht angestellt worden, wie im abelschen Fall die Symmetrieströme an Vektorfelder zu koppeln,
damit deren Transformationsverhalten zu finden und auf diese Weise Wechselwirkung in die Theorie einzuführen. Wir koppeln also Vektorfelder B_λ, $V_{a\lambda}$ an
die Ströme J_λ, $J_{a\lambda}$, so daß

$$\frac{\delta\Gamma}{\delta B^\lambda} = g_1 J_\lambda, \qquad \frac{\delta\Gamma}{\delta V^{a\lambda}} = g_2 J_{a\lambda} \tag{5.72}$$

gilt.

$$\Gamma_{kin} + g_1 \int B^\lambda J_\lambda + g_2 \int V^{a\lambda} J_\lambda^a$$

ist dann invariant unter der abelschen Transformation

$$\delta_{\omega^Y} L \;=\; i\frac{\omega^Y}{2} y_L L \tag{5.73}$$

$$\delta_{\omega^Y} e_R \;=\; i\omega^Y Q(e_R) e_R$$

$$\delta_{\omega^Y} B_\lambda \;=\; \partial_\lambda \omega^Y ,$$

nicht aber unter der nicht-abelschen Transformation

$$\delta_{\omega^a} L \;=\; i\frac{\tau^a}{2}\omega^a L \tag{5.74}$$

$$\delta_{\omega^a} V_{b\lambda} \;=\; \partial_\lambda \omega_a \delta_{ab} .$$

Denn aus $\delta_{\omega^a} g_2 \int V^{b\lambda} J_\lambda^b$ entsteht der Beitrag $g_2 \int V^{b\lambda} \bar{L}[\tau^a,\tau^b]\gamma_\lambda L$, der nur durch eine zusätzliche homogene Transformation des Vektorfeldes kompensiert werden kann:

$$\delta_{\omega^a} V_{b\lambda} \;=\; (\delta_{ab}\partial_\lambda + \varepsilon_{abc}V_{c\lambda})\omega_a . \tag{5.75}$$

Genau wie im abelschen Fall kann die gemeinsame Transformation auf den Magnetfeldern und auf den Vektoren mit ortsabhängigen ω's als Ward-Identität ausgedrückt werden.

$$-\partial_\mu \frac{\delta\Gamma}{\delta B_\mu} + g_1 \delta_{\omega^Y} L \frac{\delta\Gamma}{\delta L} + g_1 \delta_{\omega^Y} \bar{L}\frac{\delta\Gamma}{\delta\bar{L}} \tag{5.76}$$

$$+ g_1 \delta_{\omega^Y} e_R \frac{\delta\Gamma}{\delta e_R} + g_1 \delta_{\omega^Y} \bar{e}_R \frac{\delta\Gamma}{\delta\bar{e}_R} \;=\; 0$$

$$-\partial_\mu \frac{\delta\Gamma}{\delta V_\mu^a} + g_2 \varepsilon_{abc} V_b^\nu \frac{\delta\Gamma}{\delta V_c^\nu} + g_2 \delta_{\omega^a} L \frac{\delta\Gamma}{\delta L} + g_2 \delta_{\omega^a} \bar{L}\frac{\delta\Gamma}{\delta\bar{L}} \;=\; 0 \tag{5.77}$$

für

$$\Gamma = \Gamma_{kin}(L,\nu) + \int \left(g_1 B^\lambda J_\lambda + g_2 V^{a\lambda} J_\lambda^a \right) \tag{5.78}$$

Dies ist also die Erweiterung des abelschen auf den nicht-abelschen Fall: das Vektorfeld nimmt an den Transformationen mit einem homogenen Beitrag teil. Physikalisch heißt dies, wie wir gleich sehen werden, daß es – im Gegensatz etwa zum Photon – selbst geladen ist. Wie im abelschen Fall läßt sich diese Noethersche Konstruktion darin zusammenfassen, daß man in den kinetischen Termen der Materie von der gewöhnlichen zur kovarianten Ableitung übergeht.

$$\partial\!\!\!/ L \;\to\; D\!\!\!\!/ L = \gamma^\lambda \left(\partial_\lambda - ig_2\frac{\tau^a}{2}V_\lambda^a - ig_1 Y(L)B_\lambda \right) L$$

$$\partial\!\!\!/ e_R \;\to\; D\!\!\!\!/ e_R = \gamma^\lambda \left(\partial_\lambda - ig_1 Y(e_R) \right) e_R \tag{5.79}$$

$$L \;\equiv\; \begin{pmatrix} \nu_e \\ e_L \end{pmatrix}, \qquad e = e, \mu, \tau$$

Die Vektorfelder sollen propagieren, also dynamische Felder sein und demnach
invariante kinetische Terme haben. Für B_μ ist das einfach der abelsche (s.
(4.9)).

$$\Gamma_{kin}(B_\mu) \;=\; -\frac{1}{4}\int F_{\mu\nu}F^{\mu\nu} \tag{5.80}$$
$$F_{\mu\nu} \;\equiv\; \partial_\mu B_\nu - \partial_\nu B_\mu$$

Für das nicht-abelsche Feld V_a^μ muß sicher ein entsprechender Beitrag auftreten, aber er ist nicht invariant unter dem homogenen Teil des Transformati-
onsgesetzes von $V_{a\mu}$. Die Ergänzung kann man wieder mit Noether systematisch finden, indem man den zugehörigen Strom konstruiert und dann solange
ergänzt, bis die Invariante vollständig ist. Das Ergebnis lautet

$$\Gamma_{kin}(V_{a\mu}) \;=\; -\frac{1}{4}\int F_{\mu\nu}^a F^{a\mu\nu} \tag{5.81}$$
$$F_{\mu\nu}^a \;=\; \partial_\mu V_\nu^a - \partial_\nu V_\mu^a - g_2\varepsilon^{abc}V_\mu^b V_\nu^c \,.$$

Die Tatsache, daß die kinetischen Terme des Vektorfeldes zum Noether-Strom
beitragen, ist gerade Ausweis dafür, daß das Feld geladen ist – wie oben angedeutet. Die kinetischen Terme der Vektorfelder erfüllen natürlich die Ward-
Identitäten (5.76) bzw. (5.71).
Nun möchten wir die ursprünglich geladenen Ströme wieder identifizieren und
die effektive Vier-Fermion-Wechselwirkung (5.53) dadurch reproduzieren, daß
wir einen Vektorpropagator durch einen Term $1/M^2$ ersetzen (vergl. (5.26),
(5.27)). Hier stoßen wir auf ein sehr ernsthaftes Problem: die Vektorfelder
$B_\lambda, V_{a\lambda}$ sind *alle* masselos, also nicht nur der Kandidat für das Photon. Und
die Symmetrie (5.75) scheint auch gar keinen invarianten Massenterm zu erlauben. Dann ist aber die Approximation $1/(M^2 - q^2) \to 1/M^2$, (5.27), nicht
möglich und die Interpretation der Vier-Fermion-Wechselwirkung als effektive Niederenergieapproximation einer Eichtheorie hinfällig. Die Lösung dieses
Problems ist ein spannendes Kapitel der Teilchenphysik: wir beschreiben es im
nächsten Teilabschnitt.

5.2.3   Das Higgs-Feld

In den Abschnitten 5.2.1 und 5.2.2 haben wir die Massen der Leptonen nicht
berücksichtigt. Das hat seinen guten Grund. Schreiben wir

$$\Gamma_m \;=\; -m \int \bar{e}e \;=\; -m \int \bar{e} 1 e \tag{5.82}$$

$$=\; -m \int \bar{e} \left(\frac{1}{2}(1 - \gamma_5) + \frac{1}{2}(1 + \gamma_5) \right)^2 e$$

$$=\; -m \int (\bar{e}_R e_L + \bar{e}_L e_R)$$

und wenden die Symmetrietransformationen ((5.73), (5.74)) an, so finden wir

$$\delta_\omega \Gamma_m \;=\; -m \frac{i}{2} \int \big((\omega_3 \bar{e}_L + (-\omega_1 + i\omega_2)\bar{\nu}_L) e_R$$

$$+ \bar{e}_R ((\omega_1 + i\omega_2)\nu_L - \omega_3 e_L) \big)$$

$$\neq\; 0 \tag{5.83}$$

$$\delta_{\omega^Y} \Gamma \;=\; -mi\omega^Y \int \frac{1}{2} (\bar{e}_R e_L + \bar{e}_L e_R)$$

$$\neq\; 0 , \tag{5.84}$$

d.h. die Massenterme der Leptonen sind nicht invariant! Um das zu reparieren,
gehen wir ganz analog zum Vektorbeispiel gemäß Noether vor und koppeln in
einem ersten Schritt die Brechungsterme so an äußere *skalare* Felder, daß die
Ward-Identitäten (5.83), (5.84) wieder homogen werden

$$m \frac{\delta \hat{\Gamma}}{\delta \phi_a} + \delta_{\omega_a} \Gamma_m \;=\; 0 \tag{5.85}$$

$$m \frac{\delta \hat{\Gamma}}{\delta H} + \delta_{\omega^Y} \Gamma_m \;=\; 0 \tag{5.86}$$

$$\hat{\Gamma} \;=\; \Gamma_m + \frac{i}{2} \int \phi_1 \left(-\bar{\nu}_L e_R + \bar{e}_R \nu_L \right) + i\phi_2 \left(\bar{\nu}_L e_R + \bar{e}_R \nu_L \right)$$

$$+ \phi_3 \left(\bar{e}_L e_R - \bar{e}_R e_L \right) + H \left(\bar{e}_R e_L - \bar{e}_L e_R \right) . \tag{5.87}$$

Nun soll aber – ganz wie bei den Vektor×Strom-Termen – in (5.85), (5.86)
auch Γ_m durch $\hat{\Gamma}$ ersetzt werden. Dieser zweite Schritt liefert also das Transformationsverhalten für die äußeren Felder ϕ_i, H. Es ergibt sich eine eindeutige

Lösung, die sich in der Form

$$\delta\Phi \;=\; i\frac{\tau\omega}{2} - i\frac{\omega^Y}{2}y(s)\Phi \tag{5.88}$$

$$\text{mit}\qquad \Phi = \begin{pmatrix} \frac{1}{\sqrt{2}}(\phi_1 + i\phi_2) \\ \frac{1}{\sqrt{2}}(H + i\phi_3) \end{pmatrix},\; y(s) = 1$$

schreiben läßt. Der inhomogene Beitrag in (5.85) und (5.86) kann gerade dadurch erzeugt werden, daß man in (5.88) Φ durch $\Phi + v$, $v = \left(01/\sqrt{2}v\right)$ ersetzt. Die vollständige Wirkung $\Gamma_{kin}(e, \nu_e) + \Gamma_{Yuk}$

$$\Gamma_{Yuk} \;=\; \hat{\Gamma} \tag{5.89}$$

$$= \; -\frac{\sqrt{2}}{v}m_e \int \bar{L}(\Phi + v)e_R + \bar{e}_R(\Phi^\dagger + v^\dagger)L$$

ist also invariant unter den Transformationen (5.64) und (5.88) mit Verschiebung! H steht für Higgs-Feld und sein spezifisches inhomogenes Transformationsverhalten kann gedeutet werden als Ausdruck für die ganz besondere Form der *Brechung* einer Symmetrie. Wir schließen aus der gegebenen Herleitung jedoch, daß für diese minimale Beschreibung keine Freiheit der Wahl bleibt: die Massenterme und ihre Variation bestimmen, daß das Higgs-Feld kontragradient transformiert und daß der inhomogene Beitrag genau die ursprüngliche Brechung reproduziert.	Zur Interpretation der Symmetriebrechung gelangt man folgendermaßen. Das Multiplett Φ soll ein dynamisches Feld sein, also einen kinetischen Term

$$\Gamma_{kin}(\Phi) \;=\; \int \partial_\mu \Phi^\dagger \partial^\mu \Phi \tag{5.90}$$

haben. Es kann außer der Wechselwirkung (5.87) auch noch eine solche mit sich selbst haben

$$\Gamma(\Phi) \;=\; \Gamma_{kin}(\Phi) - \int V(\Phi). \tag{5.91}$$

Ist die Wechselwirkung invariant unter der homogenen Transformation (5.88), und beschränken wir die Dimension von V nach oben mit vier [2], so gilt

$$V(\Phi) = V(\Phi^\dagger\Phi) = \mu^2(\Phi^\dagger\Phi) + \lambda(\Phi^\dagger\Phi)^2. \tag{5.92}$$

Für $\mu^2 > 0$, $\lambda > 0$ liegt das Minimum bei $\Phi = 0$; für $\mu^2 < 0$, $\lambda > 0$ jedoch bei

$$\Phi^\dagger\Phi \;=\; \frac{-\mu^2}{2\lambda}, \tag{5.93}$$

d.h. die Minima füllen ein *Fläche*. Jede Auswahl eines bestimmten Minimums bricht die Symmetrie. Gehen wir also von Φ zu $\Phi + v$ über und quantisieren

---

[2]Der Sinn dieser Bedingung wird in Abschnitt 7 näher erläutert.

die kleinen Schwingungen Φ um dieses fest gewählte Minimum, so gelangen wir zum inhomogenen Transformationsgesetz $\Phi + v$ in (5.88). Die Parameter in V werden schließlich durch die Bedingung festgelegt, daß in V kein linearer Term auftaucht [3] und daß die bilinearen Terme gerade den Massenterm für das Higgsfeld liefern sollen.

$$V \;=\; \frac{1}{2}\frac{m_H^2}{v^2}\left(\Phi^\dagger\Phi + v^\dagger\Phi + \Phi^\dagger v\right)^2 \tag{5.94}$$

Dieses Potential ist invariant unter der inhomogenen Transformation $\Phi + v$ in (5.88).

Weil die Auswahl des Grundzustandes die Symmetrie bricht, spricht man von *spontaner* Symmetriebrechung. Von *expliziter* Symmetriebrechung spricht man, wenn zu einer ansonsten invarianten Wirkung ein nicht-invarianter Term hinzugefügt wird.

5.2.4 Die physikalischen Vektorbosonen

Die bisher vom Higgs-Multiplett abhängigen Beiträge zur Wirkung sind nur invariant unter der starren Symmetrie (ω=konstant, ω^Y = konstant), nicht aber lokal invariant. Um das abzuändern, müssen wir die kovarianten Ableitungen für das Higgs-Multiplett einführen. Da die Multiplettstruktur durch die starre Symmetrie bereits vorgegeben ist, ist das eine einfache Rechenaufgabe mit dem Ergebnis

$$\begin{aligned}
D_\mu(\Phi + v) \;=\;& \partial_\mu\Phi - ig_2\frac{\tau^a}{2}V_\mu^a\Phi - ig_1\frac{1}{2}B_\mu\Phi \\
&-ig_2\frac{\tau^a}{2}V_\mu^a v - ig_1\frac{1}{2}B_\mu v \,.
\end{aligned} \tag{5.95}$$

Hieran ist nun besonders bemerkenswert, daß Beiträge linear in den Vektorfeldern auftreten. Der kinetische Term

$$\Gamma(\Phi) \;=\; \int \left(D^\mu(\Phi + v)\right)^\dagger D^\mu(\Phi + v) \,, \tag{5.96}$$

der aus (5.90) entsteht, um die lokale Eichinvarianz zu garantieren, wird also bilineare Terme für die Vektoren beisteuern: das sind aber Massenterme! D.h. das inhomogen transformierende Higgs-Multiplett, das erforderlich war, um die Fermionen massiv zu machen, gibt auch Vektoren eine Masse. Es ist Aufgabe einer genauen Rechnung zu bestimmen, welche Vektorfelder massiv werden. Hierzu findet man in (5.96)

$$V_M = \left(\frac{g_2}{2}\right)^2 \left(V_1^\mu V_{1\mu} + V_2^\mu V_{2\mu}\right) + \frac{v^2}{8}\left(g_2\right)V_{3\mu} + g_1 B_\mu)^2 \,, \tag{5.97}$$

---

[3]Der Sinn dieser Bedingung wird in Abschnitt 7 erläutert.

d.h. nur drei Felder werden massiv, ein Feld bleibt masselos. Letzteres soll natürlich das Photon sein. Zur weiteren Identifikation untersucht man, welches Feld an welchen Strom koppelt, und stellt fest, daß: die geladenen Vektorbosonen

$$W_\mu^\pm \;=\; V_{1\mu} \pm i V_{2\mu} \tag{5.98}$$

an die geladenen Ströme koppeln

$$-\frac{e}{\sin\theta}\left(J_\mu^+ W_-^\mu + J^-{}_\mu W_+^\mu\right); \tag{5.99}$$

das neutrale Feld

$$Z_\mu \;=\; V_{3\mu}\cos\theta + B_\mu\sin\theta \tag{5.100}$$

an den neutralen Strom

$$-\frac{e}{\sin\theta\cos\theta}\left(J_{3\mu} + \sin^2\theta\, J_{em\mu}\right) Z^\mu \tag{5.101}$$

und schließlich das Photon

$$A_\mu \;=\; -V_{3\mu}\sin\theta + B_\mu\cos\theta \tag{5.102}$$

an den elektromagnetischen Strom

$$-e J_\mu^{em} A^\mu \tag{5.103}$$

koppelt.

Die Massenterme V_M (5.97) haben die Gestalt

$$V_M \;=\; M_W^2 W_\mu^+ W^{-\mu} + \frac{1}{2} M_Z^2 Z^\mu Z_\mu\,. \tag{5.104}$$

Hier haben wir als physikalische Parameter die Massen M_W, M_Z der Vektorbosonen und die elektrische Ladung e eingeführt.

$$\cos\theta \;\equiv\; \frac{M_W}{M_Z} \tag{5.105}$$

ist eine praktische Abkürzung und der Winkel θ gibt an, wie die elektromagnetische Untergruppe U(1) in der Gesamtsymmetriegruppe SU(2)×U(1) liegt. Die Kopplungskonstanten g_2, g_1, die den Untergruppen SU(2) bzw. U(1) zugeordnet waren, kann man durch

$$g_2 = \frac{e}{\sin\theta}, \qquad g_1 = \frac{e}{\cos\theta} \tag{5.106}$$

ausdrücken. Für den Inhomogenitätsparameter v benutzt man endgültig den Wert

$$v \;=\; \frac{2}{e} M_Z \cos\theta\sin\theta \;=\; \frac{2}{e}\frac{M_W M_Z}{\sqrt{M_W^2 - M_Z^2}}\,. \tag{5.107}$$

Damit haben wir die physikalischen Vektorbosonen identifiziert, die tatsächlich die Approximation (5.26) zu (5.27), also den Übergang zur Strom×Strom-Wechselwirkung erlauben.

5.2.5 Die Symmetrie der Quarks

Auf dem Niveau der Hadronen bilden Proton und Neutron ein Dublett bezüglich des starken Isospins (vergl. (3.124))

$$N \;=\; \begin{pmatrix} p \\ n \end{pmatrix}, \tag{5.108}$$

und der geladene schwache Strom

$$J_\mu^{(-)} \;=\; \bar{n}\gamma_\mu \frac{1}{2}(1 - \gamma_5)p \tag{5.109}$$

kann mit diesem Dublett formuliert werden

$$J_\mu^{(-)} \;=\; \bar{N}\tau^{(-)}\gamma_\mu \frac{1}{2}(1 - \gamma_5)N \,. \tag{5.110}$$

Auf der Ebene der Quarks u und d läßt sich der analoge Strom bilden

$$J_\mu^{(-)} \;=\; \bar{d}\gamma_\mu \frac{1}{2}(1 - \gamma_5)u \tag{5.111}$$

$$\;=\; \bar{q}_L \tau^{(-)}\gamma_\mu \frac{1}{2}(1 - \gamma_5)q_L \,,$$

wenn wir die Quarks in einem schwachen Isodublett zusammenfassen

$$q_L \;=\; \begin{pmatrix} u_L \\ d_L \end{pmatrix}. \tag{5.112}$$

Die Zuordnung der starken Hyperladung $Y(u) = Y(d) = 1/3$ führte für Proton $p = uud$ und Neutron $u = udd$ zur Gell-Mann-Nishijima-Relation (vergl. (3.179))

$$Q \;=\; T_3 + \frac{1}{2}Y \tag{5.113}$$

und bleibt auch für die schwache Hyperladung gültig, wenn wir dieselbe Zuordnung der Quantenzahlen vornehmen. Die Quantenzahlen sind dann für den Übergang von (5.109) nach (5.111) richtig gewählt. Damit erhalten die in Absch. 5.1.3 phänomenologisch eingeführten Kopplungsstärken c_V^q und c_A^q folgende Werte:

	c_A^q	c_V^q
$u,\, c,\, t$	$\frac{1}{2}$	$\frac{1}{2} - \frac{4}{3}\sin^2\theta_w$
$d,\, s,\, b$	$-\frac{1}{2}$	$-\frac{1}{2} + \frac{2}{3}\sin^2\theta_w$

Um Massenterme für die Quarks zu erhalten, koppeln wir die Quarks ähnlich wie die Leptonen an das Higgsfeld. $\bar{q}_L\Phi$ ist SU(2)-invariant und hat die Hyperladung $-1/3 + 1 = 2/3$. Damit ein Wechselwirkungsterm zustandekommt, der invariant unter SU(2)×U(1) ist, muß man mit einem Singulett unter SU(2) mit Hyperladung $1/3$ multiplizieren: $\bar{q}_L\Phi d_R$ ist SU(2)×U(1)-invariant. Der inhomogene Beitrag $\mathrm{v} = \begin{pmatrix} 0 \\ \frac{v}{\sqrt{2}} \end{pmatrix}$ im Higgsfeld erzeugt

$$\frac{1}{\sqrt{2}}\bar{q}_L \begin{pmatrix} 0 \\ v \end{pmatrix} d_R = \frac{1}{\sqrt{2}}(\bar{u}_L, \bar{d}_L)\begin{pmatrix} 0 \\ v \end{pmatrix} d_R$$

$$= \frac{v}{\sqrt{2}}\bar{d}_L d_R$$

das hermitisch konjugierte den Term $v/\sqrt{2}\bar{d}_R d_L$: also einen Massenterm für das Quark d. Wie kann man auch das Quark u massiv machen?

Der systematische Weg benutzt die Noethervariante von Abschn. 5.2.3, Kopplung der Felder $\Phi_\pm$ an die Variationen $W_\pm$ usw. Das Ergebnis lautet: $\bar{q}_L\tilde{\Phi}u_R$ ist SU(2)×U(1)-invariant und der gesuchte Massenterm hat die Form

$$(\bar{u}, \bar{d}_L)\begin{pmatrix} 0 \\ v \end{pmatrix} u_R = v\bar{u}_L u_R \tag{5.114}$$

(+ Hermitisch konjugiertes). Die Erläuterung dieses Resultats ist die folgende: Das Higgs-Multiplett transformiert sich gemäß

$$\Phi' = \Phi + \left(ig_2\frac{\tau\omega}{2} + ig_1\frac{1}{2}\omega^Y\right)\Phi \tag{5.115}$$

also als $(2,1)$ unter SU(2)×U(1); dann transformiert sich $\Phi^\dagger$

$$\Phi^{\dagger\prime} = \Phi^\dagger - \left(ig_2\frac{\tau\omega}{2} + ig_1\frac{1}{2}\omega^Y\right)\Phi^\dagger \tag{5.116}$$

als $(2^*, -1)$.

Für SU(2) ist aber die Darstellung 2^* äquivalent zu 2 (s. (3.170)), d.h.

$$\tilde{\Phi} := i\sigma^2\Phi^* = \begin{pmatrix} 0 & 1 \\ -1 & 0 \end{pmatrix}\begin{pmatrix} \phi^0 \\ \phi^+ \end{pmatrix} = \begin{pmatrix} \phi^{0*} \\ -\phi^- \end{pmatrix} = \begin{pmatrix} \phi^{0\dagger} \\ -\phi^- \end{pmatrix} \tag{5.117}$$

transformiert sich als $(2, -1)$

$$\tilde{\Phi}' = \tilde{\Phi} + \left(ig_2\frac{\tau\omega}{2} - g_1\frac{1}{2}\omega^Y\right)\tilde{\Phi}. \tag{5.118}$$

Damit ist $\bar{q}_L\tilde{\Phi}$ ein SU(2)-Singulett mit Hyperladung $Y = -1/3 - 1 = -4/3$. Betrachten wir u_R als SU(2)-Singulett und geben ihm die Hyperladung $y = +4/3$, so ist $\bar{q}_L\tilde{\Phi}u_R$ eine SU(2)×U(1)-Invariante.

Für eine Quark-Familie lauten also Wechselwirkungs- und Massenterm

$$\mathcal{L} \;=\; G^d \bar{q}_L \Phi d_R + G^u \bar{q}_L \tilde{\Phi} u_R + h.c. \,, \tag{5.119}$$

wobei Φ und $\tilde{\Phi}$ den inhomogenen Term $v = \begin{pmatrix} 0 \\ \frac{v}{\sqrt{2}} \end{pmatrix}$ enthalten. Mit dem Wert (5.107) für v muß

$$G^d \;=\; -e\sqrt{2}\, m^d \frac{\sqrt{M_Z^2 - M_W^2}}{M_Z M_W} \tag{5.120}$$

$$G^u \;=\; -e\sqrt{2}\, m^u \frac{\sqrt{M_Z^2 - M_W^2}}{M_Z M_W}$$

lauten, damit die Massenterme für die Quarks u und d konventionell normiert sind. Diese physikalische Parametrisierung mit elektrischer Ladung und den Werten der Massen macht deutlich, daß es tatsächlich nur eine Kopplungskonstante gibt, nämlich e, und daß die schwache Wechselwirkung bei hoher Energie die gleiche Stärke hat wie die elektromagnetische.

5.2.6 Kobayashi-Maskawa-Matrix

Die Wechselwirkungsterme (5.119) für Quarks und (5.89) für Leptonen mit dem Higgsfeld sind diagonal in den Familien. Wir wollten damit zunächst einmal demonstrieren, wie Leptonen und Quarks überhaupt massiv und dennoch symmetrisch bezüglich $SU(2) \times U(1)$ sein können: das inhomogen transformierende Higgsmultiplett machte das möglich. Es widerspricht jedoch keinem fundamentalen Prinzip, wenn wir diese Wechselwirkung verallgemeinern und Übergänge zwischen den Familien zulassen. Wie bereits in Abschn. 5.1.4 für die effektive Strom×Strom-Form angedeutet, erzwingt vielmehr das Experiment die Unterscheidung von Massen- und Wechselwirkungseigenzuständen. Wir studieren also den allgemeinen Fall der Yukawa-Wechselwirkung

$$\begin{aligned} \mathcal{L}_{Yuk} \;=\; \sum_{m,n} \Big(& G^l_{mn} \bar{L}_{mL} \Phi l_{nR} + G^{l*}_{mn} \bar{l}_{nR} \Phi^\dagger L_{mL} \\ & + G^d_{mn} \bar{q}_{mL} \Phi d_{nR} + G^{d*}_{mn} \bar{d}_{nR} \Phi^\dagger q_{mL} \\ & + G^u_{mn} \bar{q}_{mL} \tilde{\Phi} u_{nR} + G^{u*}_{mn} \bar{u}_{nR} \tilde{\Phi}^\dagger q_{mL} \Big) \,. \end{aligned} \tag{5.121}$$

Hier laufen die Indizes m, n über die drei Familien (Elektron, Myon, Tau), die linkshändigen Leptondubletts haben die Form $L = \begin{pmatrix} \nu_l \\ l_L \end{pmatrix}$, während die linkshändigen Quarkdubletts

$$q_l = \begin{pmatrix} u_L \\ d_L \end{pmatrix}, \; \begin{pmatrix} c_L \\ s_L \end{pmatrix}, \; \begin{pmatrix} t_L \\ b_L \end{pmatrix}$$

bezeichnen. Die rechtshändigen Spinoren sind SU(2)-Siguletts. Die Massenterme werden vom inhomogenen Anteil $\mathrm{v} = \begin{pmatrix} 0 \\ \frac{v}{\sqrt{2}} \end{pmatrix}$ des Higgsmultipletts erzeugt und lauten

$$
\begin{aligned}
\mathcal{L}_m \;=\;& \frac{v}{\sqrt{2}} \sum_{m,n} \big(G^l_{mn}\bar{l}_{mL}l_{nR} + G^{l*}_{mn}\bar{l}_{nR}l_{mL} \\
&+ G^d_{mn}\bar{d}_{nL}d_{nR} + G^{d*}_{mn}\bar{d}_{nR}d_{mR} \\
&+ G^u_{mn}\bar{u}_{mL}u_{nR} + G^{u*}_{mn}\bar{u}_{nR}u_{mL} \big) \;.
\end{aligned}
\tag{5.122}
$$

Um zu Masseneigenzuständen zu gelangen, muß man diagonalisieren. Wir führen also mit Hilfe von unitären Matrizen A neue Felder ein

$$
\begin{pmatrix} e^W_L \\ \mu^W_L \\ \tau^W_L \end{pmatrix} \;=\; A^l_L \begin{pmatrix} e_L \\ \mu_L \\ \tau_L \end{pmatrix}
\tag{5.123}
$$

$$
\begin{pmatrix} u^W_L \\ c^W_L \\ t^W_L \end{pmatrix} \;=\; A^u_L \begin{pmatrix} u_L \\ c_L \\ t_L \end{pmatrix}
\tag{5.124}
$$

$$
\begin{pmatrix} d^W_L \\ s^W_L \\ b^W_L \end{pmatrix} \;=\; A^d_L \begin{pmatrix} d_L \\ s_L \\ b_L \end{pmatrix} \;,
\tag{5.125}
$$

analog für die rechtshändigen Felder und postulieren

$$
\frac{v}{\sqrt{2}} A^{l\dagger}_L G^l A^l_R \;=\; \begin{pmatrix} m_e & 0 & 0 \\ 0 & m_\mu & 0 \\ 0 & 0 & m_\tau \end{pmatrix}
\tag{5.126}
$$

$$
\frac{v}{\sqrt{2}} A^{u\dagger}_L G^u A^u_R \;=\; \begin{pmatrix} m_u & 0 & 0 \\ 0 & m_c & 0 \\ 0 & 0 & m_t \end{pmatrix}
\tag{5.127}
$$

$$
\frac{v}{\sqrt{2}} A^{d\dagger}_L G^d A^d_R \;=\; \begin{pmatrix} m_d & 0 & 0 \\ 0 & m_s & 0 \\ 0 & 0 & m_b \end{pmatrix} \;.
\tag{5.128}
$$

Mit der Bezeichnung $M \equiv v/\sqrt{2}\,G$ haben diese Gleichungen also die Form

$$
A^\dagger_L M A_R \;=\; M_{diag}
\tag{5.129}
$$

$$
M \;=\; A_L M_{diag} A^{-1}_R \;.
\tag{5.130}
$$

Die Matrizen

$$
M M^\dagger \;=\; A_L M^2_{diag} A^\dagger_L
\tag{5.131}
$$

und

$$M^\dagger M = A_R M_{diag}^2 A_R^\dagger \tag{5.132}$$

sind hermitisch und können demnach diagonalisiert werden: das tun offensichtlich gerade A_L bzw. A_R.

Für gegebene Matrix $M_{diag}^2 = \mathrm{diag}(m_1^2, m_2^1, m_3^2)$ bleiben in A_L und A_R jeweils drei Phasen unbestimmt. Sie können weiter eingeschränkt werden, wenn man die Gleichung

$$A_L^\dagger M A_R = M_{diag} \tag{5.133}$$

heranzieht. Wenn

$$A'_{L,R} = A_{L,R} K_{L,R} \tag{5.134}$$

$$K = \mathrm{diag}(e^{i\phi_1}, e^{i\phi_2}, e^{i\phi_3}) \tag{5.135}$$

(5.133) erfüllen soll, werden die Differenzen $\phi_{1L} - \phi_{1R}$, $\phi_{2L} - \phi_{2R}$, $\phi_{3L} - \phi_{3R}$ fixiert. D.h. es bleiben je drei Parameter frei (in l, d, u), wenn alle Massenterme diagonalisiert sind. Von allen Elementen in $G^{l,d,u}$ also zunächst 3×3 als Massenparameter (prinzipiell) beobachtbar. Um weitere aufzufinden, muß man die Feldtransformationen (5.123)-(5.125) verfolgen. Sie diagonalisieren genau die Higgs-Fermion-Wechselwirkung, so daß also dort keine weiteren meßbaren Parameter verbleiben. Der einzige andere Ort, an dem sie „sichtbar" sein könnten, sind die Ströme. Der elektromagnetische Strom

$$\begin{aligned}
J_{em}^\mu &= Q^q \bar{\psi}_{qm} \gamma^\mu \psi_{qm} + Q_m^l \bar{\psi}_{lm} \gamma^\mu \psi_{lm} \tag{5.136}\\
&= \sum_m \frac{2}{3} \bar{u}_m \gamma^\mu u_m - \frac{1}{3} \bar{d}_m \gamma^\mu u_d - \bar{l}_m \gamma^\mu l_m
\end{aligned}$$

ist diagonal in m und ebenso links-rechts diagonal: hier kompensieren sich die Matrizen $A_L^\dagger A_R$ zur Einheitsmatrix. Das gleiche Ergebnis gilt für den neutralen Strom

$$J_N^\mu = \sum \bar{\psi}_{qm} \gamma^\mu T_{qm}^3 (1 - \gamma_5) \psi_{qm} - Q_{qm} \bar{\psi}_{qm} \gamma^\mu \psi_{qm} \tag{5.137}$$

(die Summe erstreckt sich über die Quarks und die Leptonen). Es gibt keine neutralen Ströme, die „Flavour" ändern! Bei den geladenen Strömen hingegen findet ein „Typenwechsel" up↔down statt:

$$\begin{aligned}
J^\mu &= \sum_m \bar{\nu}_m^W \gamma^\mu \frac{1}{2}(1 - \gamma_5) e_m^W + \bar{u}_m^W \gamma^\mu \frac{1}{2}(1 - \gamma_5) d_m^W \\
&= \sum_m \bar{\nu}_m \gamma^\mu \frac{1}{2}(1 - \gamma_5) \left(A_L^l e^W\right)_m + \bar{u}_m \gamma^\mu \frac{1}{2}(1 - \gamma_5) \left(A_L^{u\dagger} A_L^d\right)_{mn} d_n \\
&= \sum_m \bar{n}u_m \gamma^\mu \frac{1}{2}(1 - \gamma_5) e_m + \bar{u}_m \gamma^\mu \frac{1}{2}(1 - \gamma_5) (Ad)_m \; .
\end{aligned}$$

Hier haben wir definiert

$$\nu = A_L^{l\dagger}\nu^W \tag{5.138}$$

$$A \equiv A_L^{u\dagger}A_L^d\,. \tag{5.139}$$

Die Redefinition $\nu^W \leftrightarrow \nu$ in (5.138) kann in der gesamten sonstigen Wirkung vorgenommen werden, ohne daß sie eine Konsequenz hätte (insbesondere ist ja kein Massenterm für die Neutrinos vorhanden), also sind auch die Elemente von A_L^l nicht beobachtbar:

$$l_{ml} \equiv \begin{pmatrix} \nu_m \\ l_m \end{pmatrix} \tag{5.140}$$

ist das physikalische SU(2)-Dublett. Für die Quarks hingegen bleibt die Matrix A (CABBIBO-KOBAYASHI-MASKAWA-MATRIX) im physikalischen Dublett „sichtbar":

$$q_{ml} = \begin{pmatrix} u_n \\ A_{mn}d_n \end{pmatrix}\,. \tag{5.141}$$

Die Matrix A enthält also die restlichen Higgs-Kopplungen, die im Standard-Modell gemessen werden können. A ist eine unitäre 3×3-Matrix, hat also 9 reelle Parameter. A_L^d enthält drei beliebige Phasen, A_L^u enthält drei beliebige Phasen, d.h. es gibt fünf beliebige Phasendifferenzen. Damit verbleiben von den 9 Parametern noch vier. Drei parametrisieren echte Drehungen (die Verallgemeinerung des Cabbibo-Winkels auf den Fall von drei Familien); ein Parameter entspricht einer Phase $e^{i\delta}$. Eine übliche Parametrisierung der CKM-Matrix hat folgende Form ($A \equiv A_{CKM}$)

$$A_{CKM} = \tag{5.142}$$

$$\begin{pmatrix} c_1 & -s_1c_2 & -s_1s_2 \\ s_1c_3 & c_1c_2c_3 + s_2s_3e^{-i\delta} & c_1c_2c_3 - c_2s_3e^{-i\delta} \\ s_1s_3 & c_1c_2s_3 - s_2c_3e^{-i\delta} & c_1s_2s_3 + c_2c_3e^{-i\delta} \end{pmatrix}$$

$$s_i \equiv \sin\theta_i \quad c_i \equiv \cos\theta_i, \quad i = 1,2,3$$

$$\delta = \text{Phase}\,.$$

Experimentell kann man die Matrixelemente in den den Quarks entsprechenden schwachen Zerfällen bestimmen (s.a. Abschn. 8.4) Die gemessenen Werte betragen zur Zeit (Particle Data Group 1998)

$$A_{CKM} = \tag{5.143}$$

$$\begin{pmatrix} |V_{ud}| = {}^{0,9745}_{0,9760} & |V_{us}| = {}^{0,217}_{0,224} & |V_{ub}| = {}^{0,0018}_{0,0045} \\ |V_{cd}| = {}^{0,217}_{0,224} & |V_{cs}| = {}^{0,9737}_{0,9753} & |V_{cb}| = {}^{0,0036}_{0,0042} \\ |V_{td}| = {}^{0,004}_{0,013} & |V_{ts}| = {}^{0,035}_{0,042} & |V_{tb}| = {}^{0,9991}_{0,9994} \end{pmatrix}\,.$$

Angegeben sind die derzeit bekannten oberen und unteren Schranken.

6   Die starke Wechselwirkung: QCD

Mit Streuexperimenten an Hadronen hat man zunächst deren Substruktur entdeckt; dann hat man die gemessenen Daten mit einem rein phänomenologischen Modell überraschend gut beschrieben, bis man schließlich eine zugrundeliegende Eichtheorie als konsistente Basis ausgemacht hat: die Quantenchromodynamik (QCD). In dieser Reihenfolge wollen wir das Verständnis der starken Wechselwirkung präsentieren.

6.1   Struktur der Hadronen

Im Abschnitt 4.3 haben wir die elastische Streuung von Elektronen am Proton beschrieben und dabei gesehen, wie man in der Übergangsamplitude (4.75)

$$\mathcal{M} = \bar{u}_e(k')\gamma^\mu u_e(k)\Delta_{\mu\nu}(q)\bar{u}(p')F^\nu(q)u(p) \qquad (6.1)$$

von einem punktförmigen (Dirac-) Proton mit $F^\nu(q) = \gamma^\nu$ zu einem Formfaktor $(q = p' - p)$

$$F^\nu(q) = \gamma^\nu F_1(q^2) + \frac{\kappa}{2M}F_2(q^2)i\sigma^{\mu\nu}q_\mu \qquad (6.2)$$

übergeht. Dieser Formfaktor trägt der Tatsache Rechnung, daß das Proton ausgedehnt ist und ein anomales magnetisches Moment κ besitzt. Bei der Streuung wird ein Photon ausgetauscht und das Proton ist vor und nach dem Stoß als solches identifizierbar (gehorcht also der Dirac-Gl. (4.76)).

Erhöhen wir nun bei diesem Experiment die Energie des Elektron und vergrößern entsprechend den Impulsübertrag q, so bricht irgendwann das Proton auf: es geht zunächst über in einen angeregten Zustand, also z.B. $p \to \Delta$, d.h. insgesamt

$$ep \to e\Delta^+ \to ep\pi^0 \qquad (6.3)$$

mit einer invarianten Masse $W^2 = M_\Delta^2$. Bei noch größerem Übertrag verliert es seine Identität vollständig, man bestimmt den Endzustand nur noch „inklusiv":

$$ep \to eX \qquad (6.4)$$

und weiß im wesentlichen nur die invariante Masse $(p')^2 = W^2$ (s. Abb. 6.1).

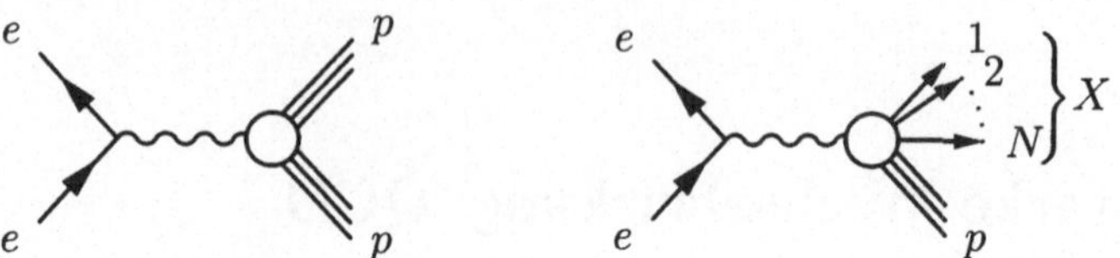

Abb. 6.1 Inklusive Prozesse

Um diese experimentelle Situation theoretisch-phänomenologisch zu parametrisieren, muß man von der Dirac-Gleichung abgehen und den Beitrag von Proton bzw. X im Wirkungsquerschnitt verallgemeinern. In Abschnitt 4.3 hatten wir ihn in der faktorisierten Form

$$d\sigma \sim L^e_{\mu\nu}(L^p)^{\mu\nu} \tag{6.5}$$

geschrieben; hier ist $L^e_{\mu\nu}$ der Leptontensor während $L^p_{\mu\nu}$ die entsprechende Größe für das Proton war. Setzen wir nun für $L^p_{\mu\nu}$ die allgemeinste Funktion $W_{\mu\nu}$ an, die mit Lorentzkovarianz und Parität (sofern erhalten) vereinbar ist, so haben wir den konkreten Bezug zum Proton aufgegeben und die allgemeinste Form gewählt, die zum Ein-Photon-Austausch mit dem Elektron gehört. Für nicht polarisierte Elektronen kommen als Variable für $W_{\mu\nu}$ nur p^μ, q^μ und $\eta^{\mu\nu}$ in Frage. γ^μ kann nicht auftreten, weil wir uns das Ergebnis über den Spin gemittelt bzw. summiert vorstellen. Die Variable p' ist nicht unabhängig: $p' = p + q$. Damit hat $W_{\mu\nu}$ ganz allgemein die Gestalt

$$W_{\mu\nu} = -W_1\eta_{\mu\nu} + \frac{W_2}{M^2}p_\mu p_\nu + \frac{W_4}{M^2}q_\mu q_\nu + \frac{W_5}{M^2}\left(p_\mu q_\nu + q_\mu p_\nu\right) . \tag{6.6}$$

Antisymmetrische Beiträge treten nicht auf, weil $L^e_{\mu\nu} = L^e_{\nu\mu}$ gilt. Eine Funktion W_3 wird für die entsprechende Situation reserviert, in der ein schwaches intermediäres Boson ($W^\pm$, Z) ausgetauscht wird und die Parität nicht erhalten ist. Stromerhaltung drückt sich als Bedingung

$$q^\mu W_{\mu\nu} = q^\nu W_{\mu\nu} = 0 \tag{6.7}$$

aus und führt zu

$$W_5 = -\frac{pq}{q^2}W_2 \tag{6.8}$$

$$W_4 = \frac{pq}{q^2}W_2 + \frac{M^2}{q^2}W_1 . \tag{6.9}$$

Insgesamt ergibt sich

$$W_{\mu\nu} \;=\; W_1 \left(-\eta_{\mu\nu} + \frac{q_\mu q_\nu}{q^2} \right) \tag{6.10}$$

$$+ W_2 \frac{1}{M^2} \left(p_\mu - \frac{pq}{q^2} q_\mu \right) \left(p_\nu - \frac{pq}{q^2} q_\nu \right).$$

Die Funktionen W_i $(i = 1, 2)$ sind abhängig von den Variablen q^2 und ν

$$\nu \;\equiv\; \frac{pq}{M^2}. \tag{6.11}$$

Im elastischen Fall galt $2pq = -q^2$, weil es nur einen Vektor p' gab; das ist jetzt nicht mehr der Fall. Aber analog ist ν ausdrückbar durch die invariante Masse W^2 des hadronischen Systems im Endzustand:

$$W^2 \;=\; (p + q)^2 \;=\; M^2 + 2M\nu + q^2. \tag{6.12}$$

Oft ersetzt man ν und q^2 durch die dimensionslosen (Bjorken-) Variablen

$$x \;=\; \frac{-q^2}{2pq} \;=\; \frac{-q^2}{2M\nu} \tag{6.13}$$

$$y \;=\; \frac{pq}{pk} \tag{6.14}$$

mit den kinematischen Bereichen

$$0 \leq x \leq 1, \quad 0 \leq y \leq 1.$$

Für den Wirkungsquerschnitt ergibt sich

$$(L^e)^{\mu\nu} W_{\mu\nu} = 4W_1 kk' + \frac{2W_2}{M^2} \left(2(pk)(pk') - M^2(kk') \right) ; \tag{6.15}$$

im Laborsystem:

$$(L^e)^{\mu\nu} W_{\mu\nu} = 4EE' \left(\cos^2 \frac{\theta}{2} W_2(\nu, q^2) + \sin^2 \frac{\theta}{2} 2W_1(\nu, q^2) \right). \tag{6.16}$$

Einsetzen von Flußfaktor und Phasenraumfaktoren für das auslaufende Elektron führt $(ep \to eX)$ zu

$$d\sigma = \frac{1}{4\left((kp)^2 - m^2 M^2\right)^{1/2}} \left(\frac{e^4}{q^4} (L^e)^{\mu\nu} W_{\mu\nu} 4\pi M \right) \frac{d^3 k'}{2E'(2\pi)^3}. \tag{6.17}$$

(Die große Klammer entspricht $\overline{|\mathcal{M}|^2}$, der Faktor $4\pi M$ berücksichtigt die konventionelle Definition von $W_{\mu\nu}$.) Im Laborsystem erhält man

$$\frac{d\sigma}{dE' d\Omega}\Big|_{Lab} = \frac{\alpha^2}{4E^2 \sin^4 \frac{\theta}{2}} \left(W_2(\nu, q^2) \cos^2 \frac{\theta}{2} + 2W_1(\nu, q^2) \sin^2 \frac{\theta}{2} \right) \tag{6.18}$$

wenn man die Elektronenmasse vernachlässigt. Die Funktionen $W_{1,2}$ heißen *Strukturfunktionen*. Sie parametrisieren den unelastischen Prozeß, in dem das

Proton „aufbricht". Im Vergleich mit (4.105) sehen wir, daß gemeinsame kinematische Züge erhalten geblieben sind. Die beliebige Abhängigkeit der Funktionen $W_{1,2}$ von ν jedoch stellt die Verallgemeinerung gegenüber dem elastischen Übergang dar.

6.2 Partonen; Skalenverhalten nach Bjorken

Der Zusammenhang von (6.18) mit dem elastischen Fall ist sehr wichtig und soll noch etwas genauer verfolgt werden. Mit der kinematischen Relation

$$q^2 \simeq -4EE' \sin^2 \frac{\theta}{2} \tag{6.19}$$

(s. (4.65)) formen wir (6.18) um in

$$\frac{d\sigma}{E'd\Omega}\Big|_{Lab} = \left(\frac{2\alpha E'}{q^2}\right)^2 \left(W_2(\nu,q^2)\cos^2 \frac{\theta}{2} + 2W_1(\nu,q^2)\sin^2 \frac{\theta}{2}\right), \tag{6.20}$$

so daß wir unmittelbar mit (4.70) – der Streuung Elektron-Punktproton – vergleichen können

$$\frac{d\sigma}{E'd\Omega}\Big|_{Lab} = \left(\frac{2\alpha E'}{q^2}\right)^2 \left(\cos^2 \frac{\theta}{2} - \frac{q^2}{2M}\sin^2 \frac{\theta}{2}\right) \delta\left(\nu + \frac{q^2}{2M}\right). \tag{6.21}$$

Für ein punktförmiges Teilchen mit der Masse m lauten also die Strukturfunktionen

$$2W_1^{\text{Punkt}} = \frac{Q^2}{2m^2}\delta\left(\nu - \frac{Q^2}{2m^2}\right) \tag{6.22}$$

$$W_2^{\text{Punkt}} = \delta\left(\nu - \frac{Q^2}{2m^2}\right) \tag{6.23}$$

$(Q^2 \equiv -q^2 > 0)$.

Mit Hilfe der Relation $\delta(x/a) = a\delta(x)$ kann man übergehen zu dimensionslosen Strukturfunktionen

$$2mW_1^{\text{Punkt}}(\nu,Q^2) = \frac{Q^2}{2m\nu}\delta\left(1 - \frac{Q^2}{2m\nu}\right) \tag{6.24}$$

$$\nu W_2^{\text{Punkt}}(\nu,Q^2) = \delta\left(1 - \frac{Q^2}{2m\nu}\right), \tag{6.25}$$

die die bemerkenswerte Eigenschaft haben, daß sie nicht mehr von ν und Q^2 separat abhängen, sondern nur noch vom Verhältnis

$$\omega = \frac{2m\nu}{Q^2} = \frac{2pq}{Q^2}. \tag{6.26}$$

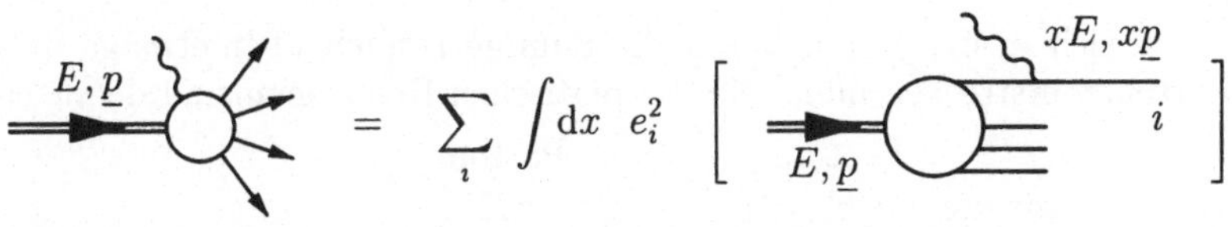

Abb. 6.2 Photon-Proton-Streuung $= \sum$ über Photon-Parton-Einzelstreuung

Nimmt man probeweise einmal an, daß die inelastische Streuung $ep \to eX$, also das Aufbrechen des Proton, in *punktförmige* Teilchen vor sich geht, so würde man für große Q^2 erwarten, daß

$$MW_1(\nu, Q^2) \underset{Q^2 \to \infty}{\to} F_1(\omega) \tag{6.27}$$

$$\nu W_2(\nu, Q^2) \underset{Q^2 \to \infty}{\to} F_2(\omega)\,. \tag{6.28}$$

D.h. die Strukturfunktionen hängen für große Q^2 nur von $\omega = 2M\nu/Q^2$ ab. (Man wird die Protonmasse M als Referenzgröße wählen, die eine Skala definiert.) Erstaunlicherweise wird experimentell gerade das in guter Näherung beobachtet! Zwar sind die Teilchen in X keineswegs punktförmig, sondern selbst Hadronen, aber die Streuung *im* Proton, Photon an Konstituenten, findet offenbar an punktförmigen Streuzentren statt. Anschließend rekombinieren diese „*Partonen*" dann zu Hadronen, jedoch in einer solchen Weise, daß diese die Informationen über die Primärstreuung noch mit sich tragen. Es erhebt sich die Frage, ob diese Partonen mit den Quarks identifiziert werden dürfen, die wir als Konstituenten eingeführt haben, um die Hadronenspektroskopie zu erklären (Abschnitt 3.3). Für die Antwort muß man die Details des Aufbrechens etwas quantitativer fassen. Der Gesamtstreuprozeß wird interpretiert als Summe über Photon-Parton-Einzelwechselwirkungen und die Summe erstreckt sich über alle Partontypen $i = u, d, \ldots$ mit Ladung e_i (s. Abb. 6.2). Jedes Parton partizipiert mit dem Bruchteil x an Energie E und Impuls $\mathbf{p}$ des Protons. Eine Impulsverteilungsfunktion f_i beschreibt die Wahrscheinlichkeit, daß das getroffene Parton i den Bruchteil x des Proton-Viererimpulses hat.

$$f_i(x) = \frac{dP_i}{dx} = \tag{6.29}$$

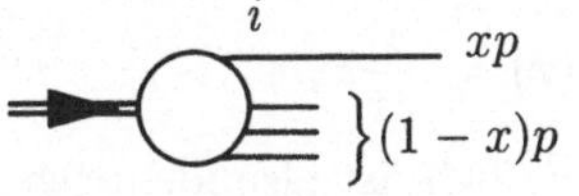

Alle Bruchteile x müssen sich zu 1 addieren:

$$\sum_{i'} \int dx\, x f_{i'}(x) = 1\,, \tag{6.30}$$

wobei sich in der Impulsbilanz die Summe i' auch über etwaige ungeladene Partonen erstrecken muß. Die kinematischen Relationen sind demnach

$$
\begin{array}{lccc}
 & \text{Proton} & \text{Parton} & \\
\text{Energie} & E & xE & \\
\text{Impuls} & p_L & xp_L & (6.31) \\
 & p_T = 0 & p_T = 0 & \\
\text{Masse} & M & m = \sqrt{x^2 E^2 - x^2 p_L^2} = xM\,. &
\end{array}
$$

Hier ist angenommen, daß sich Proton und Parton entlang der z-Achse bewegen und zwar mit Impulsen p_L bzw. xp_L, während der hierzu senkrechte Impuls verschwindet. Für ein Elektron, das ein Parton mit Einheitsladung und Impulsanteil x trifft, lauten dann die Strukturfunktionen

$$
\begin{aligned}
F_1(\omega) &= \frac{Q^2}{4m\nu x}\delta\left(1 - \frac{Q^2}{2m\nu}\right) \\
&= \frac{1}{2x^2\omega}\delta\left(1 - \frac{1}{x\omega}\right) & (6.32) \\
F_2(\omega) &= \delta\left(1 - \frac{Q^2}{2m\nu}\right) = \delta\left(1 - \frac{1}{x\omega}\right). & (6.33)
\end{aligned}
$$

(Aus (6.24), (6.25) und (6.24), (6.25) mit $m = xM$ und $\omega = 2M\nu/Q^2$.) Summieren wir diese Funktionen für ein Parton gewichtet über alle (gemäß 6.29), so finden wir

$$
\begin{aligned}
F_2(\omega) &= \sum_i \int dx\, e_i^2 f_i(x) x\delta\left(1 - \frac{1}{x\omega}\right) & (6.34) \\
F_1(\omega) &= \frac{\omega}{2} F_2(\omega)\,. & (6.35)
\end{aligned}
$$

Üblicherweise gibt man die Strukturfunktionen als Funktionen von x an, redefiniert also $F_{1,2}(\omega)$ als $F_{1,2}(x)$ (mit Hilfe von $x = 1/\omega$).
Dann streben die Strukturfunktionen (6.27), (6.28) also für große Q^2 gegen

$$
\begin{aligned}
\nu W_2(\nu, Q^2) &\rightarrow f_2(x) = \sum_i e_i^2 x f_i(x) & (6.36) \\
M W_1(\nu, Q^2) &\rightarrow F_1(x) = \frac{1}{2x} F_2(x)\,. & (6.37)
\end{aligned}
$$

Der Impulsanteil $x = 1/\omega = Q^2/2M\nu$ ist also identisch mit der dimensionslosen Variablen (6.13) des virtuellen Photons. D.h., das Photon muß genau den richtigen Wert für x haben, um von einem Parton mit Impulsanteil x absorbiert werden zu können. Die δ-Funktion in (6.33) bewerkstelligt die Gleichheit dieser zwei unterschiedlichen Variablen.
Die inelastischen Strukturfunktionen $F_{1,2}$ (6.36), (6.37) sind Funktionen von

nur einer Variablen, x, sind also unabhängig von Q^2 für festgehaltenes x: man nennt das „*Bjorkensches Skalenverhalten*“ (Bezüglich der Kinematik der betrachteten Prozesse sollte man anmerken, daß man $|\mathbf{p}| >> m, M$ angenommen hat, d.h. alle Massen sind vernachlässigbar.) Für die theoretische Beschreibung stellt dieses experimentelle Ergebnis also die Aufgabe, Modelle zu finden, in denen ein solches Skalenverhalten realisiert wird.

6.3 Asymptotische Freiheit

Für punktförmige Teilchen haben wir Streuamplituden aus Greenschen Funktionen berechnet. Die expliziten Beispiele in QED bzw. (elektro-) schwacher Wechselwirkung (Abschn. 4, 5) bezogen sich auf die niedrigsten Beiträge in der Störungstheorie. Gemessen werden jeweils natürlich physikalische Größen, die „allen“ oder zumindest „vielen“ Ordnungen der Störungstheorie entsprechen. Wir müssen also zunächst einmal das Verhalten von Greenschen Funktionen unter Skalierung der Impulse in der Störungstheorie verstehen. Erst dann können wir systematisch nach Bjorkenschem Skalenverhalten suchen.
Als Beispieltheorie wollen wir die ϕ^4-Wechselwirkung eines skalaren Feldes mit sich selbst studieren. Wir betrachten die niedrigsten nicht-trivialen Beiträge zu einigen *Vertexfunktionen*, die durch folgende Feynman-Diagramme gegeben sind:

$\Gamma_2 =$  $+ \ldots$ (6.38)

$\Gamma_4 =$  $+$  $+ \ldots$ (6.39)

$\Gamma_6 =$  $+ \ldots .$ (6.40)

(Die äußeren Beine zeigen nur an, wie viele Linien an dem jeweiligen Vertex einlaufen, sie tragen keine Propagatoren bei – daher *Vertex*-Funktionen.)
Die analytischen Ausdrücke, die den Diagrammen zugeordnet sind, lauten (eine δ-Funktion, die die Impulserhaltung garantiert, ist unterdrückt)

$$\Gamma_2 = -(p^2 + m^2) + \ldots \tag{6.41}$$

$$\Gamma_4 = -\lambda + a_4 \frac{\lambda^2}{(2\pi)^4} \int \frac{dk}{((p-k)^2 - m^2)(k^2 - m^2)} + \ldots \tag{6.42}$$

$$\Gamma_6 = a_6 \frac{\lambda^3}{(2\pi)^4} \frac{dk}{((p_1 - k)^2 - m^2)((p_2 - k)^2 - m^2)(k^2 - m^2)} + \ldots \tag{6.43}$$

($a_{4,6}$: numerische Konstanten).

Das Skalenverhalten dieser Funktionen ergibt sich aus der Ersetzung $p \to e^t p$. Diese globale Transformation wird aufgebaut aus infinitesimalen: $p' = (1+t)p$, d.h. wir müssen $p\partial_p \Gamma_{2,4,6}$ berechnen. Offensichtlich sind die Funktionen $\Gamma_{2,4,6}$ homogen in p und m:

$$(m\partial_m + p\partial_p)\Gamma_2 = 2\Gamma_2 \tag{6.44}$$

$$(m\partial_m + p\partial_p)\Gamma_4 = 0 \cdot \Gamma_4 \tag{6.45}$$

$$(m\partial_m + \sum_{i=1,2} p_i\partial_{p_i})\Gamma_6 = -2\Gamma_6 . \tag{6.46}$$

D.h. wenn wir $m\partial_m \Gamma$ berechnen können, so kennen wir auch $\sum_i p_i\partial_{p_i}\Gamma$ – das Skalenverhalten.

$$m\partial_m \Gamma_2 = 2m^2 \Rightarrow p\partial_p \Gamma_2 = 2p^2 \tag{6.47}$$

Wir sagen, daß in dieser Näherung Γ_2 naiv skaliert, nämlich mit seiner Dimension. Dasselbe gilt für den Term $-\lambda$, d.h. die erste Näherung von Γ_4, und auch für Γ_6 in dieser Näherung. Der λ^2-Beitrag zu Γ_4 hingegen fällt aus der Reihe: Das Integral existiert überhaupt nicht – die naive Anwendung der Feynmanregeln ergibt Unsinn! Wir werden im Abschnitt 7 diese Situation etwas allgemeiner untersuchen und dann finden, daß eine erlaubte und sinnvolle Definition für diesen Beitrag die folgende ist

$$\Gamma_4^{(1)} = -i\frac{3}{2}\frac{\lambda^2}{(2\pi)^4} \times \tag{6.48}$$

$$\int dk \left(\frac{1}{((p-k)^2 - m^2)(k^2 - m^2)} - \frac{1}{(k^2 - m^2)^2} \right)$$

($^{(1)}\hat{=}$ eine Schleife im Feynmandiagramm).

Dieses Integral existiert. Wenden wir hierauf $m\partial_m$ an, so erhalten wir

$$m\partial_m \Gamma_4^{(1)} = -i\frac{3}{2}\frac{\lambda^2}{(2\pi)^4} \int dk \left(\frac{2m^2}{((p-k)^2 - m^2)^2(k^2 - m^2)} \right. \tag{6.49}$$

$$\left. + \frac{2m^2}{((p-k)^2 - m^2)(k^2 - m^2)^2} \right)$$

$$-i\frac{3}{2}\frac{\lambda^2}{(2\pi)^4} \int dk \frac{2(-2m^2)}{(k^2 - m^2)^3} .$$

Beide Integrale existieren separat. Das erste entspricht naivem Skalenverhalten, insbesondere verschwindet dieser Beitrag mit m; das zweite Integral ist eine Konstante: $-3/2\lambda^2$ und verschwindet weder für $m \to 0$, noch für $p \to 0$. D.h. Γ_4 skaliert nicht-naiv! Die Ursache hierfür ist klarerweise die Divergenz des λ^2-Beitrages zu Γ_4: die notwendige Abänderung, um einen wohldefinierten

Ausdruck für $\Gamma_4^{(1)}$ zu erhalten, hat als unausweichliche Konsequenz die Verletzung des Skalengesetzes $m\partial_m\Gamma_4 = \sum_i p_i\partial_{p_i}\Gamma_4 = 0$ zur Folge.

Für eine Streuamplitude erwarten wir also kein naives = Bjorkensches Skalenverhalten.

Man kann die Verletzung des Skalengesetzes in eine mathematisch elegante Form bringen, wenn man bedenkt, daß der störende Term eine Konstante ist – also wie $\Gamma_4^{(0)}$:

$$\left(m\partial_m + \beta^{(1)}\partial_\lambda\right)\left(\Gamma_4^{(0)} + \Gamma_4^{(1)}\right) = \text{naiv} \tag{6.50}$$

genauer, nämlich Ordnung für Ordnung in der Zahl der geschlossenen Schleifen:

$$m\partial_m\left(\Gamma_4^{(0)} + \Gamma_4^{(1)}\right) + \beta^{(1)}\partial_\lambda\Gamma_4^{(0)} = \text{naiv} \tag{6.51}$$

mit

$$\beta^{(1)} = \frac{3}{2}\lambda^2\frac{1}{16\pi^2} \tag{6.52}$$

Eine Analyse höherer Ordnungen zeigt, daß noch ein weiterer anomaler Term auftaucht (beginnend mit zwei Schleifen)

$$(m\partial_m + \beta\partial_\lambda - 4\gamma)\,\Gamma_4 = \text{naiv}, \tag{6.53}$$

daß aber die Form der Gleichung dann universell ist, d.h. für alle N-Vertexfunktionen gilt.

$$(m\partial_m + \beta\partial_\lambda - N\gamma)\,\Gamma_N = \text{naiv}. \tag{6.54}$$

Die ad-hoc-Definition von $\Gamma_4^{(1)}$ in (6.48) erweckt zu Recht den Eindruck, daß hier ein Element der Willkür verborgen ist. Tatsächlich zeigt die Notwendigkeit dieser Konstruktion, daß von vornherein die Definition von Greenschen Funktionen nicht vollständig war, daß wir hier über eine beliebige Konstante verfügt haben. Da die Vier-Punkt-Funktion Γ_4 ganz eng mit der Zwei-Teilchen-Streuung verknüpft ist, möchten wir diese Konstante mit der Stärke der Wechselwirkung in Beziehung setzen. Wir postulieren z.B.

$$\Gamma_4(p = p_{sym}) = -\lambda. \tag{6.55}$$

Hierbei haben wir die Impulse in Γ_4 folgendermaßen gewählt

$$p_i^2 = -\kappa^2, \quad p_ip_j = \frac{1}{3}\kappa^2 \quad i \neq j. \tag{6.56}$$

Die *Normierungsbedingung* (6.55) läßt sich in jeder Ordnung durch Addition einer Konstanten erfüllen. Der Normierungsparameter κ ist dimensionsbehaftet, trägt zur Dimensionsanalyse (6.44)-(6.46) bei und desgleichen in (6.54)

$$(\kappa\partial_\kappa + m\partial_m + \beta\partial_\lambda - N\gamma)\,\Gamma_N = \text{naiv} \tag{6.57}$$

(CALLAN-SYMANZIK-Gleichung).

Ist κ erst einmal eingeführt, so kann man die Skalierungsdiskussion vereinfachen, indem man die masselose Theorie $m = 0$ betrachtet. Tatsächlich existiert dann der Limes $m \to 0$ für die Gleichung (6.57) und sie geht über in

$$(\kappa\partial_\kappa + \beta^\kappa\partial_\lambda - N\gamma^\kappa)\,\Gamma_N \;=\; 0 \tag{6.58}$$

(die *Renormierungsgruppengleichung*).

Sie hat eine anschauliche Interpretation: eine Änderung des beliebigen Normierungsparameters κ kann kompensiert werden durch eine Änderung der Kopplung λ und einen Beitrag, der variiert mit der Anzahl N, der äußeren Beine von Γ_N. Die Lösung von (6.58) wird dieses Verständnis vertiefen. Eine inhomogene, lineare, partielle Differentialgleichung wie (6.58) kann man lösen, indem man zunächst die homogene Gleichung

$$(\kappa\partial_\kappa + \beta^\kappa\partial_\lambda)\,G(p,\lambda,\kappa) \;=\; 0 \tag{6.59}$$

löst.

$$G \;\equiv\; \frac{\Gamma_4(p_1\ldots p_4)}{\prod_{i=1}^4 \left(\Gamma_2(p_i^2)\right)^{1/2}} \prod_{i=1}^4 \left(p_i^2\right)^{1/2}. \tag{6.60}$$

Wir stellen fest, daß

$$G(p_{sym},\lambda,\kappa) \;=\; -\lambda, \tag{6.61}$$

wenn wir die Zwei-Punkt-Funktion geeignet normieren

$$\Gamma_2(p^2 = -\kappa^2) \;=\; \kappa^2 \tag{6.62}$$

(und das ist möglich).

Nun definieren wir eine Funktion

$$\bar\kappa(t) \;=\; e^t\kappa \tag{6.63}$$

und zeigen, daß

$$G(p,\lambda,\kappa) \;=\; G(p,\bar\lambda(t),\bar\kappa(t)) \tag{6.64}$$

eine Lösung von (6.59) ist, wenn die Funktion $\bar\lambda(t)$ die gewöhnliche Differentialgleichung

$$\frac{d\bar\lambda(t)}{dt} \;=\; \beta^\kappa\left(\bar\lambda(t)\right) \tag{6.65}$$

mit der Anfangsbedingung

$$\bar\lambda(0) \;=\; \lambda \tag{6.66}$$

löst. Der Beweis folgt durch Nachrechnen:

$$\frac{dG}{dt} \;=\; \left(\bar\kappa\frac{\partial}{\partial\bar\kappa} + \frac{d\bar\lambda(t)}{dt}\frac{\partial}{\partial\bar\lambda(t)}\right) G(p,\bar\lambda(t),\bar\kappa(t)) \;=\; 0. \tag{6.67}$$

Die Lösung von (6.65) läßt sich implizit angeben:

$$t = \int_\lambda^{\bar\lambda(t)} \frac{dx}{\beta^\kappa(x)} .$$

(6.68)

Beweis:

$$1 = \frac{d\bar\lambda}{dt} \frac{1}{\beta^\kappa\left(\bar\lambda(t)\right)} .$$

(6.69)

Die Funktion $\bar\lambda(t)$ heißt *effektive Kopplung*, die Funktion G heißt *invariante Ladung*: „invariant" wegen der Eigenschaft (6.64), „Ladung", weil folgende Kette von Gleichungen gilt:
aus naiver Dimensionsanalyse folgt

$$G(p_{sym}e^t, \lambda, \kappa) = G(p_{sym}, \lambda, \kappa e^{-t});$$

(6.70)

die Definition (6.64) beinhaltet

$$= G(p_{sym}, \bar\lambda(t), \kappa),$$

(6.71)

in Analogie zu (6.61) gilt dann

$$= -\bar\lambda(t) .$$

(6.72)

(In der QED ist Kopplung = Ladung, daher der Sprachgebrauch.) Die physikalische Interpretation ist also die folgende: hat man die Kopplung λ (6.55) am Normierungspunkt κ definiert, so gehört zum Normierungspunkt $\bar\kappa$ die Kopplung $\bar\lambda$. Sie ergibt sich als Lösung der Gleichung (6.65). Die invariante Ladung G hat diese Interpretation vermittelt. Mit Hilfe der effektiven Kopplung können wir nun (6.58) allgemein lösen. Naive Dimensionsanalyse liefert

$$\Gamma_N(e^t p_i, \lambda, \kappa) = e^{(4-N)t}\Gamma_N(p_i, \lambda, e^{-t}\kappa)$$

(6.73)

$$= e^{(4-N)t-N\int_0^t dt'\, \gamma^\kappa\left(\bar\lambda(t')\right)}\Gamma_N(p_i, \bar\lambda(t), \kappa).$$

(6.74)

Die zweite Gleichung entspricht dem Schritt von (6.70) nach (6.71) unter Berücksichtigung des inhomogenen Beitrages in (6.58). Die Wichtigkeit dieser Relation liegt auf der Hand: in einer masselosen ϕ^4-Theorie ist der Wert Greenscher Funktionen bei skalierten Impulsen $e^t p_i$ gegeben durch den Funktionswert der Greenschen Funktionen bei den Ausgangsimpulsen, aber mit dem *Skalenwert der effektiven Kopplung* $\bar\lambda(t)$. Das Verhalten Greenscher Funktionen bei hohen Impulsen hängt also ganz wesentlich ab vom Verhalten der effektiven Kopplung für große t. Um letzteres zu bestimmen, müssen wir (6.65), (6.66) lösen

$$\frac{d\bar\lambda}{dt} = \beta^\kappa(\bar\lambda) = b_0\bar\lambda^2$$

(6.75)

$$\bar\lambda(t=0) = \lambda > 0 .$$

(6.76)

Die Lösung lautet

$$\bar{\lambda}(t) \;=\; \frac{\lambda}{1 - b_0 t \lambda}\,. \tag{6.77}$$

Für die ϕ^4-Theorie ist

$$b_0 \;=\; \frac{3}{2}\frac{1}{16\pi^2} \;>\; 0\,, \tag{6.78}$$

d.h. für $t \geq 0$ *wächst* $\bar{\lambda}$ mit t; für $t < 0$ *fällt* $\bar{\lambda}$ mit $t \to -\infty$. Man sagt die Therie ist *infrarot* ($t \to -\infty$) *frei*, weil $\bar{\lambda}(t)$ gegen Null geht.
Im umgekehrten Fall

$$b_0 \;<\; 0 \tag{6.79}$$

geht $\bar{\lambda}(t)$ für $t \to +\infty$ gegen Null: die entsprechende Theorie heißt *ultraviolett-frei* ("asymptotisch frei"). In einer solchen Situation verschwindet also mit wachsender Energie die Verletzung der naiven Skalengesetze: das ist der gesuchte Bereich des Bjorkenschen Skalenverhaltens! Es gilt demnach Theorien zu finden, in denen der erste Koeffizient der β-Funktion negativ ist (6.79). Denn dann kann naives Skalenverhalten von Streuamplituden approximativ realisiert werden und damit das von Strukturfunktionen.
In der QED lautet die β-Funktion (in der Ein-Schleifen-Näherung)

$$\beta_e \;=\; \frac{1}{12\pi^2}e^2, \quad b_0 > 0\,. \tag{6.80}$$

In einer nicht-abelschen Eichtheorie hingegen kann $b_0 < 0$ sein

$$\beta_g \;=\; b_0 g^2\,. \tag{6.81}$$

Für die Eichgruppe SU(3) mit n_f (Zahl der „Flavours") Quarks in der fundamentalen Darstellung ergibt sich

$$b_0 \;=\; \frac{2}{3}n_f + 5 - 16\,. \tag{6.82}$$

Dort lautet die effektive Kopplung

$$\alpha_s(Q^2) \;=\; \frac{\alpha_s(\kappa^2)}{1 + \frac{\alpha_s(\kappa^2)}{12\pi}(33 - 2n_f)\ln\frac{Q^2}{\kappa^2}}$$

$$\alpha_s \;\equiv\; \frac{g^2}{4\pi}\,. \tag{6.83}$$

Man kann zeigen, daß nur in einer nicht-abelschen Eichtheorie $b_o < 0$ möglich ist. Will man also Bjorken-Skalenverhalten realisieren, so wird man von einer solchen Theorie ausgehen. Die Wahl der Gruppe und der Darstellungen für die Materiemultipletts ist damit noch nicht festgelegt. Sie muß in enger Kontrolle durch die experimentellen Daten erfolgen. Die Farb-SU(3) (s. Abschn. 3.3) hat sich als bester Kandidat herausgeschält. Die zugehörige Eichsymmetrie muß ungebrochen sein, damit die Theorie konsistent ist.

6.4 QCD

Die *Quantenchromodynamik* (QCD) ist eine nicht-abelsche Eichtheorie mit der Eichgruppe SU(3) und Spin-1/2-Feldern in der fundamentalen Darstellung. Diese Fermionen sind die Quarks (vergl. Abschn. 3.3) mit dem Transformationsgesetz

$$q' = e^{i\omega_a \frac{\lambda_a}{2}} q, \qquad (6.84)$$

infinitesimal

$$\delta q = i\omega_a \frac{\lambda_a}{2} q$$

$$\delta \bar{q} = -i\bar{q} \frac{\lambda_a}{2} \omega_a .$$

Hier ist q ein Spaltenvektor mit drei Zeilen (rot, grün, blau); $a = 1, \ldots, 8$; die (3×3)-Matrizen $\lambda_a/2$ erfüllen die Algebra

$$\left[\frac{\lambda_a}{2}, \frac{\lambda_b}{2} \right] = i f_{abc} \frac{\lambda_c}{2}; \qquad (6.85)$$

sie sind hermitisch und haben verschwindende Spur. Die *Strukturkonstanten* f_{abc} sind reell, total antisymmetrisch und erfüllen die *Jacobi-Identität*

$$f_{abm} f_{mcd} + f_{bcm} f_{mad} + f_{cam} f_{mbd} = 0. \qquad (6.86)$$

Explizite Zahlenwerte sind die folgenden

$$f_{123} = 1, \qquad (6.87)$$

$$f_{147} = -f_{156} = f_{246} = f_{257} = f_{345} = -f_{367} = \frac{1}{2}$$

$$f_{458} = f_{678} = \frac{1}{2}\sqrt{3} .$$

Das ist die Lie-Algebra SU(3). Die Matrizen $e^{i\omega_a \frac{\lambda_a}{2}}$ bilden die Gruppe der unitären (3×3)-Matrizen mit Determinante 1: SU(3).

Eine konventionelle Darstellung für die Matrizen λ ist die folgende

$$\lambda_1 = \begin{pmatrix} 0 & 1 & 0 \\ 1 & 0 & 0 \\ 0 & 0 & 0 \end{pmatrix} \quad \lambda_2 = \begin{pmatrix} 0 & -i & 0 \\ i & 0 & 0 \\ 0 & 0 & 0 \end{pmatrix}$$

$$\lambda_3 = \begin{pmatrix} 1 & 0 & 0 \\ 0 & -1 & 0 \\ 0 & 0 & 0 \end{pmatrix}$$

$$\lambda_4 = \begin{pmatrix} 0 & 0 & 1 \\ 0 & 0 & 0 \\ 1 & 0 & 0 \end{pmatrix} \quad \lambda_5 = \begin{pmatrix} 0 & 0 & -i \\ 0 & 0 & 0 \\ i & 0 & 0 \end{pmatrix}$$

$$\lambda_6 = \begin{pmatrix} 0 & 0 & 0 \\ 0 & 0 & 1 \\ 0 & 1 & 0 \end{pmatrix} \quad \lambda_7 = \begin{pmatrix} 0 & 0 & 0 \\ 0 & 0 & -i \\ 0 & i & 0 \end{pmatrix}$$

$$\lambda_8 = \frac{1}{\sqrt{3}} \begin{pmatrix} 1 & 0 & 0 \\ 0 & 1 & 0 \\ 0 & 0 & -2 \end{pmatrix} , \tag{6.88}$$

Eigenschaften:

$$\lambda_a^\dagger = \lambda_a \tag{6.89}$$

$$\mathrm{Tr}\,\lambda_a = 0 \quad \mathrm{Tr}\,\lambda_a \lambda_b = 2\delta_{ab} \tag{6.90}$$

$$\left\{ \frac{\lambda_a}{2}, \frac{\lambda_b}{2} \right\} = \frac{1}{3}\delta_{ab}\mathbf{1} + d_{abc}\frac{\lambda_c}{2} . \tag{6.91}$$

Die Zahlen d_{abc} sind vollständig symmetrisch, sie sind – wie f_{abc} – invariante Tensoren unter SU(3). Die von Null verschiedenen d_{abc} lauten

$$d_{118} = d_{228} = d_{338} = -2d_{448} = -2d_{558} = -2d_{668}$$
$$= -2d_{778} = -d = \frac{1}{\sqrt{3}}, \tag{6.92}$$
$$d_{146} = d_{157} = -d_{247} = d_{256} = d_{344}$$
$$= d_{355} = -d_{366} = -d_{377} = \frac{1}{2} .$$

Die Wirkung

$$\Gamma = \int \bar{q}(i\partial\!\!\!/ - M)q \tag{6.93}$$

ist invariant unter den Transformationen (6.84). Tatsächlich müssen wir ja noch die „Flavour" u, d, c, s, t, b unterscheiden, so daß eine vollständigere

Beschreibung mit

$$\Gamma = \sum_{f=u}^{b} \int \bar{q}_f (i\slashed{\partial} - M_f) q_f \qquad (6.94)$$

gegeben ist. Bei Rechnungen in der elektroschwachen Theorie werden häufig die Farbindizes unterdrückt, bei solchen der QCD oft die Flavourindizes.

Im Farbraum koppeln wir gemäß Noether (s. Abschnitt 5.2.2) Vektorfelder G_μ^a (*Gluonen*) an die zu (6.93) gehörigen erhaltenen Ströme, leiten hieraus deren Transformationsverhalten ab und erlauben ihnen, als dynamische Felder zu propagieren

$$\delta G_\mu^a = \partial_\mu \omega^a - f^{abc} \omega^b G_\mu^c \qquad (6.95)$$

$$\Gamma(G) = -\frac{1}{4} \int G_{\mu\nu}^a G^{a\mu\nu} \qquad (6.96)$$

$$G_{\mu\nu}^a = \partial_\mu G_\nu^a - \partial_\nu G_\mu^a + f^{abc} g G_\mu^b G_\nu^c \qquad (6.97)$$

$$\Gamma(q,\bar{q},G) = \int \bar{q} \left(i\slashed{\partial} - M + \frac{\lambda_a}{2} g G_\mu^a \gamma^\mu \right) q . \qquad (6.98)$$

Die Wirkung

$$\Gamma = \Gamma(G) + \Gamma(q,\bar{q},G) \qquad (6.99)$$

ist also die SU(3)-invariante Wirkung der QCD.

Die Wechselwirkung der Quarks mit den Gluonen hat demnach eine ganz ähnliche Form wir die der elektrisch geladenen Fermionen mit dem Photon: Die

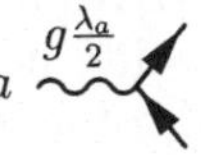

Abb. 6.3
Gluon-Fermion-Kopplung

Gluonen wechselwirken jedoch mit sich selbst (tragen Farbladung). Im Gegen-

Abb. 6.4
Gluon-Selbstkopplung

satz zu den Vektorbosonen der elektroschwachen Eichtheorie sind die Gluonen jedoch masselos und die Farbsymmetrie ist ungebrochen.

Im Abschnitt 7 werden wir skizzieren, daß eine solche Theorie tatsächlich zu (UV-) asymptotisch freier effektiver Kopplung führt.

6.5   Valenzquarks, Seequarks, Gluonen

Identifizieren wir die Partonen, die wir im Abschn. 6.2 zur Beschreibung der
unelastischen Elektron-Proton-Streuung eingeführt haben, mit den Quarks, so
ergibt sich für das Aufbrechen des Protons qualitativ das Bild, wie in Abb. 6.5
dargestellt Drei Quarks $u_v u_v d_v$ – die wir jetzt *Valenzquarks* nennen wollen –

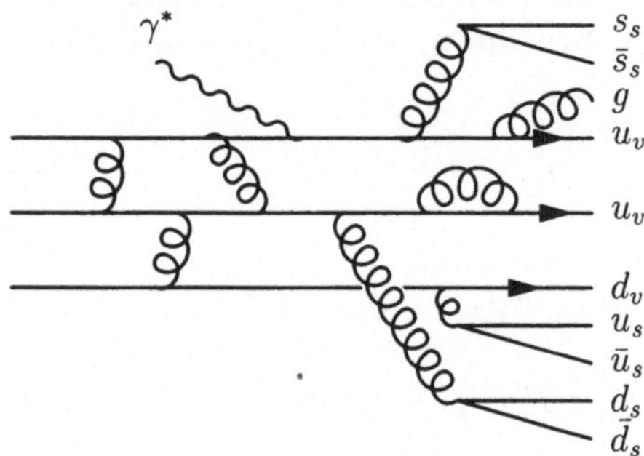

Abb. 6.5 Aufbrechen des Protons

bringen die Quantenzahlen des Proton zustande und bilden gewissermaßen das
statische Gerüst für das Proton. Zusammengehalten werden sie jedoch durch
den Austausch von Gluonen, die ihrerseits aber auch Quark-Antiquark-Paare
$u_s\bar{u}_s$, $d_s\bar{d}_s$, $s_s\bar{s}_s$, ... bilden können. Deren Ladungsquantenzahlen addieren sich
zu Null. In Anlehnung an Diracs Bild werden sie *Seequarks* genannt. Diese See
sollte natürlich bereits ohne den Photon-Streuprozeß dafür sorgen, daß das
Proton ein (stabiler) gebundener Zustand ist, und dieses Faktum sowie die
wesentlichen Charakteristika (insbesondere die Masse) des Proton sollte aus
der QCD herleitbar sein. Dieses schwierige dynamische Problem ist jedoch
noch nicht zufriedenstellend gelöst. Zwar deutet das Anwachsen der effektiven
Kopplung (6.83) für kleine Energien durchaus auf starke Bindung hin, aber
z.B. ist der permanente Einschluß der Quarks, *confinement*, noch nicht bewiesen. Gerade über die Strukturfunktionen (6.36), (6.37) lassen sich jedoch
zahlreiche Relationen herleiten, die mit dem Grundkonzept der QCD als Eichtheorie und dem Experiment vereinbar sind. Insbesondere lassen sich Aussagen
über Valenzquarks und Seequarks gewinnen.
Die Summe in (6.36) erstreckt sich über alle geladenen Partonen im Proton.
Identifizieren wir die Partonen mit den Quarks, so haben wir sechs unbekannte
Strukturfunktionen $f_i(x)$. Vernachlässigen wir Beiträge der schweren Quarks,

so gilt

$$\frac{1}{x} F_2^{ep}(x) = \left(\frac{2}{3}\right)^2 (u^p(x) + \bar{u}^p(x)) + \left(\frac{1}{3}\right)^2 (d^p(x) + \bar{d}^p(x))$$

$$+ \left(\frac{1}{3}\right)^2 (s^p(x) + \bar{s}^p(x)) . \tag{6.100}$$

Da die Streuung Elektron-Neutron experimentell ebenfalls zugänglich ist, nämlich als Elektronstreuung am Deuterium, so können wir analog die Strukturfunktion

$$\frac{1}{x} F_2^{en}(x) = \left(\frac{2}{3}\right)^2 (u^n(x) + \bar{u}^n(x)) + \left(\frac{1}{3}\right)^2 (d^n(x) + \bar{d}^n(x))$$

$$+ \left(\frac{1}{3}\right)^2 (s^n(x) + \bar{s}^n(x)) \tag{6.101}$$

formulieren. Da Proton und Neutron ein Isospindublett bilden, ist ihr Quarkinhalt verknüpft. Es sind genau so viele Quarks u in einem Proton wie Quarks d in einem Neutron usw. Also gilt:

$$u^p(x) = d^n \equiv u(x) \tag{6.102}$$
$$d^p(x) = u^n \equiv d(x)$$
$$s^p(x) = s^n \equiv s(x) .$$

Außerdem müssen für Proton und Neutron die Quantenzahlen genau die von uud bzw. udd sein.

Nehmen wir in einer ersten Näherung an, daß die Seequarks über Gluonen-Abstrahlung und Paarbildung erzeugt (s. Abb. 6.5) und mit gleicher Häufigkeit und Impulsverteilung auftreten, außerdem die leichtesten die relevantesten sein werden, so folgt

$$u_s(x) = \bar{u}_s(x) = d_s(x) = \bar{d}_s(x) = s_s(x) = \bar{s}_s(x)$$
$$\equiv S(x) \tag{6.103}$$
$$u(x) = u_v(x) + u_s(x)$$
$$d(x) = d_v(x) + d_s(x) .$$

Die Quantenzahlen des Protons müssen bei der Summation über alle Partonen erzeugt werden: Ladung 1, Baryonenzahl 1, Seltsamkeit 0. D.h.

$$\int_0^1 (u(x) - \bar{u}(x)) = 2 \tag{6.104}$$

$$\int_0^1 (d(x) - \bar{d}(x)) = 1$$

$$\int_0^1 (s(x) - \bar{s}(x)) = 0 .$$

Diese Summenregeln drücken den Gehalt von u_v, d_v im Proton aus. Sie folgen aus (6.103) über (im Proton ist $\bar{u}_v = \bar{d}_v = 0$)

$$u - \bar{u} = u - \bar{u}_s = u - u_s = u_v \tag{6.105}$$
$$d - \bar{d} = d - \bar{d}_s = d - d_s = d_v$$
$$s - \bar{s} = s_s - \bar{s}_s = 0 . \tag{6.106}$$

Setzen wir (6.103) in (6.100) und (6.101) ein, so erhalten wir

$$\begin{aligned}
\frac{1}{x}F_2^{ep}(x) &= \left(\frac{2}{3}\right)^2 (u_v + u_s + \bar{u}_s) + \left(\frac{1}{3}\right)^2 (d_v + d_s + \bar{d}_s) \\
&\quad + \left(\frac{1}{3}\right)^2 (s_s + \bar{s}_s) \\
&= \frac{1}{9}(4u_v + d_v) + \frac{4}{3}S \tag{6.107} \\
\frac{1}{x}F_2^{en}(x) &= \frac{1}{9}(u_v + 4d_v) + \frac{4}{3}S . \tag{6.108}
\end{aligned}$$

Die experimentellen Daten zeigen

$$\frac{F_2^{en}(x)}{F_2^{ep}(x)} \xrightarrow[x \to 0]{} 1 \tag{6.109}$$

$$\frac{F_2^{en}(x)}{F_2^{ep}(x)} \xrightarrow[x \to 1]{} \frac{u_v + 4d_v}{4u_v + d_v} \longrightarrow \frac{1}{4} \tag{6.110}$$

und besagen:

- für kleine x ($x \to 0$) überwiegen die Seeanteile $S(x)$ der $q\bar{q}$-Paare im Proton;
- für große x ($x \to 1$) überwiegen die Valenzquarkanteile und zwar die des Quarks u_v.

Bilden wir die Differenz

$$\frac{1}{x}\left(F_2^{ep}(x) - F_2^{en}(x)\right) = \frac{1}{3}\left(u_v(x) - d_v(x)\right), \tag{6.111}$$

so können wir die Valenzanteile ohne die Seeanteile bestimmen. Wären die Valenzquarks völlig frei, würde man eine Linie bei 1/3 erwarten; die Wechselwirkung erzeugt eine Verteilung mit Maximum bei 1/3 und Abfall zu Null für $x \to 0$, sowie $x \to 1$. Dies wird experimentell auch gefunden.

Wenn eine SU(3)-Eichtheorie die relevante Theorie zur Beschreibung der Quarks/Hadronen und ihrer Wechselwirkungen sein soll, so müssen auch aus der Existenz der Gluonen beobachtbare Konsequenzen folgen.

Ein indirekter, aber sehr deutlicher Beleg, daß neben den Partonen noch weitere – ungeladene – Teilchen das Proton aufbauen müssen, ergibt sich aus der Impulsbilanz bei der inelastischen Streuung.

Summieren wir die Impulse aller Partonen, so müssen wir den Gesamtimpuls p des Proton finden.

$$\int_0^1 dx\,(xp)(u + \bar{u} + d + \bar{d} + s + \bar{s}) = p - p_g \tag{6.112}$$

oder nach Division durch p

$$\int_0^1 dx\,x(u + \bar{u} + d + \bar{d} + s + \bar{s}) = 1 - \varepsilon_g\,. \tag{6.113}$$

Hier ist $\varepsilon_g \equiv p_g/p$ der Impulsanteil der Gluonen, die ja elektrisch nicht geladen sind, d.h. nicht an das Photon koppeln, auf der rechten Seite subtrahiert. Integriert man die experimentellen Daten für $F_2^{ep,en}(x)$, so ergibt sich

$$\int dx\,F_2^{ep}(x) \;=\; \frac{4}{9}\varepsilon_u + \frac{1}{9}\varepsilon_d \;=\; 0,18 \tag{6.114}$$

$$\int dx\,F_2^{en}(x) \;=\; \frac{1}{9}\varepsilon_u + \frac{4}{9}\varepsilon_d \;=\; 0,12\,. \tag{6.115}$$

Hier ist die Definition

$$\varepsilon_u \;\equiv\; \int_0^1 dx\,x(u + \bar{u}) \tag{6.116}$$

und analog für d benutzt worden – dies sind die Gesamtimpulse, die von den u- bzw. d-Quarks getragen werden. (6.114), (6.115) folgen aus (6.100), (6.101), wenn man den Beitrag der seltsamen Quarks vernachlässigt. (6.113) heißt nun

$$\varepsilon_g \;\simeq\; 1 - \varepsilon_u - \varepsilon_d \tag{6.117}$$

und nach Lösung von (6.114), (6.115)

$$\varepsilon_u \;=\; 0,36 \quad \varepsilon_d \;=\; 0,18 \quad \varepsilon_g \;=\; 0,46\,. \tag{6.118}$$

Das bedeutet aber, daß die Gluonen nahezu die Hälfte des Gesamtimpulses tragen!

Nach diesem indirekten, aber unumstößlichen Hinweis, daß es außer den geladenen Partonen auch ungeladene geben muß, möchte man natürlich direkte Konsequenzen aus der vorgeschlagenen (Wechsel-) Wirkung (6.99) ziehen. Z.B. ist dort die Wechselwirkung Gluon-Quark Abb. 6.3 angegeben, von der man eine Abänderung der Strukturfunktionen (mit Bjorkenschem Skalenverhalten) erwartet. Da

$$\alpha_s \;\equiv\; \frac{g^2}{4\pi} \;=\; \alpha_s(Q^2) \tag{6.119}$$

für große Q^2 hinreichend klein ist (s. (6.83)), sollte eine Störungsrechnung wie in der QED sinnvolle Resultate liefern.

Greifen wir aus dem Gesamtprozeß Abb. 6.1 den Teilprozeß $\gamma^* p \to X$ heraus (* für virtuelles Photon), so hatten wir bisher den elektromagnetischen Anteil behandelt. Nun müssen wir jedoch berücksichtigen, daß das vom Photon ge-

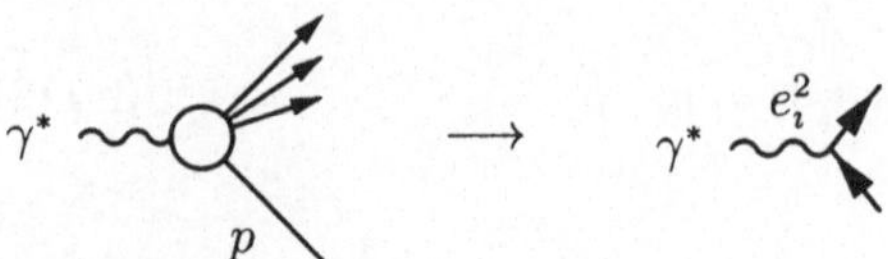

Abb. 6.6 Elektromagnetischer Anteil

troffene Quark vor oder nach dem Stoß ein Gluon emittieren kann. Außerdem

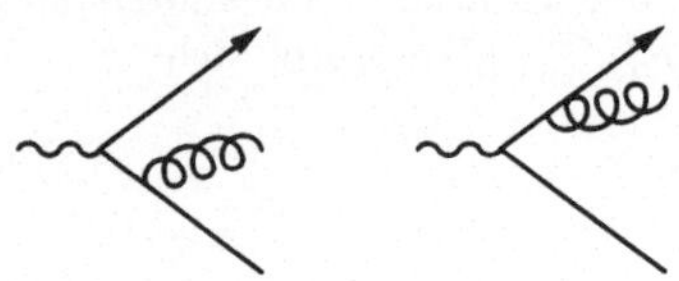

Abb. 6.7
Gluonemission eines Quarks

kann ein Konstituentengluon des Proton $q\bar{q}$-Paare bilden. Diese Prozesse tra-

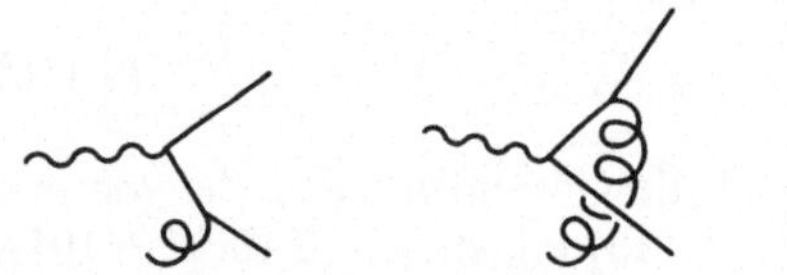

Abb. 6.8
Paarbildung $\gamma^* g \longrightarrow q\bar{q}$

gen in der Ordnung $\alpha\alpha_s$ zur tief-inelastischen Streuung bei. Die Konsequenzen sind:

(1) die Strukturfunktionen skalieren nicht mehr naiv;

(2) das auslaufende Quark ist nicht mehr kollinear mit γ^* – die Hadronen, in die die Quarks nach der Streuung übergehen, bilden zwei Jets die einen Transversalimpuls bezüglich γ^* haben. (Im ursprünglichen Fall gab es *einen* „Jet" und der war kollinear mit γ^*.)

Zur quantitativen Beschreibung benutzen wir die Analogie von $\gamma^* q \to qg$ zur Compton-Streuung $\gamma e \to \gamma e$ (s. Abschn. 4.2.4).

Dort war das spingemittelte Amplitudenquadrat

$$\overline{|\mathcal{M}|^2} \;=\; 32\pi^2\alpha^2\left(-\frac{u}{s}-\frac{s}{u}+\frac{2tQ^2}{su}\right). \tag{6.120}$$

Ersetzen wir nun $\alpha^2 \to e_i^2\alpha\alpha_s$, berücksichtigen die Farbe (Faktor 4/3) und vertauschen $u \leftrightarrow t$ wegen der unterschiedlichen Anordnung der auslaufenden Teilchen, so erhalten wir

$$\overline{|\mathcal{M}|^2} \;=\; 32\pi^2(e_i^2\alpha\alpha_s)\frac{4}{3}\left(-\frac{\hat{t}}{\hat{s}}-\frac{\hat{s}}{\hat{t}}+\frac{2\hat{u}Q^2}{\hat{s}\hat{t}}\right)$$

$$\tag{6.121}$$

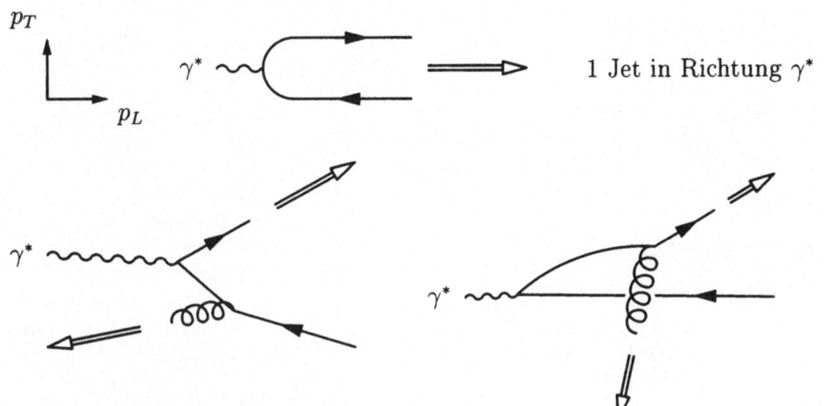

Abb. 6.9 Zwei Jets mit $p_T \neq 0$

($\hat{\ }$ steht für Parton-Variable.)

Im Schwerpunktsystem kann man die folgenden kinematischen Relationen

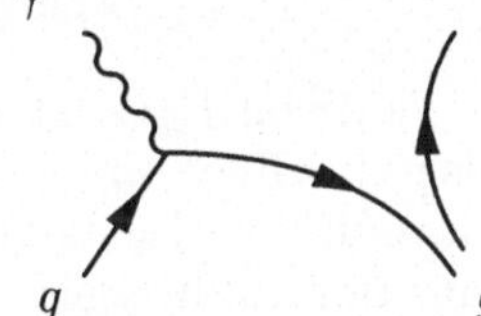

Abb. 6.10
Fluß der Farblinien: das Gluon trägt 2 Farben

herleiten (s. Abb. 6.11

$$p_T = k' \sin\theta \tag{6.122}$$

$$p_T^2 = \frac{\hat{s}\hat{t}\hat{u}}{(\hat{s}+Q^2)^2} \xrightarrow[-\hat{t}<<\hat{s}]{} \frac{\hat{s}(-\hat{t})}{\hat{s}+Q^2}. \tag{6.123}$$

Für kleine Winkel θ ($\cos\theta \simeq 1$)

$$d\Omega = \frac{4\pi}{\hat{s}} dp_T^2. \tag{6.124}$$

In Vorwärtsrichtung ($-\hat{t} \to 0$, $-\hat{t} << \hat{s}$) gilt also

$$\frac{d\hat{\sigma}}{dp_T^2} \simeq \frac{1}{16\pi\hat{s}^2}\overline{|\mathcal{M}|^2} \tag{6.125}$$

$$= \frac{8\pi e_i^2 \alpha\alpha_s}{3\hat{s}^2}\left(\frac{1}{-\hat{t}}\right)\left(\hat{s} + \frac{2\left(\hat{s}+Q^2\right)Q^2}{\hat{s}}\right).$$

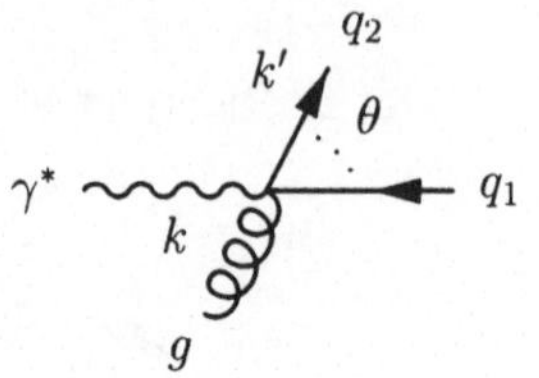

q_2 k' θ γ^* q_1 k g

Abb. 6.11
Kinematik

Mit der Variablen z

$$z \equiv \frac{Q^2}{2p_i q} = \frac{Q^2}{(p_i + q)^2 - q^2} = \frac{Q^2}{\hat{s} + Q^2} \tag{6.126}$$

folgt schließlich

$$\frac{d\hat{\sigma}}{dp_T^2} \simeq e_i^2 \hat{\sigma}_0 \frac{1}{p_T^2} \frac{\alpha_s}{2\pi} P_{qq}(z) \tag{6.127}$$

$$\hat{\sigma}_0 \equiv \frac{4\pi^2 \alpha}{\hat{s}}$$

$$P_{qq}(z) \equiv \frac{4}{3} \frac{1 + z^2}{1 - z} . \tag{6.128}$$

Die Funktion $P_{qq}(z)$ stellt die Wahrscheinlichkeit dar, daß ein Quark mit Impuls p ein Gluon emittiert und zu einem Quark mit Impuls zp wird. Die Singularität für $z \to 1$ entspricht der Abstrahlung „weicher" (masseloser!) Gluonen – eine Infrarotdivergenz, die erst durch Schleifendiagramme kompensiert wird. Nun muß dieser Beitrag für ein einzelnes Quark in den Gesamtprozeß eingebettet werden. Ein Weg zur Berechnung besteht darin, die Strukturfunktionen als Wirkungsquerschnitte für den Streuprozeß virtuelles Photon-Proton zu interpretieren. Die entsprechende Rechnung liefert

$$2F_1 = \frac{\sigma_T}{\sigma_0} \tag{6.129}$$

$$\frac{F_2}{x} = \frac{\sigma_T + \sigma_L}{\sigma_0} , \tag{6.130}$$

wobei $\sigma_{T,L}$ die Wirkungsquerschnitte für transversale und longitudinale Photonen am Proton sind und

$$\sigma_0 \simeq \frac{4\pi^2 \alpha}{s} . \tag{6.131}$$

Man hat also zunächst den integrierten γ^*-Parton-Wirkungsquerschnitt zu finden:

$$
\begin{aligned}
\hat{\sigma}(\gamma^* q \to qg) &= \int_{\mu^2}^{\hat{s}/4} dp_T^2 \frac{d\hat{\sigma}}{dp_T^2} \\
&\simeq e_i^2 \sigma_0 \int_{\mu^2}^{\hat{s}/4} \frac{dp_T^2}{p_T^2} \frac{\alpha_s}{2\pi} P_{qq}(z) \\
&\simeq e_i^2 \sigma_0 \left(\frac{\alpha_s}{P_{qq}} (z) \ln \frac{Q^2}{\mu^2} \right),
\end{aligned}
\tag{6.132}
$$

$\hat{s}/4$ ist (für masselose Quarks) der maximale Transversalimpuls des Gluons; $\ln(\hat{s}/4) \simeq \ln Q^2$ für große Q^2; die untere Integrationsgrenze μ^2 ist ein Abschneideparameter, der eingeführt wird, um die Divergenz für $p_T^2 \to 0$ zu vermeiden. Damit kann man nun die Strukturfunktion angeben:

$$
\begin{aligned}
\frac{F_2(x, Q^2)}{x} &= \sum_q e_q^2 \int_x^1 \frac{dy}{y} q(y) \left(\delta \left(1 - \frac{x}{y} \right) \right. \\
&\quad \left. + \frac{\alpha_s}{2\pi} P_{qq}\left(\left(\frac{x}{y} \right) \right) \ln \frac{Q^2}{\mu^2} \right).
\end{aligned}
\tag{6.133}
$$

Diagrammatisch:

$$
\frac{F_2(x, Q^2)}{x} = \left| \,\rangle\!-\, \right|^2 + \left| \,\rangle\!\!\!\lll\!\!\! \lll + \,\rangle\!\!\!\lll\!\!\!\lll \right|^2
\tag{6.134}
$$

$q(y)$ bezeichnet die Quarkstrukturfunktion $q(y) \equiv f_q(y)$.
Die Abhängigkeit von Q^2 über $\ln(Q^2/\mu^2)$ zeigt an, daß die naive Skaleninvarianz (Bjorken) verletzt ist; F_2 ist nun nicht mehr eine Funktion von x allein. Analoge Rechnungen sind auszuführen, wenn man die Gluon-Paar-Produktion berücksichtigen will, bei der ein Gluon des Protons im Anfangszustand ein $q\bar{q}$-Paar erzeugt. Zum Prozeß $\gamma^* g \to q\bar{q}$ gehört das gemittelte Amplitudenquadrat

$$
\overline{|\mathcal{M}|^2} = 32\pi^2 (e_i^2 \alpha \alpha_s) \frac{1}{2} \left(\frac{\hat{u}}{\hat{t}} + \frac{\hat{t}}{\hat{u}} - \frac{2\hat{s}Q^2}{\hat{t}\hat{u}} \right).
\tag{6.135}
$$

In der Proton-Strukturfunktion tritt dann der zusätzliche Beitrag

$$
\frac{F_2(x, Q^2)}{x}\bigg|_{\gamma^* g \to q\bar{q}} = \sum_q e_q^2 \int_x^1 \frac{dy}{y} g(y) \frac{\alpha_s}{2\pi} \times P_{qg}\left(\frac{x}{y} \right) \ln \frac{Q^2}{\mu^2}
\tag{6.136}
$$

auf. Diagrammatisch:

$$\frac{F_2(x,Q^2)}{x}\Big|_{\gamma^* g\to q\bar{q}} = \Bigg|$$ 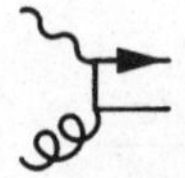 $+$ 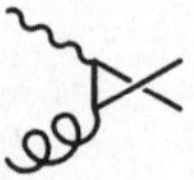 $$\Bigg|^2 \qquad (6.137)$$

Hier ist $g(y)$ die Gluondichte im Proton und

$$P_{qg}(z) \;=\; \frac{1}{2}\left(z^2+(1-z)^2\right) . \qquad (6.138)$$

Experimentell bestätigt man (6.133) und (6.136) durch Messen der p_T^2-Verteilung von Hadronen und dem Bilden von Momenten der Strukturfunktion, die die einzelnen Beiträge separieren.

7   Renormierung

Im Abschnitt 2.3.2 haben wir Greensche Funktionen in allen Ordnungen einer Störungsreihe in Potenzen einer (oder mehrerer) Kopplungskonstanten definiert (s. Formel (2.48)). Ihre explizite Berechnung erfolgt mit Hilfe von Feynmandiagrammen (Abschn. 2.4), für die man das Wicksche Theorem benutzt und die Ergebnisse als Feynman-Regeln fixiert. Benutzt man diese Regeln wörtlich, so wird man in manchen Diagrammen mit geschlossenen Schleifen zu mathematisch sinnlosen, nämlich divergenten, Ausdrücken geführt. Ein Beispiel haben wir in Abschn. 6.3 bereits angegeben:

$$
\Gamma_4^{(1)} = \;\; \mathbin{\vcenter{\hbox{\includegraphics}}}
\tag{7.1}
$$

$$
= -i\tfrac{3}{2}\lambda^2 \int dk \frac{1}{\left((p-k)^2 - m^2\right)\left(k^2 - m^2\right)}
$$

„Renormierung" besteht nun erstens darin, solchen divergenten Diagrammen einen Sinn zu geben bzw. genauer, ihre Definition so zu verfeinern, daß Divergenzen gar nicht erst auftauchen; zweitens zu klären, ob Beliebigkeiten, die hinter solchen Definitionsmöglichkeiten stecken, in Übereinstimmung mit physikalischen Grundpostulaten beseitigt werden können. Letzten Endes heißt dies also, die Greenschen Funktionen mathematisch einwandfrei und eindeutig zu definieren und zu zeigen, daß sie physikalisch sinnvoll sind.

7.1   Naive Divergenzgrade

Betrachten wir die Divergenzen eines Diagramms γ (s. Fig. 7.1), das zwei Unterdiagramme γ_1 und γ_2 hat, die nur durch eine Linie verbunden sind, so rühren mögliche Divergenzen in γ nur her von Divergenzen in γ_1 bzw. γ_2; die Linie I führt nicht zu Divergenzen. Wir haben also für die Analyse von Divergenzen

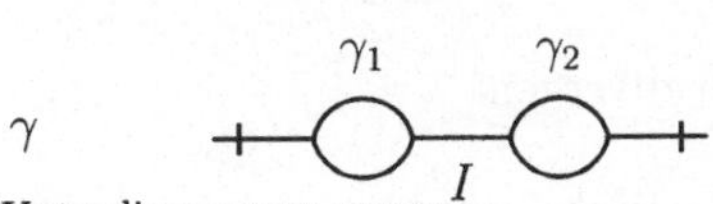

Abb. 7.1 γ_1, γ_2: zwei 1PI Unterdiagramme von γ

nur *ein-Teilchen-irreduzible* Diagramme (1PI) zu betrachten: Diagramme, die zusammenhängend bleiben, wenn man *eine* Linie durchtrennt. γ in Fig. 7.1 ist ein-Teilchen-reduzibel: beim Durchschneiden von I zerfällt es in die Diagramme γ_1 und γ_2. $\gamma_{1,2}$ sind 1PI.

Betrachten wir ein 1PI Diagramm mit $I_{F/B}$ inneren Fermion/Boson-Linien, mit $N_{F/B}$ äußeren Fermion/Boson-Beinen, mit V Vertizes und mit m unabhängigen geschlossenen Schleifen, so entspricht ihm als analytischer Ausdruck ein Integral mit I_F Propagatoren vom Typ $(\not{k}_F - M)/(k_F^2 - M^2)$, mit I_B Propagatoren vom Typ $1/(k_B^2 - M^2)$ (vergl. Abschn. 2.2) und mit m unabhängigen Integrationen über innere Impulse $k_1 \ldots k_m$. Der Integrand (einschließlich Integrationsmaß $d^4k_1 \ldots d^4k_m$) hat die Dimension

$$d(\gamma) \;=\; 4m - I_F - 2I_B \,. \tag{7.2}$$

Für jedes zusammenhängende Diagramm gilt die Eulerformel

$$m \;=\; I - V + 1 \,. \tag{7.3}$$

Bezeichnen n_F^i, n_B^i die Anzahl der Fermion-, Boson-Linien am Vertex i, so gilt

$$\sum_i n_F^i \;=\; 2I_F + N_F \tag{7.4}$$

$$\sum_i n_B^i \;=\; 2I_B + N_B \,. \tag{7.5}$$

Einsetzen von (7.3)-(7.5) in (7.2) liefert

$$d(\gamma) \;=\; 4 - \frac{3}{2}N_F - N_B + \sum_{i=1}^{V}(d_i - 4), \tag{7.6}$$

wobei die *Dimension* d_i eines Vertex definiert ist als

$$d_i \;=\; \frac{3}{2}n_F^i + n_B^i \,. \tag{7.7}$$

Enthält der Vertex Ableitungen $\partial/\partial x$, so gilt

$$d_i \;=\; \frac{3}{2}n_F^i + n_B^i + p \,. \tag{7.8}$$

$d(\gamma)$ heißt der *naive Divergenzgrad* des 1PI Diagramms γ. Ist $d(\gamma) < 0$, so konvergiert das Diagramm, ist $d(\gamma) \geq 0$, so kann es bis zum Grad $d(\gamma)$ divergieren; $d(\gamma) = 0, 1, 2$ *logarithmische, lineare, quadratische* Divergenz.

Beispiele:

 ist logarithmisch divergent;

 ist linear divergent

 ist quadratisch divergent.

Der Divergenzgrad $d(\gamma)$ bezieht sich auf das Verhalten des Integranden für große Impulse, also nennt man ihn den *ultravioletten* Grad. Analog kann man mögliche Infrarotdivergenzen, d.h. solche für $k \to 0$, untersuchen und einen entsprechenden *IR-Divergenzgrad* definieren.

Ist $d_i \leq 4$ für alle Vertizes in einem Diagramm, so gibt es nur die oben erwähnten Typen von UV-Divergenzen: divergent können gemäß (7.6) nur Diagramme mit

$$N_F = 0 \quad N_B = 4 \quad \text{log. div.}$$
$$N_F = 2 \quad N_B = 0 \quad \text{lin. div.}$$
$$N_F = 0 \quad N_B = 2 \quad \text{quadr. div.}$$

sein. Eine Theorie, deren Vertizes diese Bedingung erfüllen, nennt man „renormierbar gemäß Potenzen-Zählung" (power-counting renormalizable). Eine Theorie, die mindestens einen Vertex mit $d_i > 4$ hat, heißt „nicht-renormierbar" (gemäß Potenzen-Zählung). Offensichtlich kann man hier für jede Anzahl von äußeren Beinen divergente Diagramme erzeugen, indem man den entsprechenden Vertex oft genug einsetzt[1]. Die in den Abschnitten 4, 5, 6 betrachteten Theorien erfüllen alle $d_i \leq 4$.

7.2 Regularisierung, Renormierung

Es gibt eine ganze Reihe von Methoden, divergente Diagramme endlich zu machen.

(1) Pauli-Villars-Regularisierung

Man ersetzt den Propagator $i/(k^2 - m^2)$ durch eine Summe Δ_c^{PV}

$$\Delta_c^{PV} = i \sum_{j=0}^{N} \frac{c_j}{k^2 - M_j^2} \tag{7.9}$$

mit $c_0 = 1$, $M_0^2 = m^2$ und bestimmt die Koeffizienten so, daß die höchsten Impulspotenzen verschwinden. Z. B. für $N = 1$

$$i \left(\frac{1}{k^2 - m^2} + \frac{c_1}{k^2 - M^2} \right) = \tag{7.10}$$
$$i \frac{(k^2)^2(c_1 + 1)c_1 k^2(m^2 + M^2) + c_1 m^2 M^2}{(k^2 - m^2)(k^2 - M^2)}$$

$c_1 = -1$. Wählt man N hinreichend groß, so kann man alle Diagramme endlich machen.

(2) Dimensionale Regularisierung

---

[1]Hierauf basiert die Einschränkung $dim(V) \leq 4$ in Abschn. 5.2.3, Gl. (5.92)

Im Integral über die inneren Impulse ändert man die Dimension der Integration ab: $d = 4 \to d = 4 - \varepsilon$. Die Divergenzen eines Diagramms äußern sich als Pole bei $\varepsilon = 0$. Z.B.

$$\lambda \int \frac{d^4 k}{(2\pi)^4} \frac{1}{k^2 - m^2} \longrightarrow \lambda \mu^{4-d} \int \frac{d^d k}{(2\pi)^d} \frac{1}{k^2 - m^2}$$

$$\underset{\varepsilon \to 0}{=} \frac{m^2}{(4\pi)^2} \left(\frac{2}{\varepsilon} - \gamma_E + \ln 4\pi + 1 + \ln \frac{\mu^2}{m} \right) \tag{7.11}$$

(γ_E ist die Euler-Konstante).

Der Parameter μ wird eingeführt, um die dimensionslose Kopplung λ auch in $d \neq 4$ dimensionslos zu halten.

(3) Impulssubtraktionen

$$\int d^4 k \frac{1}{((p-k)^2 - m^2)(k^2 - m^2)} \longrightarrow$$

$$\int d^4 k \left(\frac{1}{((p-k)^2 - m^2)(k^2 - m^2)} \right.$$

$$\left. - \frac{1}{(k^2 - m^2)^2} \right) . \tag{7.12}$$

Dieses Verfahren führt keinen Regularisierungsparameter (wie M^2 oder ε) ein. Es ist ziemlich offensichtlich, daß man so alle Ein-Schleifen-Diagramme endlich machen kann. Bei (3) subtrahiert man die Taylorentwicklung um $p = 0$ bis zum Grad $d(\gamma)$. Hier ist es klar, daß man über Impulspolynome $P(p_i)$ (p_i äußere Impulse) bis zur Ordnung $d(\gamma)$ verfügt hat. Solche Polynome entsprechen genau lokalen Beiträgen zu den Vertexfunktionen:

$$\Gamma = \int \frac{1}{2} \left(\partial\phi\partial\phi - m^2\phi^2 \right) - \frac{\lambda}{4!} \phi^4 \tag{7.13}$$

erzeugt

$$\Gamma_2^{F.T.} = -(p^2 - m^2) \tag{7.14}$$

$$\Gamma_4^{F.T.} = -\lambda \tag{7.15}$$

$$\Gamma = -\frac{1}{4} \int (\partial_\mu A_\nu - \partial_\mu A_\nu)(\partial^\nu A^\mu - \partial^\nu A^\mu)$$

erzeugt $\tag{7.16}$

$$\Gamma_2^{F.T.} = p_\mu p_\nu - \eta_{\mu\nu} p^2 , \tag{7.17}$$

d.h., man hat implizit über solche Beiträge in Γ verfügt.

Analog muß man für die Verfahren (1), (2) zeigen, daß man die durch das Verfahren definierten und in den Parametern $M^2{}_j$ bzw. ε manifestierten Divergenzen dadurch beseitigen kann, daß man lokale Gegenterme vom Typ

(7.13), (7.16) mit M^2- bzw. ε-abhängigen Faktoren addiert, so daß der Limes $M^2 \to \infty$, bzw. $\varepsilon \to 0$ existiert. Konkret für die ϕ^4-Theorie: man addiert

$$\Gamma_{c.t.} = Z(\varepsilon) \int \frac{1}{2} \partial\phi\partial\phi - \frac{1}{2}\delta m^2(\varepsilon) \int \phi^2$$
$$- \frac{\delta g(\varepsilon)}{4!} \int \phi^4 \tag{7.18}$$

mit $z(\varepsilon)$, $\delta m^2(\varepsilon)$, $\delta g(\varepsilon)$ so gewählt, daß der Limes $\varepsilon \to 0$ für die (7.11) und mit (7.17) berechneten Ein-Schleifen-Diagramme existiert. (Analog für Pauli-Villars.) Dieser zweite Schritt heißt *Renormierung*. Für Diagramme mit mehr als einer unabhängigen Schleife muß man rekursiv vorgehen und erst die möglichen Subdivergenzen beseitigen. Diese Rekursion wird sehr schnell kompliziert, ist aber für Verfahren (3) sehr elegant mit der „Waldformel" von ZIMMER-MANN gelöst worden, so daß für abstrakte Untersuchungen dieses Verfahren am häufigsten benutzt wird, während für konkrete Rechnungen die dimensionale Regularisierung und Renormierung die größte Rolle spielen. In der ϕ^4-Theorie kann man in der Tat zeigen, daß zu beliebiger Ordnung in der Anzahl der Schleifen, Gegenterme vom Typ (7.18) gefunden werden können, so daß der Limes $M^2 \to \infty$ bzw. $\varepsilon \to 0$ existiert. Nun kann man sicher noch Gegenterme addieren, die endliche Koeffizienten haben! Im Verfahren (3) wird man solche Terme ohnehin immer als mögliche Beliebigkeiten in der Definition der Vertexfunktion ansehen. Welche Rolle spielen sie? Hier kommen wir zum zweiten und (wichtigeren!) Problem der Renormierung. Die Greenschen Funktionen sollen physikalische Eigenschaften haben. Zumindest die Streumatrix, zu der sie gemäß Abschn. 2.5 Anlaß geben, muß physikalisch sein. Sie soll lorentzkovariant, unitär und kausal sein.

Lorentzkovarianz:
(1) manifest; (2) nach dem Limes $\varepsilon \to 0$ gewährleistet; (3) bis auf eine (unterschlagene) Subtilität manifest.

Unitarität:
(1) Am Beispiel (7.9) ist klar, daß die Hilfspropagatoren falsche Vorzeichen der Residuen der Pole einführen; das bedeutet negative Metrik im Zustandsraum. Erst nach Limes $M^2 \to \infty$ ist die Positivität restauriert. Damit eine Teilcheninterpretation gewährleistet ist, muß für den Propagator ein Pol, für die Zweipunktfunktion eine Nullstelle gesichert werden. Wir stellen die Normierungsbedingung

$$\Gamma_2(p^2 = m^2_{phys}) = 0. \tag{7.19}$$

Das identifiziert in Γ_2^0 den Parameter m^2 mit m^2_{phys} und fixiert in allen höheren Ordnungen den Koeffizienten δm^2. Damit asymptotisch (vergl. Abschn. 2.5) das freie Feld ϕ_{ein} ohne weitere Redefinition erreicht wird, stellen wir die weitere Normierungsbedingung

$$\partial_{p^2}\Gamma_2|_{p^2=m^2_{phys}} = -1. \tag{7.20}$$

Diese Bedingung fixiert z in (7.18). Auch bei den Verfahren (2) und (3) kann man dann die Unitarität beweisen. Die Kausalität erlegt keine weiteren Bedingungen auf, sondern kann gezeigt werden.

Die letzte Beliebigkeit der Theorie betrifft den Parameter δ_g in (7.18). Auch ihn fixieren wir mit einer Normierungsbedingung (vergl. Abschn. 6.3).

$$\Gamma_4(p = p_{sym}) = -\lambda. \tag{7.21}$$

Hier sind die Impulse festgelegt durch

$$p_i^2 = -\kappa^2 \quad i = 1,\ldots,4 \tag{7.22}$$

$$p_i p_j = \frac{1}{3}\kappa^2 \quad i \neq j. \tag{7.23}$$

Die Beliebigkeit, die in dieser Definition der Kopplung enthalten ist, wurde mit ihren physikalischen Konsequenzen in Abschn. 6.3 erörtert.

Als Resultat resümieren wir: die Definition der Greenschen Funktionen gemäß (2.48), präzisiert mit den Vorschriften nach Verfahren (1), (2) oder (3) zur Vermeidung von Divergenzen, und Normierungsbedingungen (7.19), (7.20), (7.21) legen die Greenschen Funktionen der ϕ^4-Theorie eindeutig fest. Sie hat eine S-Matrix, die (störungstheoretisch) lorentzkovariant, unitär und kausal ist. Die S-Matrix beschreibt die Streuung eines Teilchens mit Spin 0 und Masse m.

Die Gegenterme (7.18) hängen vom Verfahren ab, die endgültigen Greenschen Funktionen und die S-Matrix nicht.

7.3   QED

Das Divergenzproblem in der QED ist zunächst einmal ganz ähnlich wie in der ϕ^4-Theorie. Die Vertexfunktionen mit $N_F = 2$, $N_B = 0$; $N_F = 2$, $N_B = 1$; $N_F = 0$, $N_B = 2$; $N_F = 0$, $N_B = 4$ sind divergent; s. (7.6). (Von den Funktionen $N_F = 0$, $N_B = 3$ kann man zeigen, daß sie verschwinden.) Wie die Abwesenheit eines Terms $(A^2)^2$ in der Wirkung schon zeigt, muß aber als neues Problem die Eichinvarianz und die Verträglichkeit von Regularisierung/Renormierung mit der Eichinvarianz analysiert werden. Ganz wesentlich ist hier - lange bevor man an Divergenzen denkt - die Rolle, die die Eichinvarianz überhaupt spielt. Um sie zu verstehen, modifizieren wir die klassische Wirkung (4.10)

$$\Gamma = \int -\frac{1}{4}F^{\mu\nu}F_{\mu\nu} - \frac{1}{2\xi}(\partial A)^2 + \frac{1}{2}M^2A^2$$
$$+\bar{\psi}\left(i\partial\!\!\!/ - m + eA\!\!\!/\right)\psi \tag{7.24}$$

und erhalten als Ward-Identität anstelle von (4.7) nunmehr

$$w\Gamma \;\equiv\; -\partial\frac{\delta\Gamma}{\delta A^\mu} - ie\bar\psi\frac{\delta\Gamma}{\delta\bar\psi} + ie\psi\frac{\delta\Gamma}{\delta\psi}$$

$$= \; -\frac{1}{\xi}(\Box + \xi M^2)\partial A\,. \tag{7.25}$$

Die von ξ bzw. M abhängigen Terme brechen also die Eichinvarianz; für $\xi = 1$ folgt genau die freie Bewegungsgleichung (2.9), erweitert um einen Massenterm. Der *Eichfixierungsterm* $(\partial A)^2$ ist erforderlich – wie wir aus Abschn. 2.2 ableiten – um überhaupt einen Propagator für das Vektorfeld zu erhalten. Der kinetische Term $F^{\mu\nu}F_{\mu\nu}$ allein würde das nicht erlauben (vergl. (4.13)!). Wie bereits im Abschn. 2.5.3 erörtert, propagieren dann auch unphysikalische Moden von A_μ und das muß auch so sein, wenn wir auf manifester Lorentzkovarianz bestehen: das masselose Vektorfeld hat zwei physikalische Komponenten, das massive hat drei – wir formulieren die Theorie aber mit A_μ, d.h. mit vier Freiheitsgraden. Für das massive Feld muß ein, für das masselose Feld müssen zwei Freiheitsgrade irrelevant sein!
Differenzieren wir die Ward-Identitäten (7.25) einmal nach A_ν und setzen dann die Felder gleich Null, so erhalten wir

$$-\partial^\mu\Gamma_{\mu\nu} \;=\; -\frac{1}{\xi}\left(\Box + \xi M^2\right)\partial_\nu\delta(x-y)\,, \tag{7.26}$$

d.h., der longitudinale Anteil der Zweipunktfunktion ist fixiert. Ähnlich finden wir für alle weiteren Vertexfunktionen, daß der longitudinale Anteil schon fixiert ist durch Vertexfunktionen mit weniger Argumenten. Die Bedeutung dieser Tatsache wird klar, wenn man zu den allgemeinen Greenschen Funktionen übergeht und dann die Reduktionstechnik von Abschn. 2.5.1 verwendet. Es zeigt sich, daß ∂A ein freies Feld zur Masse ξM^2 ist! Im massiven Fall, in dem eine S-Matrix ja existiert, koppelt ∂A ab – der „überschüssige" Freiheitsgrad ist tatsächlich irrelevant. Der Fockraum der Theorie enthält zwar diesen Ein-Teilchen-Zustand und er hat sogar verschwindende Norm, aber er ist ungefährlich: die Streuung spielt sich immer ab zwischen den physikalischen Komponenten.
Im masselosen Fall ist die Lage noch etwas komplizierter. Das Feld ∂A hat jetzt negative Norm, bleibt frei (mit Masse Null) und koppelt ab, aber die $z = 0$-Komponente des massiven Spin-1-Feldes wird mit $M \to 0$ ein Zustand der Norm Null, der unbeobachtbar an Streuung teilnimmt. D.h., man hat Äquivalenzklassen als neue transversale physikalische Zustände zu definieren und die Streuung spielt sich auf diesen ab. (Wegen Infrarotdivergenzen, die mit der unendlichen Reichweite des Coulombpotentials zusammenhängen, existiert streng genommen die S-Matrix nicht für die naiven Viel-Teilchen-Zustände.)
Diese Diskussion macht klar, daß die Gültigkeit der Ward-Identität (7.25) auch

in höheren Ordnungen von herausragender Bedeutung ist. Tatsächlich kann man für alle drei Verfahren zeigen, daß sie nicht verletzt wird, wenn man alle Terme von (7.24) mit Gegentermen versieht und deren endliche Anteile durch geeignete Normierungsbedingungen festlegt. Bei den Normierungsbedingungen muß man für masseloses Photon die Ableitungen der Zwei-Punkt-Funktion ebenfalls mit Hilfe des Parameters κ fixieren, denn auf der Massenskala treten Infrarotdivergenzen auf. Im asymptotischen Limes hat man dann mit geeigneten Faktoren zu korrigieren (vergl. Abschn. 2.5). Bei allen drei Verfahren werden keine Gegenterme (der Dimension vier) benötigt, die die Eichinvarianz verletzen. Da nun die Gegenterme aber ohnehin keine physikalische Bedeutung haben und die Erfüllung der Grundpostulate (im wesentlichen der Unitarität) über die Ward-Identität bewiesen wird, stellt sich die Frage, ob man nicht generell davon absehen kann, mit welchem Verfahren man die Diagramme endlich gemacht hat. Und das kann man! Man läßt Ordnung für Ordnung als Wechselwirkung *alle* lorentzinvarianten Terme der Dimension bis zu vier zu und postuliert nur die Gültigkeit der Ward-Identität. Wenn man dann – unabhängig vom Regularisierungs- bzw. Renormierungsverfahren – zeigen kann, daß die Koeffizienten dieser Terme so gewählt werden können, daß die Ward-Identität gilt (und die Normierungsbedingungen erfüllt sind), dann hat man die Basis geschaffen für die obige Diskussion der Unitarität. Es zeigt sich, daß man als wesentliches Hilfsmittel für eine solche Konstruktion die Tatsache benutzen kann, daß der Ward-Identitätsoperator

$$w(x) \equiv -\partial \frac{\delta}{\delta A(x)} - ie\bar{\psi}\frac{\delta}{\delta\bar{\psi}(x)} + ie\psi\frac{\delta}{\delta\psi(x)} \tag{7.27}$$

die Relation

$$[w(x), w(y)] \;=\; 0 \tag{7.28}$$

erfüllt. Angewandt auf Γ schränkt das Koeffizienten in Γ_{int} tatsächlich so ein, daß man (7.25) beweisen kann.

Diese algebraische Vorgehensweise ist für die QED nicht überlebenswichtig. Im Falle der elektroschwachen Eichtheorie ist jedoch kein Verfahren bekannt, bei dem mit eichinvarianten (Gegen-) Termen die dort notwendigen Ward-Identitäten bewiesen werden können. Und da sind diese Überlegungen unerläßlich.

Wir schließen die Betrachtung der QED also zusammenfassend ab: Die Ward-Identität (7.25), die die Basis ist für den Beweis der Unitarität, kann mit den Verfahren (1),(2),(3) und eichinvarianten Gegentermen (der Dimension vier) eingerichtet werden. Unabhängig vom Verfahren läßt sie sich mit nichteichinvarianten Gegentermen zeigen, zusammen mit den Normierungsbedingungen liegt dann die Theorie fest.

7.4 QCD

Bei dieser nicht-abelschen Eichtheorie mit Eichgruppe SU(3) taucht gegenüber dem abelschen Fall ein neues Problem auf. Wie bei der QED (7.24) müssen wir auch zur eichinvarianten Wirkung 6.99 der QCD einen eichfixierenden Term

$$\Gamma_{g.f.} \;=\; \int \left(-\frac{1}{2\xi}\right)(\partial G^a)(\partial G^a) \tag{7.29}$$

addieren. Nur dann können wir einen Propagator definieren (vergl. Abschn. 2.2 und (4.13)). Damit erhält die (7.25) entsprechende Ward-Identität die Form

$$w^a\hat{\Gamma} \;\equiv\; -\partial\frac{\delta\hat{\Gamma}}{\delta G^a} - f_{abc}G_\mu^b\frac{\delta\hat{\Gamma}}{\delta G_\mu^c} + \delta\bar{q}\frac{\delta\hat{\Gamma}}{\delta\bar{q}} + \delta q\frac{\delta\hat{\Gamma}}{\delta q}$$

$$\;=\; -\Box\partial^\mu G_\mu^a - \frac{f_{abc}}{\xi}\partial^\mu\left(G_\mu^b\partial G^c\right)$$

$$\hat{\Gamma} \;=\; \Gamma_{inv} + \Gamma_{g.f.} \tag{7.30}$$

$$\Gamma_{inv} \;=\; \Gamma \quad \text{aus (6.99)} . \tag{7.31}$$

Der G-bilineare Beitrag auf der rechten Seite der Ward-Identität entspricht einer Wechselwirkung des longitudinalen Anteils $\partial^\mu G_\mu^a$ von G_μ^a, d.h., dieses Feld ist nicht mehr frei! Da es zu negativer Norm im Raum der Zustände führt, ist damit die Unitarität verletzt. Aus einem Anfangszustand mit zwei physikalischen, d.h. transversalen Gluonen (s. Fig. 7.2) kann sich ein Endzustand mit einem transversalen und einem longitudinalen Gluon entwickeln.

Abhilfe kann man schaffen, indem man den Teufel mit Beelzebub austreibt!

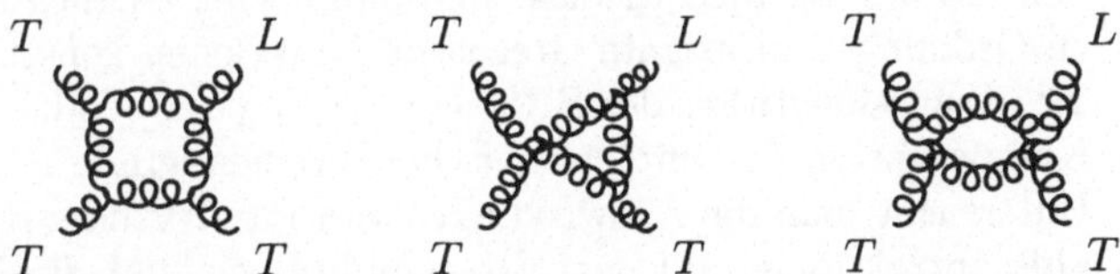

Abb. 7.2 Übergang zu longitudinalem Gluon

Man führt zusätzliche Geisterfelder c^a, $\bar{c}^a$ ein, die sich unter der adjungierten Darstellung transformieren, Lorentzskalare sind, aber quantisiert werden wie Spinoren – also mit Anti-Vertauschungsrelationen. Sie tragen zum Prozeß von Abb. 7.2 mit dem Beitrag von Abb. 7.3 bei und kompensieren den Übergang

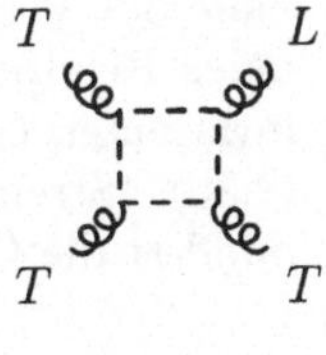

Abb. 7.3
Geistbeitrag

$TT \to TL!$ (Feynmann, Faddeev, Popov , $\Phi\Pi$).

Eine wichtige Beobachtung, die erlaubte, alle Ordnungen der Störungstheorie zu behandeln, wurde von Becchi, Rouet und Stora gemacht. Addiert man zu $\Gamma_{g.f.}$ nicht nur einen kinetischen Term für die Felder c^a, $\bar{c}^a$ – wie er erforderlich ist für den gewünschten Propagator – sondern insgesamt

$$\Gamma_{\Phi\Pi} \;=\; \int \bar{c}^a \Box c^a - \bar{c}^a f^{abc} \partial^\mu (c^b G_\mu^b) \,, \tag{7.32}$$

so ist $\Gamma_{g.f.} + \Gamma_{\Phi\Pi}$ invariant unter den BRS-Transformationen

$$sG_\mu^a \;=\; \partial_\mu c^a f^{abc} c^b G_\mu^c \tag{7.33}$$
$$sc^a \;=\; f^{abc} c^b c^c$$
$$s\bar{c}^a \;=\; \frac{1}{\xi} \partial G^a \,.$$

Definiert man auf den Quarkfeldern die Transformation analog zu der auf dem Vektorfeld als Eichtransformation mit c^a als „infinitesimalem" Parameter

$$sq \;=\; i\frac{\lambda_a}{2} c^a q \tag{7.34}$$
$$s\bar{c}^a \;=\; -i\bar{q}\frac{\lambda_a}{2} c^a \,,$$

so ist auch Γ_{inv} invariant und die BRS-Transformationen eine *Symmetrie!*

$$s\Gamma_{BRS} \;=\; 0 \tag{7.35}$$
$$\Gamma_{BRS} \;=\; \Gamma_{inv} + \Gamma_{g.f.} + \Gamma_{\Phi\Pi} \,. \tag{7.36}$$

Die Tatsache, daß BRS eine wirkliche Invarianz der Wirkung gefunden haben, ist deswegen so wichtig, weil damit eine Chance besteht, auch in höheren Ordnungen invariante Greensche Funktionen konstruieren zu können. Und die „Ward-Identität" der BRS-Symmetrie (7.35) sollte die Unitarität, d.h. die Kompensation der unphysikalischen Freiheitsgrade $\partial^\mu G_\mu^a$, c^a, $\bar{c}^a$ garantieren. Untersucht man die Auswirkungen von Pauli-Villars-Regularisierung und Impulssubtraktionen auf den Vertexfunktionen und die BRS-Transformationen genauer, so stellt sich heraus, daß man bei beiden nicht mit der invarianten Wirkung (7.36) und invarianten Gegentermen auskommt. Vielmehr muß man auch nichtinvariante Gegenterme zulassen und die algebraische Technik anwenden, die wir am Ende des Abschnitts 7.3 kurz skizziert haben. Der Grund hierfür ist die Nicht-Linearität der Transformationen in propagierenden Feldern im Falle von Verfahren (2), die Nicht-Invarianz von Massentermen im Falle des Verfahrens (1). Die dimensionale Regularisierung hingegen erlaubt naive Renormierung der Felder und der Transformationen, so daß man mit invarianten Gegentermen auskommt. Die (formale) Unitarität folgt dann aus (7.35). (Streng genommen existiert natürlich die S-Matrix gar nicht, weil zumindest die Gluonen masselos sind.) Die für die Anwendung so zentrale UVasymptotische Freiheit der effektiven Kopplung (vgl. (6.83)) beruht ganz wesentlich auf der Existenz der $\Phi\Pi$-Felder c, $\bar{c}$: in der Berechnung der β-Funktion erbringen sie den entscheidenden negativen Beitrag -16:

$$b_0 = \frac{2}{3}n_f + 5 - 16$$

(s. (6.83)).

7.5 Die elektroschwache Eichtheorie

Zu dem bei der QCD diskutierten Problem einer nicht-abelschen Eichtheorie, daß das longitudinale Vektorfeld wechselwirkt, tritt im Fall des Standard-Modells ein weiteres. Hier ist die Parität nicht erhalten, die Matrix γ_5 spielt in der V-A-Wechselwirkung eine ganz entscheidende Rolle. An der möglichen Definition

$$\gamma_5 \sim \varepsilon_{\mu\nu\varrho\sigma}\gamma^\mu\gamma^\nu\gamma^\varrho\gamma^\sigma \tag{7.37}$$

liest man jedoch ab, daß in γ_5 der antisymmetrische Tensor ε

$$\varepsilon_{\mu\nu\varrho\sigma} = \begin{cases} +1 & \text{gerade Permut. von } 0123 \\ -1 & \text{ungerade Permut. von } 0123 \\ 0 & \text{sonst} \end{cases}$$

$$\tag{7.38}$$

enthalten ist. Dieses Objekt ist also von seiner Natur her nur wohldefiniert in der vierdimensionalen Raumzeit! D.h. eine Fortsetzung, wie sie eine Regularisierung in $d = 4 - \varepsilon$ erfordert, ist nicht möglich. Damit ist aber nicht gewährleistet, daß invariante Gegenterme ausreichen, um die Greenschen Funktionen endlich zu machen. Bei den nahezu vollständigen Rechnungen in der Ein-Schleifen-Näherung ist das zwar noch gelungen, aber das ist eine spezielle Eigenschaft dieser Ordnung: die divergenten Anteile tragen im allgemeinen die Symmetrieeigenschaften der klassischen Näherung (0 Schleifen). Die endlichen Anteile hingegen sind nicht notwendigerweise symmetrisch. Sie wirken sich aber erst in zwei Schleifen aus! Für dieses Modell einschließlich seines sehr komplizierten Eichfixierungsanteils ist also die algebraische Methode der Renormierung (wie am Ende von Abschn. 7.3 beschrieben) unerläßlich. Das zentrale Problem hierfür ist nicht, die Diagramme endlich zu machen – das ist mit Impulssubtraktionen sofort erledigt –, sondern genügend Einschränkungsgleichungen vom Typ (7.28) zu finden, so daß alle Koeffizienten der Gegenterme eindeutig bestimmt sind. Die Lösung, die erst jüngst gefunden worden ist (E. KRAUS), besagt, daß außer der BRS-Symmetrie, eine starre Eichinvarianz und eine lokale Ward-Identität erforderlich sind.

Nur alle drei Identitäten zusammen erlauben es, die Lage der ungebrochenen U(1)-Symmetrie in der Gruppe SU(2)×U(1) zu bestimmen, die richtigen Werte der Ladungen zu garantieren und alle physikalischen Parameter (die Massen und eine Kopplung) zu fixieren.

Die völlig systematische Berechnung aller höheren Ordnungen ist damit möglich. Die derzeitige oder demnächst erreichbare experimentelle Genauigkeit erfordert in der Tat Korrekturen mit Zwei-Schleifen-Diagrammen.

8   Experimentelle Tests

In den Abschnitten 4, 5, 6 haben wir in quantentheoretischem Rahmen die
niederste Näherung für Wirkungen angegeben, die die bekannten Wechselwirkungen der Elementarteilchen beschreiben sollen.
Dabei sind wir auf eine Eichtheorie mit der Gruppe SU(3)×SU(2)×U(1) ge-
stoßen. Den Vektorbosonen, die von der Gruppenstruktur bestimmt sind, stehen als Materiefelder die Leptonen und die Quarks sowie das Higgsmultiplett
gegenüber. Im gegenwärtigen Abschnitt wollen wir nach experimentellen Tests
für diese Struktur fragen. Insbesondere ist es dabei auch wichtig zu kontrol-
lieren, ob Korrekturen höherer Ordnung eine Rolle spielen. Renormierbarkeit
einer Quantenfeldtheorie als Kriterium konsistenter mathematischer Beschreibung stand in weitem Umfang hinter der historischen Entwicklung, hat z.B.
entscheidend dazu beigetragen, die nicht-renormierbare Strom×Strom-Form
der schwachen Wechselwirkung durch die nicht-abelsche SU(2)×U(1) zu ersetzen. Natürlich möchte man wissen, ob diese theoretischen Konsistenzpostulate,
die ihren Niederschlag in den wohlkontrollierten Beiträgen von Schleifendiagrammen finden, experimentell auch relevant sind. Daß sie es tatsächlich sind,
ist ein Triumph des fruchtbaren Zusammenspiels von Theorie und Experiment
und hat das Vertrauen in die Adäquatheit der theoretischen Beschreibung begründet.

8.1   QED

Die QED ist im oben erwähnten Rahmen nur noch eine Art „Untertheorie",
obwohl sie störungstheoretisch in renormierter Form konsistent formulierbar
ist. Die Wirkung

$$\Gamma \; = \; \int -\frac{1}{4} F^{\mu\nu} F_{\mu\nu} - \frac{1}{2\xi}(\partial A)^2$$
$$+ \, \bar{\psi}(i\slashed{\partial} - m + e\slashed{A})\psi \tag{8.1}$$

erfüllt die Ward-Identität

$$-\partial\frac{\delta\Gamma}{\delta A} - ie\bar{\psi}\frac{\delta\Gamma}{\delta\bar{\psi}} + ie\psi\frac{\delta\Gamma}{\delta\psi} \;=\; -\frac{1}{\xi}\Box\partial A \tag{8.2}$$

und wird umgekehrt durch die Forderung nach Gültigkeit der Ward-Identität und Erfüllung von Normierungbedingungen eindeutig bestimmt.

Zusammen mit Gegentermen der Form, wie sie in Γ bereits auftreten, lassen sich konsistent höhere Ordnungen (Schleifendiagramme) konstruieren und die so definierte Theorie ist unitär, lorentzinvariant und kausal auf dem physikalischen Unterraum der transversalen Photonen und der Fermionen. Als Fermionen treten alle geladenen auf: Quarks, Elektron, Muon und τ.

Es ist nun besonders bemerkenswert, daß die Genauigkeit experimenteller Daten die Grenzen der Gültigkeit für diese „reine" QED überschritten hat. Bei hochenergetischen Prozessen wie $e^+e^- \to \gamma\gamma$, $e^+e^- \to l^+l^-$, $e^+e^- \to q\bar{q}$, $e^+e^- \to e^+e^-f^+f^-$ beobachtet man in aller Regel bereits den Austausch von Z oder W^+, W^- anstatt von γ allein. Bei Niederenergieexperimenten wie $g-2$ (Bestimmung des anomalen magnetischen Momentes) hat man bereits Korrekturen durch die starke Wechselwirkung zu berücksichtigen. Dennoch ist es sinnvoll, die „reinen" QED-Anteile getrennt zu behandeln und nach Tests für die QED zu fragen.

8.1.1 Hochenergietests

Als Beispiel geben wir die Resultate für $e^+e^- \to \gamma\gamma$ (Paarvernichtung) an. Das gemittelte Amplitudenquadrat (4.63) liefert im Schwerpunktsystem den differentiellen Wirkungsquerschnitt $m_e = 0$

$$\frac{d\sigma}{d\Omega} \;=\; \frac{\alpha^2}{s}\frac{1+\cos^2\theta}{\sin^2\theta} \tag{8.3}$$

($\theta = \angle e^-\gamma$). Der totale Wirkungsquerschnitt ist ($m_e \neq 0$)

$$\sigma_0 \;=\; \frac{2\pi\alpha^2}{s}(2v-1) \tag{8.4}$$

$$v \;\equiv\; \frac{1}{2}\ln\frac{s}{m_e}. \tag{8.5}$$

Korrekturen rein elektromagnetischen Ursprungs sind die Diagramme in Abb. 8.1.

In M^*M geben sie Anlaß zu Beiträgen der Ordnung α^3 (Interferenz mit den

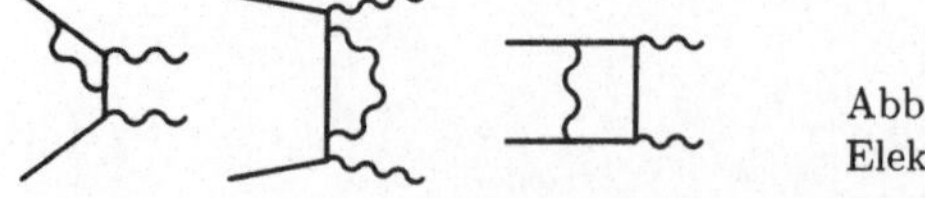

Abb. 8.1
Elektromagnetische Korrekturen

Diagrammen 4.6). Damit die vom ausgetauschten masselosen Photon verursachte Infrarotdivergenz kompensiert wird, muß man sie kombinieren mit den Bremsstrahlungsdiagrammen Abb. 8.2.
Der totale Wirkungsquerschnitt ergibt sich zu

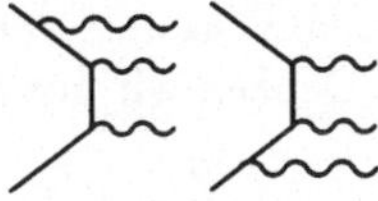

Abb. 8.2
Bremsstrahlung

$$\sigma(e^+e^- \to \gamma\gamma, \gamma\gamma\gamma) = \sigma^{2\gamma} + \sigma^{3\gamma} \tag{8.6}$$

$$= \sigma^0 \left\{ 1 + \frac{\alpha}{\pi} \frac{1}{2v-1} \left(\frac{4}{3}v^3 - v^2 \right. \right.$$

$$\left. \left. + \left(\frac{2\pi^2}{3} - 2 \right) v + 2 - \frac{\pi^2}{12} \right) \right\} .$$

Die schwachen Korrekturen sind klein, unter 1%, so daß dieser Prozeß sogar bis zur Z-Masse als QED-Prozeß aufgefaßt werden kann.
Die experimentellen Daten bei $\sqrt{s} = 14$, 22, 34.5, 43.1 (Experiment JADE, DESY, 1983) stimmen hervorragend mit den QED-Vorhersagen überein[1]. Die experimentellen Fehler sind in der Größenordnung von 2%, die Strahlenkorrekturen aber im Mittel etwa 8%, so daß Notwendigkeit und Richtigkeit der $O(\alpha^3)$-Beiträge bestätigt werden.

8.1.2 Niedernergietests

Höhere Ordnungen in der QED modifizieren das statische Coulombpotential. Einsichtig erscheint einem dieser Effekt bei der *Photonselbstenergie*, Abb. 8.3.
Tatsächlich ergibt sich eine Modifikation aber auch in der *Vertexkorrektur*,

Abb. 8.3
Photonselbstenergie

Abb. 8.5,
die wir hier im Beispiel der Elektron-Streuung an einem statischen Potenti-

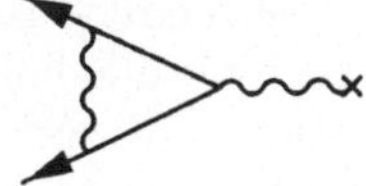

Abb. 8.4
Vertexkorrektur

---

[1]Kinoshita p. 122

al eingesetzt haben. Diese Korrekturen zum Coulombpotential können z.B. in gebundenen Systemen wie dem Wasserstoffatom, Muonium, Positronium oder Helium die Termschemata der Spektrallinien beeinflussen und dort auch gemessen werden. Diese Effekte werden *Lamb-Shift* genannt.

Ein zweiter Anteil der Vertexkorrektur ist etwas unmittelbarer mit elementaren Systemen verknüpft.

Denken wir uns das Diagramm als „Protonteil" im Streuprozeß $e^- p^+ \to e^- p^+$,

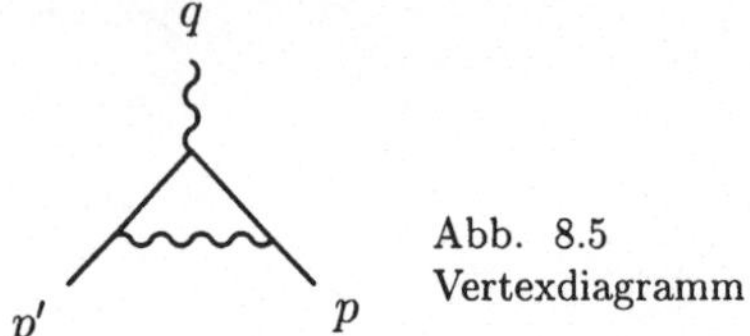

Abb. 8.5
Vertexdiagramm

so haben wir im Abschnitt 4.3 bereits eine allgemeine Form gefunden, s. (4.75) $\bar{u}(p')F^v(q)u(p)$ und auch die Interpretation der Beiträge zu F^v (4.82) als Formfaktoren. Insbesondere haben wir uns dort davon überzeugt, daß die Funktionen $F_{1,2}$ in F^v Anlaß geben zu einem *anomalen magnetischen Moment*. Beim Proton hatten wir geschlossen, daß der Ursprung eines solchen anomalen Momentes in seiner zusammengesetzten Natur begründet ist. Wenn wir jedoch bei der Analyse von Diagramm 8.5 auf ähnliche Funktionen stoßen, so müssen wir Schleifenkorrekturen ebenso interpretieren: die beschreiben gewissermaßen „Zusammengesetztsein" auch für elementare Systeme wie ein Elektron oder ein Muon.

Das Diagramm Abb. 8.5 liefert für die Funktion F^v im Limes $(-q^2) \to 0$

$$F^v(q^2) \;=\; e\left(\gamma^v + \frac{\alpha}{3\pi}\frac{q^2}{m^2}\left(\ln\frac{m}{m_\gamma} - \frac{3}{8}\right)\right.$$
$$\left. - \frac{\alpha}{2\pi}\frac{1}{2m}i\sigma^{\mu v}q_\mu\right) . \tag{8.7}$$

Da die Elektronenimpulse auf der Massenschale liegen, tritt tatsächlich eine Infrarotdivergenz auf, die hier mit einer Photonmasse m_γ regularisiert ist. Der Beitrag zum anomalen magnetischen Moment ist gegeben durch den $\sigma^{\mu v}$-Term:

$$a_e \;\equiv\; \frac{1}{2}(g_e - 2) \;=\; \frac{\alpha}{2\pi} + \dots \tag{8.8}$$

Es ist bemerkenswert, daß dieser Anteil der Funktion F^v infrarot- und ultraviolettendlich ist: also unabhängig von etwaigen Regularisierungen. Dies gilt auch für alle höheren Ordnungen, ist dort aber nicht ohne weiteres zu nutzen, denn diese Aussage bezieht sich auf die Summe aller Diagramme der jeweiligen Ordnung, nicht notwendigerweise auf ein einzelnes Diagramm.

Die Berechnung von a_e ist mittlerweile bis zu drei Schleifendiagrammen getrieben worden:

$$a_e(\text{th}) = c_1 \left(\frac{\alpha}{\pi}\right) + c_2 \left(\frac{\alpha}{\pi}\right)^2 + c_3 \left(\frac{\alpha}{\pi}\right)^3 + \dots$$
$$+ \Delta a_e(\text{th}) \tag{8.9}$$
$$\Delta a_e(\text{th}) = a_e(\mu) + a_e(\tau) + a_e(w) + a_e(h) . \tag{8.10}$$

Die Reihe in α/π bezeichnet die QED-Beiträge, die nur vom Elektron herrühren. $\Delta a_e(\text{th})$ bezeichnet alle anderen. Sie werden ausgemacht von den QED-Beiträgen $a_e(\mu)$, $a_e(\tau)$ vom Muon und τ sowie anderen Korrekturen aus der schwachen und starken Wechselwirkung. Strebt man eine Genauigkeit von $1 \times 10^{-12}(!)$ an, so tragen nur

$$a_e(\mu) = \frac{1}{45} \frac{m_e^2}{m_\mu^2} \left(\frac{\alpha}{\pi}\right)^2 \simeq 2,80 \times 10^{-12} \tag{8.11}$$

und der hadronische Anteil

$$a_e(h) = (1,8847 \pm 0,0375) \times 10^{-12} \tag{8.12}$$

bei. Letzterer entspricht Diagrammen der Form Abb. 8.6.
 und wird letztlich phänomenologisch, nämlich aus e^+e^--Streudaten gewon-

Abb. 8.6
Hadronische Beiträge

nen. Alle diese Anstrengungen sind erforderlich, denn a_e ist gemessen mit der phantastischen Genauigkeit von 4×10^{-12}!

$$a_e(\text{exp}) = 1\,159\,652\,188,4(4,3) \times 10^{-12} . \tag{8.13}$$

Der beste theoretische Wert ist

$$a_e(\text{th}) = 1\,159\,652\,201,2(2,1)(27,1) \times 10^{-12} . \tag{8.14}$$

Der erste Fehler $2,1$ bezieht sich auf numerische Unsicherheiten bei der Rechnung, der zweite $27,1$ auf die Unsicherheit der Bestimmung von α – aus der Festkörperphysik. Der Unterschied

$$a_e(\text{th}) - a_e(\text{exp}) = 12,8(27,1) \times 10^{-12} \tag{8.15}$$

ist innerhalb der Fehlergrenzen.
Die Situation für das anomale magnetische Moment des Muon ist insofern anders als hier der hadronische Anteil (Abb. 8.6) die Genauigkeit der Berechnung begrenzt! Der gemessene Wert ist

$$a_\mu(\text{exp}) = (1\,165\,923\,0 \pm 84) \times 10^{-10} . \tag{8.16}$$

Der hadronische Beitrag ist

$$a_\mu(h) \;=\; 702,35(15,28) \times 10^{-10}\,, \tag{8.17}$$

d.h. die Unsicherheit im hadronischen Beitrag ist schon etwa im Bereich der experimentellen Unsicherheit.

Mit Bezug auf die QED läßt sich zusammenfassend sagen, daß sie ganz offensichtlich auch die genauesten Messungen sehr gut beschreibt und ihre Gültigkeitsgrenzen nicht die interner Inkonsistenz sind, sondern die, die von neuen physikalischen Effekten herrühren.

8.2   Die elektroschwache Eichtheorie

Das Standard-Modell der elektroschwachen Wechselwirkung ist eine nicht-abelsche Eichtheorie mit Eichgruppe SU(2)×U(1), deren Symmetrie spontan gebrochen ist mit einer verbleibenden intakten U(1)-Untergruppe. In der minimalen Version, die wir in Abschnitt 5 besprochen haben, gibt *ein* Higgs-Dublett Anlaß zu allen Massen: denen der intermediären Vektorbosonen $W_\mu^\pm$, Z_μ, aber auch der Quarks und der geladenen Leptonen. Die Neutrinos sind per constructionem masselos. Der erste Test für eine solche Struktur ist natürlich die Frage, ob die alten Niederenergieergebnisse der Strom-Strom-Wechselwirkung reproduziert werden: dank der Massen der Vektorbosonen werden sie das in der Tat. Als nächstes möchte man die Teilchen sehen, die das Modell ausmachen, und so gewissermaßen die nullte Näherung nachprüfen. Tatsächlich hat man 1983 bei Proton-Proton-Stößen die Vektorbosonen zum ersten Mal nachgewiesen. Mittlerweile sind ihre Massen sehr genau bestimmt:

$$m(W\pm) \;=\; 80,41 \pm 0,10 \,\mathrm{GeV} \tag{8.18}$$
$$m(Z) \;=\; 91,187 \pm 0,007 \,\mathrm{GeV}\,. \tag{8.19}$$

Im Jahre 1995 hat man schließlich auch noch das letzte fehlende Quark, Top, entdeckt. Seine Masse beträgt

$$m(t) \;=\; 173,8 \pm 5,2 \,\mathrm{GeV} \tag{8.20}$$

gemäß direktem Nachweis und

$$m(t) = 170 \pm 7(\pm 14)\,\mathrm{GeV}, \tag{8.21}$$

wenn man das Standard-Modell zugrundelegt und den Massenwert indirekt durch Anpassung an die Daten bestimmt. (Der erste Fehler resultiert bei der Annahme $m(\mathrm{Higgs}) = m(Z)$; der zweite bei $m(\mathrm{Higgs}) \leq 300$ GeV.)

Das einzige Teilchen, das noch nicht nachgewiesen ist, ist das Higgs-Teilchen. D.h., die letzte Bestätigung dafür, daß der Mechanismus zur Erzeugung der Massen, den wir zugrundegelegt haben, wirklich realisiert ist, steht noch aus.

Die Entdeckung des Top-Quarks ist aus theoretischer Sicht besonders erfreulich, denn es bestätigt sehr eindrucksvoll, daß die Konsistenzüberlegungen die zum Standard-Modell geführt haben, wesentlich sind. Ein Argument, von der Strom-Strom-Wechselwirkung abzugehen, war die Bedingung der Renormierbarkeit. Nun ist aber nicht jede Eichtheorie per se schon renormierbar. Gerade im Falle von SU(3) oder im nicht-halbeinfachen Fall wie hier, SU(2)×U(1), kann, wenn auch noch die Paritätsinvarianz gebrochen ist, in höheren Ordnungen die Unitarität verletzt werden. Trotz Faddeev-Popov-Geistern kann es immer noch vorkommen, daß die longitudinalen (unphysikalischen) Komponenten des Photons nicht abkoppeln, sondern wechselwirken. In Abb. 8.7 ist ein solcher potentiell gefährlicher Prozeß angegeben.

Jedes Diagramm dieser Art trägt mit $c_A^f Q_f^2$ zur Gesamtsumme der *Anomalie*

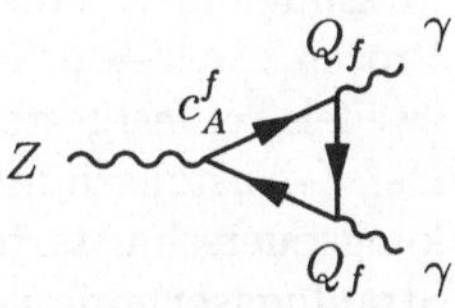

Abb. 8.7
Anomalie

bei. c_A^f ist die axiale Kopplung des schwachen neutralen Stromes. Für eine gleiche Anzahl N von Lepton- und Quarkdubletts ist der Anomaliekoeffizient proportional zu

$$\sum_{i=1}^{N}\left\{ \underbrace{\frac{1}{2}(0)^2}_{\nu_l} - \underbrace{\frac{1}{2}(-1)^2}_{l} + \underbrace{\frac{1}{2}N_c\left(+\frac{2}{3}\right)^2}_{q_u} \right. \tag{8.22}$$

$$\left. \underbrace{-\frac{1}{2}N_c\left(-\frac{1}{3}\right)^2}_{q_d} \right\} = 0.$$

Hier ist insbesondere auch $N_C = 3$, die Anzahl der Farben, von Bedeutung! Ein fehlendes Top-Quark hätte diese Kompensation verhindert, die Theorie wäre als Eichtheorie nicht konsistent.

8.2.1 Interferenzeffekte

Addiert man zu einer QED-Amplitude $\mathcal{M}_{em}$ eine Amplitude $\mathcal{M}_{nc}$ (s. Abb. 8.8), die vom schwachen neutralen Strom herrührt, so ist der Effekt des Interferenzterms

$$\frac{|\mathcal{M}_{em}||\mathcal{M}_{nc}|}{|\mathcal{M}_{em}|^2} \simeq \frac{G}{e^2/k^2} \simeq \frac{10^{-4}k^2}{m_N^2} \tag{8.23}$$

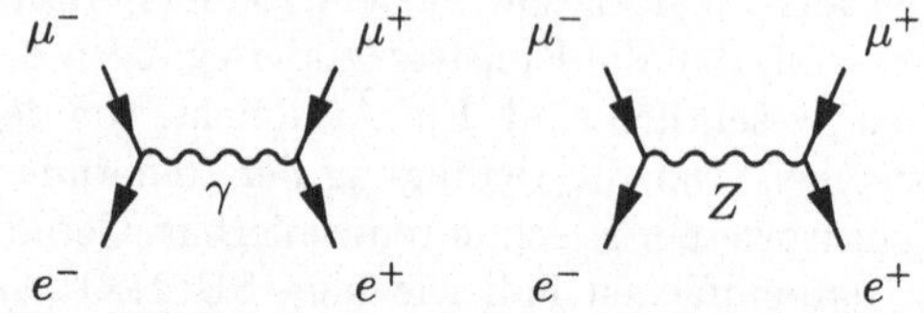

Abb. 8.8 Elektromagnetischer und schwacher Beitrag zu $e^+e^- \to \mu^+\mu^-$

$(G \approx 10^{-5}/m_N^2,\ e^2/4\pi = 1/137)$ von der Größenordnung 10%, wenn $k^2 \simeq s = (30\ \text{GeV})^2$. Mit einer e^+e^--Maschine, deren Strahlen je 15 GeV haben, sollte dieser Effekt beobachtbar sein. Die Verletzung der Parität durch die schwache Wechselwirkung sollte sich in einer Asymmetrie bemerkbar machen, die bei der Messung einer Winkelverteilung auffindbar sein sollte. 1981 ist bei PETRA im Prozeß $e^+e^- \to \mu^+\mu^-$ eine solche Abweichung von der reinen QED-Verteilung zweifelsfrei festgestellt worden.

Der Z-Austausch im Diagramm 8.8 führt zu einem starken Ansteigen des Wirkungsquerschnitts für $s \to M_Z$, d.h. in einem e^+e^--Beschleuniger mit einer Strahlungsenergie von etwa 50 GeV, sollten viele Z-Teilchen produziert werden und dann eine ganze Anzahl von Asymmetrien meßbar sein. Dies ist das Programm von LEP (CERN) und SLC (SLAC). Neben diesen Hochenergieinterferenzexperimenten gibt es eine ganze Anzahl von Experimenten, die in Atom- oder Kernphysik paritätsverletzende Prozesse messen. Bei atomaren Vorgängen, d.h. Elektronenübergängen in der Hülle, kann die Abänderung des Coulombpotentials durch Z-Austausch Übergänge ermöglichen, die rein elektromagnetisch wegen Paritätserhaltung verboten sind. Auch bei den kernphysikalischen Nachweisen der Paritätsverletzung, z.B. am Cäsium, studiert man Übergänge, die elektromagnetisch verboten sind, aber wegen der γZ-Interferenz doch ermöglicht werden. Man hat so z.B. die schwache Ladung des Kerns ^{137}Cs bestimmt.

8.2.2 Messungen auf der Z-Resonanz

Der relevante Prozeß ist $e^+e^- \to f\bar{f}$. Hierbei durchläuft f alle Fermionen: e, μ, τ, u, d, c, s, t, b. Nachgewiesen werden die geladenen Leptonen und anstelle der Quarks natürlich Hadronen. Bei $\sqrt{s} = M_Z$ dominiert der Z-Austausch, s. Abb. 8.9.

In niedrigster Ordnung hat man Diagramme vom Typ Abb. 8.8 zu berechnen. Für den totalen Wirkungsquerschnitt (ohne $f = e$) findet man in der Nähe

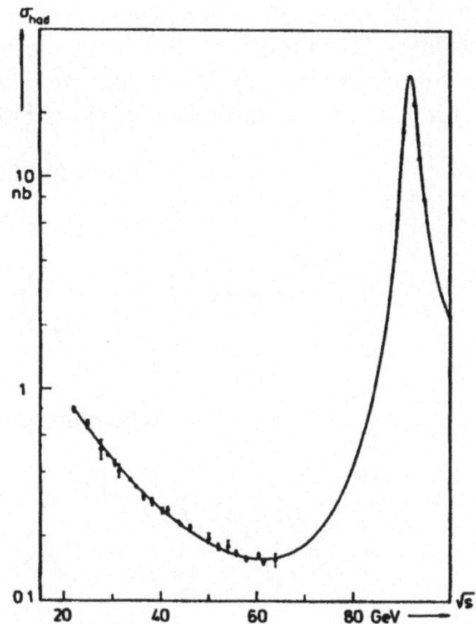

Abb. 8.9 Z-Austausch, nach HAIDT in LANGACKER, p. 204

des Z-Poles

$$\sigma(s) \;=\; \sigma_{f\bar{f}}^{Pol}\frac{s\Gamma_Z^2}{(s-M_Z^2)^2+M_Z^2\Gamma_Z^2}+(\gamma-Z)$$
$$+|\gamma|^2\,. \tag{8.24}$$

Hierin bedeutet

$$\sigma_{f\bar{f}}^{Pol} \;=\; \frac{12\pi}{M_Z^2}\frac{\Gamma_{ee}\Gamma_{f\bar{f}}}{\Gamma_Z^2} \tag{8.25}$$

$$\Gamma_{f\bar{f}} \;=\; \frac{G_F M_Z^3}{6\pi\sqrt{2}}\left((g_a^f)^2+(g_v^f)^2\right) \tag{8.26}$$

Z-Partialbreite für Zerfall in $f\bar{f}$.

$$g_a^f \;=\; \sqrt{\varrho}I_3^f \tag{8.27}$$

$$g_v^f \;=\; \left(I_3^f+2Q_f\sin^2\theta_W\right) \tag{8.28}$$

sind Axial- und Vektorkopplungen von Z; $I^3{}_f$ ist die dritte Komponente des schwachen Isospins des Fermions f (s. (5.66)); θ_W der schwache Mischungswinkel (s. (5.105)); ϱ die relative Stärke von neutralem zu geladenem Strom (s. (5.43)); in der niedrigsten Näherung ist $\varrho=1$. $(\gamma-Z)$ steht für γZ-Interferenz,

$|\gamma|^2$ für reine QED-Beiträge.

Höhere Ordnungen modifizieren diese Ausdrücke: es gibt photonische, nicht-photonische und QCD-Korrekturen, wie sie in Abb. 8.10 angedeutet werden.

Im Experiment mißt man $\sigma(s)$ als Funktion der Energie und bestimmt insbe-

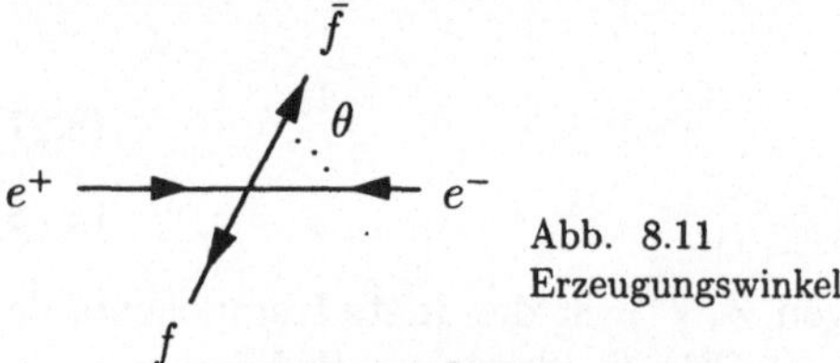

Abb. 8.10 photonische, nicht-photonische und QCD-Korrekturen

sondere den jeweiligen Anteil in e^+e^-, $\mu^+\mu^-$, $\tau^+\tau^-$ und Hadronen. Desgleichen mißt man die Winkelverteilung. Der Winkel zwischen einlaufendem e^+ und auslaufendem $\bar f$ ist definiert als „Erzeugungswinkel" θ (Abb. 8.11).

Für die Bestimmung der Z-Masse ist die Kenntnis der Strahlenergie entschei-

Abb. 8.11
Erzeugungswinkel

dend; sie muß also mit höchstmöglicher Genauigkeit ermittelt werden.

Die Verletzung der Parität in der zugrundeglegten Theorie führt

• zu einer Polarisierung der Fermionen im Endzustand;
• zu einer Asymmetrie des Wirkungsquerschnitts bezüglich links- bzw. rechtshändiger Polarisation des einlaufenden Elektronenstrahls.

Für nicht polarisierte e^+e^--Strahlen definiert man die *Polarisation* der Fermionen im Endzustand als

$$P_f \;=\; \frac{1}{\sigma_f^{tot}}\,(\sigma_f(h=+1)-\sigma_f(h=-1))\,,$$

wobei $\sigma_f(h=\pm 1)$ den Wirkungsquerschnitt $e^+e^- \to f\bar{f}$ für positive $(h=+1)$ bzw. negative Helizität [2] $(h=-1)$ und σ_f^{tot} den gesamten Wirkungsquerschnitt bezeichnet. Mit Hilfe der gemessenen Winkelverteilung kann man dann eine vorwärts/rückwärts-Aymmetrie definieren

$$A_{FB}^{P_f} \;=\; \langle P_f \rangle_{\cos\theta>0} - \langle P_f \rangle_{\cos\theta<0}\,. \tag{8.29}$$

Gemessen wurden solche Asymmetrien bisher nur für τ-Leptonen, weil sie sich aus allen Ereignissen leicht herausfiltern lassen. Für polarisierte e^+e^--Strahlen läßt sich eine links-rechts-Asymmetrie definieren

$$A_{LR} \;=\; \frac{1}{\sigma_f^{tot}}(\sigma_L - \sigma_R)\,, \tag{8.30}$$

wobei $\sigma_{L,R}$ den totalen Wirkungsquerschnitt $e^+e^- \to f\bar{f}$ für linkshändige (rechtshändige) Polarisation der einlaufenden Elektronen bezeichnet. Auch in diesem Fall kann man die vorwärts/rückwärts-Asymmetrie definieren

$$A_{FB}^{pol} \;=\; \langle A_{LR} \rangle_{\cos\theta>0} - \langle A_{LR} \rangle_{\cos\theta<0}\,. \tag{8.31}$$

Diese Größen sind deswegen so wichtig, weil sie am Z-Pol unmittelbar mit den effektiven Kopplungen des Z zusammenhängen:

$$P_f(s=M_Z^2) \;=\; -A_f \tag{8.32}$$

$$A_{FB}^{P_f}(s=M_Z^2) \;=\; \frac{3}{4}A_e \tag{8.33}$$

$$A_{LR}(s=M_Z^2) \;=\; A_e \tag{8.34}$$

$$A_{FB}^{pol}(s=M_Z^2) \;=\; \frac{3}{4}A_f \tag{8.35}$$

mit

$$A_f \;=\; \frac{2g_a^f g_v^f}{{g_a^f}^2 {g_v^f}^2}\,. \tag{8.36}$$

Um Strahlungskorrekturen zu testen, müssen für alle oben angeführten Größen die Beiträge höherer Ordnung berechnet und dann mit den experimentell bestimmten Größen verglichen werden. Man kann übrigens auf die Quarks

---

[2] Also maximale Spinkomponente in Flug- oder Gegenflugrichtung (m=0 angenommen).

„zurückrechnen", so daß z.B. für unpolarisierten Strahl Werte $A_{F,B}^{(0,f)} = A_{FB}^{P_f}$ vergleichbar sind. Um zu demonstrieren, wie gut die Übereinstimmung Theorie/Experiment ist, geben wir in Tabelle 8.1 einige Werte als Beispiel an.[3]

Tab. 8.1

	Experiment	Theorie
$A_{FB}^{(0,l)} =$	$0,0171 \pm 0,0010$	$0,0162 \pm 0,0003(-0,0004)$
$A_{FB}^{(0,b)} =$	$0,0984 \pm 0,0024$	$0,1030 \pm 0,0009(-0,0013)$
$A_{FB}^{(0,b)} =$	$0,0984 \pm 0,0024$	$0,1030 \pm 0,0009(-0,0013)$
$A_{FB}^{(0,c)} =$	$0,0741 \pm 0,0048$	$0,0736 \pm 0,0007(-0,0010)$
$A_{FB}^{(0,s)} =$	$0,118 \pm 0,018$	$0,1031 \pm 0,0009(-0,0013)$

Die Differenzen sind alle kleiner als 2 Standardabweichungen. Das gilt auch für alle anderen berechneten und gemessenen Observablen am Z-Pol. Die Übereinstimmung Theorie/Experiment ist hervorragend. Insbesondere kann man sich auch davon überzeugen, daß ohne die Schleifenkorrekturen, die gemessenen Daten systematisch um etwa drei Standardabweichungen verfehlt werden: sie sind also relevant. Mit diesen Experimenten ist man demnach im Bereich von Präzisionsmessungen wie in der QED bei der Messung von $(g - 2)$ zur Ordnung α.

Natürlich gibt es noch eine ganze Reihe anderer Prozesse, die mit dem Standardmodell beschrieben werden: tiefunelastische Neutrino-Proton-Streuung, Neutrino-Elektron-Streuung, Myon- und Tauzerfälle. In nahezu allen Beispielen ist man auf der Ebene der Schleifenkorrekturen angekommen und konnte Theorie und Experiment vergleichen. Die Übereinstimmung ist verblüffend gut. In der nächsten Generation von LEP-Experimenten, die bereits begonnen haben, hat man durch Umbau des Beschleunigers die Strahlenergie so erhöht, daß W^+, W^--Paare erzeugt werden. Man wird damit die W-Masse so genau bestimmen wie die Z-Masse und dann andere Parameter besser einschränken können. Insbesondere kann man dann indirekt Schranken für die Higgs-Masse finden. Mit Sicherheit läßt sich der nicht-abelsche Dreiervertex $W^+W^-\gamma$ bestimmen und damit wieder ein Teil der Struktur der Theorie nachprüfen.

---

[3]Die bei der Spalte „Theorie" in Klammern angegebenen Werte entsprechen einer Verschiebung der Higgs-Masse von $M_H = M_Z$ zu $M_H = 300$ GeV.

8.3 QCD

Im Abschn. 6 haben wir über die Diskussion der tiefunelastischen e^-p^+-Streuung zuerst Partonen als Substruktur des Protons gefunden, naives Skalenverhalten festgestellt und schließlich eine Theorie formuliert, die ein solches Verhalten wenigstens annähernd realisiert: über die asymptotische Freiheit. Diese Theorie ist die nicht-abelsche Eichtheorie mit der Eichgruppe SU(3) und den Quarks in der fundamentalen Darstellung, d.h. in drei „Farben" (Quantenchromodynamik). Die Wechselwirkung wird vermittelt durch die masselosen Vektorbosonen der SU(3), den acht Gluonen. Mit dieser Hypothese wird das Spin-Statistik-Problem des statischen Flavour-Quarkmodells gelöst (s. (3.211)) und eine Vervielfachung der möglichen Hadronen durch die Annahme verhindert, daß nur *farbneutrale* Objekte frei existieren können, also weder Quarks noch Gluonen als asymptotische, physikalische Teilchen auftreten. Diese Behauptung des permanenten Quarkeinschlusses („confinement") ist bis heute noch nicht streng aus den Grundgleichungen hergeleitet, aber in vielerlei Richtungen plausibel gemacht. Die starke Wechselwirkung der Hadronen, wie sie sich z.B. in Niederenergiestreuung πp nachweisen läßt, entsteht also nach diesen Vorstellungen als eine Art van der Waals-Wechselwirkung und ist entsprechend schwierig aus der fundamentalen Dynamik der Quarks und Gluonen deduzierbar. Entsprechendes gilt etwa auch für das Bindungspotential von u und p zu Deuterium. D.h. Kernphysik und niederenergetische Hadronenphysik sind schwierige Gebiete der „Oberflächenphysik" in der QCD.

Welche offensichtlichen Tests gibt es nun für die einzelnen Elemente der QCD, die Gruppe, die Darstellungen, die Wechselwirkungen? Neben der e^-p^+-Streuung, die ein ganz wichtiges Gebiet ist, gibt es vor allem noch die e^+e^--Vernichtung in Hadronen, die experimentell mit großer Genauigkeit Details der Theorie zugänglich macht.

Zunächst zwei einfache „Zählargumente" für die Anzahl der Quarks. Das erste haben wir in (8.22) bereits formuliert: der Anomaliekoeffizient verschwindet nur für $N_C = 3$, wenn man die gleiche Anzahl von Lepton- und Quarkdubletts zugrundelegt.
In der gleichen Richtung theoretischer Konsistenzbedingung findet man eine Stütze im Zerfall $\pi^0 \to \gamma\gamma$. Im Quarkbild läuft dieser Prozeß ab wie in Abb. 8.12) wiedergeben.

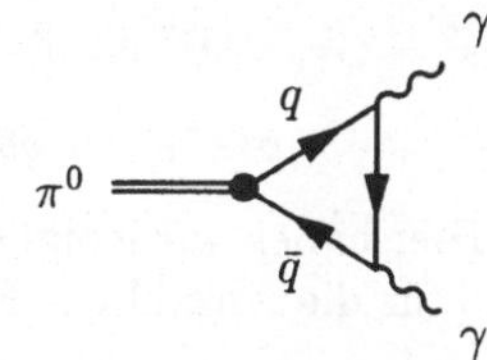

Abb. 8.12
π^0-Zerfall

Die Zerfallsrate läßt sich berechnen

$$\Gamma(\pi^0 \to \gamma\gamma) \;=\; N_C \left(\sum_q e_q^2 I_f^3 \right) \left(\frac{\alpha}{\pi} \right)^2 \frac{1}{64\pi} \frac{m_\pi^3}{f_{\pi^2}}$$

$$\;=\; N_C \left(\sum_q e_q^2 I_f^3 \right) = 7,6\,\mathrm{eV}\,. \tag{8.37}$$

Der experimentelle Wert ist $7,7 \pm 0,6$ eV.

$$N_C \left(\sum_q e_q^2 I_f^3 \right) \;=\; 3 \left(\left(\frac{2}{3} \right)^2 - \left(\frac{1}{3} \right)^2 \right)$$

$$\;=\; 1\,. \tag{8.38}$$

Ursprünglich hat man eine solche Rechnung angestellt mit Proton und Neutron als Konstituenten. Dann ergibt sich der Faktor aus $(1)^2 - (0)^2 = 1$, d.h., der Rückschluß auf drei Farben von Quarks mit drittelzahligen Ladungen ist nicht zwingend, wenn auch sehr plausibel.

8.3.1 $e^+e^- \to$ **Hadronen**

Im perturbativen Bereich der QCD wird der Prozeß $e^+e^- \to$ Hadronen ersetzt durch den Prozeß $e^+e^- \to q\bar{q}$, dessen niedrigste Näherung in Abb. 8.13 angegeben ist.

Der totale Wirkungsquerschnitt berechnet sich also genau wie der von $e^+e^- \to$

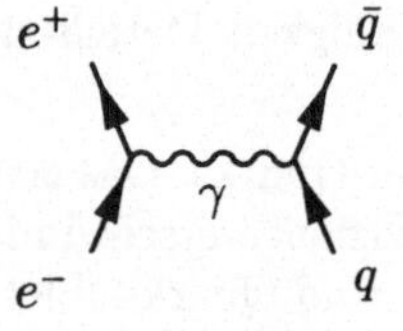

Abb. 8.13
$e^+e^- \to q\bar{q}$

$\mu^+\mu^-$ (s. Abschn. 4.2.3).

$$\sigma(e^+e^- \to \mu^+\mu^-) \;=\; \frac{4\pi\alpha^2}{3Q^2} \tag{8.39}$$

$s^2 = Q^2 = 4E^2$ ist die Schwerpunktsenergie, nämlich zu

$$\sigma(e^+e^- \to q\bar{q}) \;=\; 3e_q^2 \sigma(e^+e^- \to \mu^+\mu^-)\,. \tag{8.40}$$

Hier haben wir lediglich die Ladung des Quarks q eingesetzt und einen Faktor 3 für die Anzahl der Farben, in denen das Quark auftritt. In dieser Näherung gilt dann

$$\sigma(e^+e^- \to \text{Hadronen}) \tag{8.41}$$

$$= \sum_q \sigma(e^+e^- \to q\bar{q})$$

$$= 3 \sum_q e_q^2 \sigma(e^+e^- \to \mu^+\mu^-) \,.$$

Die Vorhersage ist also

$$R \equiv \frac{\sigma(e^+e^- \to \text{Hadronen})}{\sigma(e^+e^- \to \mu^+\mu^-)} = 3 \sum_q e_q^2 \tag{8.42}$$

und zwar entsprechend der Energie

$$R = 3 \left(\left(\frac{2}{3}\right)^2 + \left(-\frac{1}{3}\right)^2 + \left(-\frac{1}{3}\right)^2 \right) = 2 \,,$$
$$\text{wenn } u, d, s -$$
$$= 2 + 3 \left(\frac{2}{3}\right)^2 = \frac{10}{3} \,,$$
$$\text{wenn } u, d, s, c -$$
$$= \frac{10}{3} + 3 \left(-\frac{1}{3}\right)^2 = \frac{11}{3} \,,$$
$$\text{wenn } u, d, s, c, b - \tag{8.43}$$

Quarks erzeugt werden können.

Da $\sigma(e^+e^- \to \mu^+\mu^-)$ gut bekannt ist, reicht eine Messung des totalen Wirkungsquerschnitts von e^+e^--Vernichtung in Hadronen aus, um Quarks zu zählen! Die experimentellen Resultate sind in Abb. 8.14 wiedergegeben.

Man erkennt, daß die Grobstruktur die jeweiligen Schwellen deutlich abbildet. Die Feinstruktur hingegen ist Gegenstand der Berechnung von Korrekturen höherer Ordnung zu (8.42), die wir natürlich im Rahmen der QCD erwarten. Ein-Gluon-Abstrahlung bzw. -Austausch gemäß Abb. 8.15 führt zu einer Korrektur der Ordnung α_S

$$R = 3 \sum_q e_q^2 \left(1 + \frac{\alpha_s(Q^2)}{\pi} \right) \,. \tag{8.44}$$

Für diese Klasse von Prozessen ist die Näherung der perturbativen QCD besonders gut, weil man sich die Erzeugung der $q\bar{q}$-Paare und der Gluonen als Folge der sehr hohen Energie vollzogen vorstellen kann nach sehr kurzen Zeiten, während die nicht-perturbative *Hadronisierung* lange danach einsetzt und gewissermaßen in der Gesamtnormierung verschwindet.

Ähnlich wie bei tiefunelastischer e^-p^+-Streuung kann man auch hier auf den

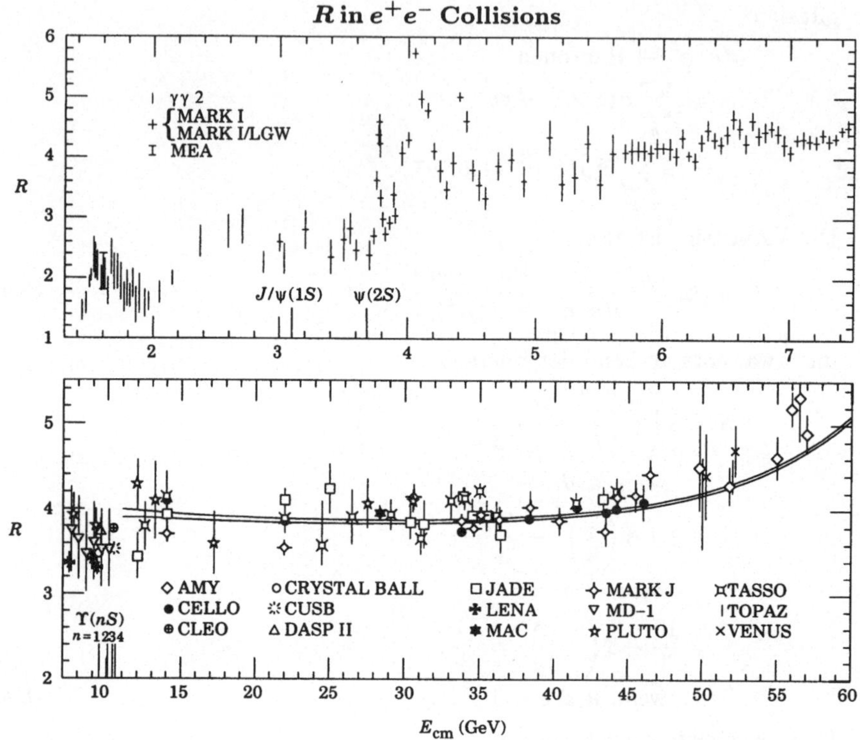

Abb. 8.14 Particle Data Group

$q\bar{q}g$-Vertex zurückschließen, indem man den partiellen Wirkungsquerschnitt $d\sigma/dp^T$ (p^T: Transversalimpuls) berechnet und mit der experimentellen 3-Jet-Rate vergleicht.

Der weitere Verlauf von R für hohe Energien ergibt im Vergleich mit den höheren Korrekturen

$$R = R^0 \left(1 + \frac{\alpha_s}{\pi} + c_2 \left(\frac{\alpha_s}{\pi} \right)^2 + c_3 \left(\frac{\alpha_s}{\pi} \right)^3 + \dots \right)$$

$$(8.45)$$

($c_2 = 1,411; c_3 = -12,8$)

die genaueste Bestimmung für $\alpha_s(Q^2)$ aus dem Experiment.

Die „Feinstruktur" in Abb. 8.14, nämlich die Resonanzbereiche, in denen die jeweiligen *Quarkonia* $c\bar{c}$, $b\bar{b}$ und deren Anregungen gebildet werden, ist ebenfalls

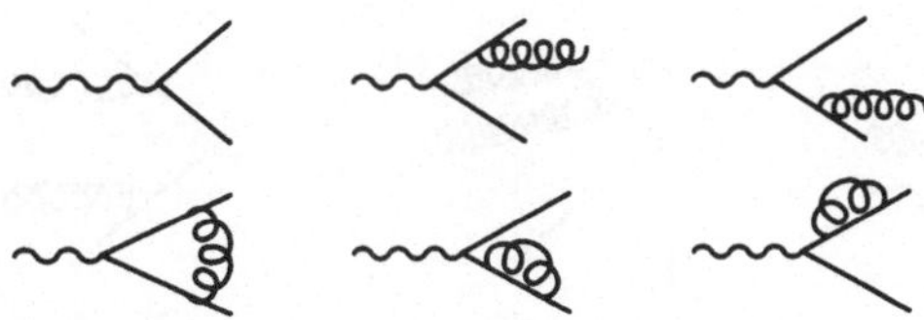

Abb. 8.15 Gluon-Abstrahlung bzw. -Austausch

im Rahmen der QCD quantitativ beschreibbar. Allerdings sind hier - ähnlich
wie oben für die Hadronisierung - zusätzliche Annahmen erforderlich, um den
perturbativen vom nichtperturbativen Anteil zu trennen: *Faktorisierung* von
Amplituden. Der nichtperturbative Hadronisierungsfaktor wird dann in einem
Experiment numerisch angepaßt und für alle anderen „universell" verwendet.
Diese etwas pragmatische Vorgehensweise ist sehr erfolgreich und bestätigt in
vielen anderen Beispielen die Gültigkeit der QCD.
Insbesondere bewähren sich sogar nicht-relativistische Näherungen für diese
Systeme mit Potentialen, die qualitativ dem Bild entsprechen, das die effektive
Kopplung vorgibt. Für kleine Abstände findet man approximativ ein Coulomb-
Potential

$$V(r) \sim -\frac{4}{3}\frac{\alpha_s}{r},$$

$$\alpha_s = \alpha_s\left(\frac{1}{r}\right),$$

für große Abstände hingegen

$$V(r) \sim Kr,$$

also eine Bindung, die mit dem Abstand wächst: Einschluß.
Eine ganz wichtige Frage ist die nach der Gruppenstruktur. Kann experimentell nachgeprüft werden, ob die Eichgruppe SU(3) oder z.B. $(U(1))^3$ ist? Der
entscheidende Unterschied – abgesehen von der asymptotischen Freiheit – ist
die Selbstwechselwirkung der Gluonen: die Vertizes Abb. 6.4. In der Ordnung
$e^+e^- \to q\bar{q}gg, q\bar{q}q\bar{q}$ trägt der Drei-Gluonen-Vertex bei, s. Abb. 8.16.
  Und da experimentell sogar bis zu fünf Jets aufgelöst werden können, ist
der Beitrag in solchen 4-Jet-Ereignissen tatsächlich relevant und meßbar. Der
erforderliche Kunstgriff besteht darin, Korrelationen zwischen den Jets auf-
zuspüren und diese Winkelabhängigkeiten auf die Drehimpulsunterschiede der
Endzustände zurückzuführen. So kann man tatsächlich die nicht-abelsche Theorie von einer abelschen Approximation unterscheiden, s. Abb. 8.17.
  Zusammenfassend läßt sich also auch für die QCD sagen, daß sie bestens
bestätigt ist, auch wenn es noch nicht gelungen ist, die Eigenschaften der Hadronen als gebundene Zustände aus ersten Prinzipien zu berechnen.

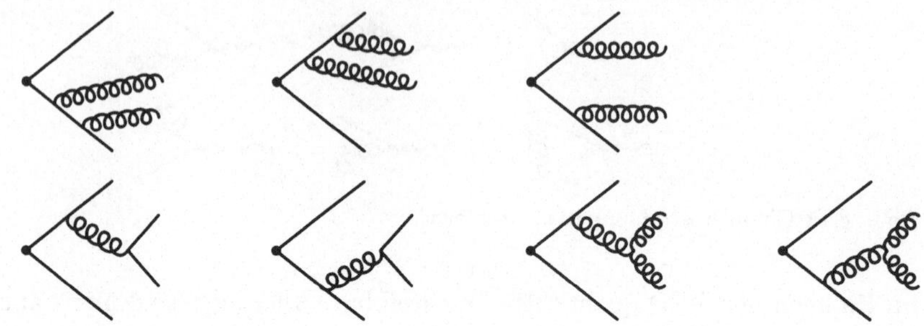

Abb. 8.16 Drei Gluon-Vertex

Die gegenwärtigen experimentellen und theoretischen Untersuchungen konzentrieren sich auf den Fall *polarisierter* Streuung (e^-p^+, νp^+) und e^+e^--Vernichtung. Des weiteren ist man in kinematische Bereiche (kleines x, großes Q^2) vorgestoßen, die bisher nicht zugänglich waren. Damit hofft man Daten zu gewinnen, die neue Approximationsbereiche für die Theorie eröffnen und so wiederum die Konsequenzen der QCD belegen.

8.4   Die CKM-Matrix

Die Cabbibo-Kobayashi-Maskawa-Matrix (5.139) enthält die im elektroschwachen Standardmodell enthaltenen und meßbaren Parameter der Fermion-Higgs-Wechselwirkung. Wir behandeln sie hier getrennt von Abschn. 5 in größerem Detail, weil sie das Ziel gegenwärtiger und absehbarer zukünftiger experimenteller Untersuchung ist. Sie ist eine unitäre (3×3)-Matrix, die den Übergang von den Masseneigenzuständen q zu den Wechselwirkungseigenzuständen q' beschreibt

$$\begin{pmatrix} d' \\ s' \\ b' \end{pmatrix} = V \begin{pmatrix} d \\ s \\ b \end{pmatrix} = \begin{pmatrix} V_{ud} & V_{us} & V_{ub} \\ V_{cd} & V_{cs} & V_{cb} \\ V_{td} & V_{ts} & V_{tb} \end{pmatrix} \begin{pmatrix} d \\ s \\ b \end{pmatrix}.$$

$$(8.46)$$

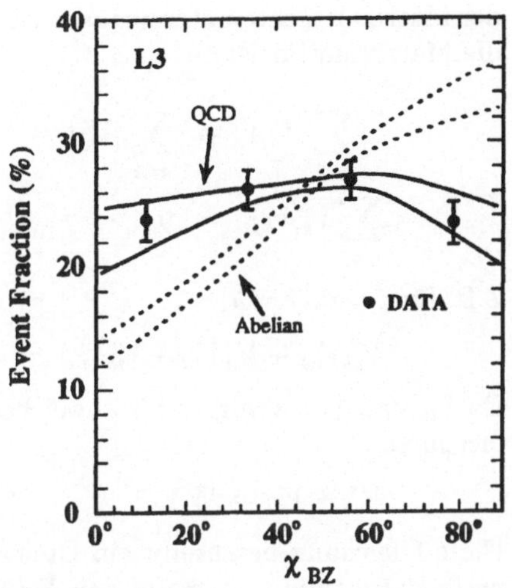

Abb. 8.17 Unterscheidung abelsch/nicht-abelsch (nach Phys. Lett. **B 248** (1990) 227)

Ihre Elemente werden durch Prozesse bestimmt, bei denen der entsprechende Übergang der Quarks stattfindet. Beispiele:

$$V_{ud} \quad : \quad \beta - \text{Zerfall}$$
$$V_{us} \quad : \quad K \to \pi e \nu$$
$$V_{ub} \quad : \quad b \to u e^- \bar{\nu}_e$$
$$V_{cd} \quad : \quad \nu_\mu d \to \mu^- c$$
$$V_{cs} \quad : \quad \nu_\mu s \to \mu^- c$$
$$V_{cb} \quad : \quad B \to \bar{D}^* l^+ \nu_l$$
$$V_{ub} \quad : \quad b \to u l \bar{\nu}_l$$
$$V_{tb} \quad : \quad t \to b l^+ \nu_l \, .$$

Eine Approximation, die die Größenordnungen der gemessenen Werte relativ zueinander gut wiedergibt, kann folgendermaßen parametrisiert werden:

$$V = \begin{pmatrix} 1 - \frac{\lambda^2}{2} & \lambda & A\lambda^3(\varrho - i\eta) \\ -\lambda & 1 - \frac{\lambda^2}{2} & A\lambda^2 \\ A\lambda^3(1 - \varrho - i\eta) & -A\lambda^2 & 1 \end{pmatrix} .$$

$$(8.47)$$

Dabei sind A, ϱ, η reelle Zahlen von der Größenordnung 1; $\lambda \equiv \sin\theta_c$, $\theta_c \equiv$ Cabbibo-Winkel (s. Abschn. 5.1.4). Für Fehlerabschätzungen und Relationen

der Matrixelemente untereinander ist es natürlich von größter Wichtigkeit, daß
die Matrix unitär ist:

$$\sum_{j=1}^{3} |V_{ij}| \;=\; \sum_{i=1}^{3} |V_{ij}| \;=\; 1 \tag{8.48}$$

$$\sum_{k} V_{ki}^{*} V_{kj} \;=\; 0 \quad i \neq j\,. \tag{8.49}$$

Z.B. für $i = d$, $j = b$

$$V_{ub}^{*} V_{ud} + V_{cb}^{*} V_{cd} + V_{tb}^{*} V_{td} \;=\; 0\,. \tag{8.50}$$

Da V_{tb} und V_{ud} wenig von 1 abweichen, kann man die Relation (8.50) vereinfachen zu

$$V_{ub}^{*} + V_{td} = \lambda V_{cb}^{*}\,. \tag{8.51}$$

Diese Gleichung beschreibt ein Dreieck in der komplexen Ebene, *Unitaritäts-
dreieck*. Reskaliert man um den Faktor $|\lambda V_{cb}|^{-1}$, so erhält man das Dreieck
Abb. 8.18 mit den Endpunkten $A(\mathrm{Re}\,(V_{ub})/|\lambda V_{cb}|, -\mathrm{Im}\,(V_{ub})/|\lambda V_{cb}|)$, $B(1,0)$,

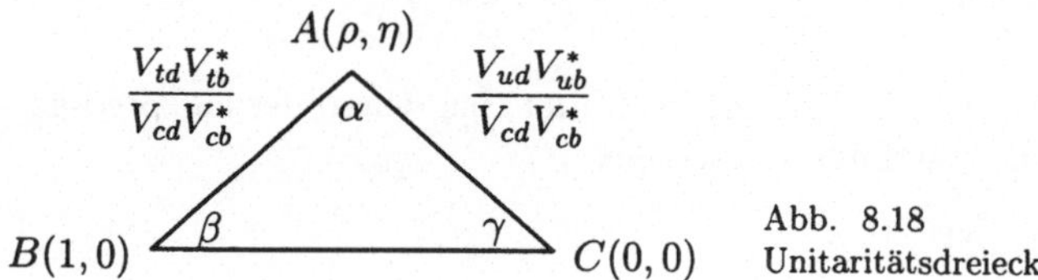

Abb. 8.18
Unitaritätsdreieck

$C(0,0)$. $\eta \neq 0$ führt zu CP-Verletzung (s. Abschn. 8.5). Nimmt man an, daß
CP-Verletzung *nur* von dieser Phase herrührt (im Standard-Modell mit drei
Generationen), so läßt sich zeigen, daß alle CP-verletzenden Amplituden oder
Ratenunterschiede proportional zur Fläche des Unitaritätsdreiecks sind. Seine
Bestimmung ist also von großer Bedeutung für das Standard-Modell und die
Herkunft der CP-Verletzung.

8.5   CP-Verletzung

Ladungskonjugation C, Raumspiegelung P und Zeitspiegelung T sind zusam-
mengenommen, CPT, eine Symmetrie für jede lokale Quantenfeldtheorie (vergl.
Abschn. 3.1.3). Starke und elektromagnetische Wechselwirkungen respektieren
C, P, T auch einzeln, während in der schwachen Wechselwirkung P und C verletzt sind (vergl. Abschn. 5.1.1). Es stellt sich damit die Frage, ob CP eine
erhaltene Symmetrie ist oder nicht.

8.5.1 CP-Verletzung im Kaon-System

$K^0(d\bar{s})$ und sein Antiteilchen $\bar{K}^0(\bar{d}s)$ sind Mitglieder des Meson-Oktetts Tab. 3.3 mit starkem Isospin $-1/2$, $+1/2$ und starker Hyperladung $+1$ (K^0) bzw. -1 ($\bar{K}^0$). Sie werden in starker Wechselwirkung z.B. durch die Reaktion

$$\pi^- p \;\to\; K^0 \Lambda \tag{8.52}$$
$$\pi^+ p \;\to\; \bar{K}^0 K^+ p \tag{8.53}$$

erzeugt. Aber in schwachen Zerfällen von K^0 treten zwei Kanäle mit deutlich unterschiedlichen Zerfallszeiten auf

$$\tau(K_S^0 \to 2\pi) \;=\; 0,9 \times 10^{-10} \text{sec} \tag{8.54}$$
$$\tau(K_L^0 \to 3\pi) \;=\; 0,5 \times 10^{-7} \text{sec}\,. \tag{8.55}$$

D.h., das stark erzeugte K^0 verhält sich wie zwei verschiedene Teilchen K_S^0, K_L^0 bezüglich der schwachen Wechselwirkung. Dasselbe gilt für $\bar{K}^0$!

Zur Erklärung dieses Verhaltens nimmt man an, daß K^0 und $\bar{K}^0$ einfach verschiedene Mischungen aus K_S^0 und K_L^0 sind.

Bei Bahndrehimpuls Null haben die 2π, 3π Endzustände die Parität P= +1, P= -1 und CP= +1, CP= -1. Nehmen wir an, daß CP erhalten ist, so liegt es nahe, die CP-Eigenzustände mit K_S^0, K_L^0 zu identifizieren:

$$|K_S^0\rangle \;=\; \frac{1}{\sqrt{2}}\left(|K^0\rangle + |\bar{K}^0\rangle\right) \tag{8.56}$$
$$|K_L^0\rangle \;=\; \frac{1}{\sqrt{2}}\left(|K^0\rangle - |\bar{K}^0\rangle\right), \tag{8.57}$$

wobei nach Wahl einer Phase

$$\text{CP}|K^0\rangle \;=\; |\bar{K}^0\rangle \tag{8.58}$$

gilt. Hiermit ist $|K_S^0\rangle$ CP-gerade, $|K_L^0\rangle$ CP-ungerade. 1964 hat man jedoch experimentell festgestellt, daß auch $K_L^0 \to \pi^+\pi^-$ mit einem Verzweigungsverhältnis 10^{-3} auftritt! D.h. CP ist verletzt – wenn auch in geringem Maße.

8.5.2 CP-Verletzung im Standard-Modell

Um zu ermitteln, ob CP-Verletzung auch im Standard-Modell möglich ist, betrachten wir einen einfachen Quark-Quark-Streuprozeß $ab \to cd$ und vergleichen ihn mit dem ladungskonjugierten $\bar{a}\bar{b} \to \bar{c}\bar{d}$. In niedrigster Näherung läuft eine solche Reaktion z.B. über den geladenen Strom ab, s. Abb. 8.19, mit

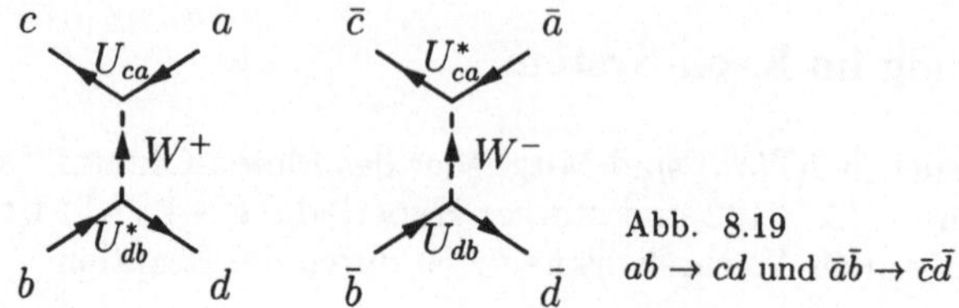

Abb. 8.19
$ab \to cd$ und $\bar{a}\bar{b} \to \bar{c}\bar{d}$

der Amplitude

$$\mathcal{M}(ab \to cd) \;\sim\; J_{ca}^{\mu} J_{bd\mu}^{\dagger} \tag{8.59}$$
$$\sim\; (\bar{u}_c \gamma^{\mu}(1 - \gamma_5) V_{ca} u_a) \times$$
$$(\bar{u}_b \gamma^{\mu}(1 - \gamma_5) V_{ca} u_d)^{*}$$
$$\sim\; V_{ca} V_{db}^{*} (\bar{u}_c \gamma^{\mu}(1 - \gamma_5) u_a) \times$$
$$(\bar{u}_d \gamma^{\mu}(1 - \gamma_5) u_b) \;.$$

$\mathcal{M}$ beschreibt auch den Prozeß $\bar{c}\bar{d} \to \bar{a}\bar{b}$.
Der Antiteilchenprozeß hat die Amplitude

$$\mathcal{M}'(\bar{a}\bar{b} \to \bar{c}\bar{d}) \;\sim\; (J_{ca}^{\mu})^{\dagger} J_{bd\mu} \tag{8.60}$$
$$\sim\; V_{ca}^{*} V_{db} (\bar{u}_a \gamma^{\mu}(1 - \gamma_5) u_c) \times$$
$$(\bar{u}_b \gamma^{\mu}(1 - \gamma_5) u_d) \tag{8.61}$$

und es folgt

$$\mathcal{M}' \;=\; \mathcal{M}^{\dagger} \;. \tag{8.62}$$

Dies ist eine Konsequenz der Hermitizität der effektiven Wechselwirkungslagrangefunktion, die $\mathcal{M} + \mathcal{M}^{\dagger}$ enthält. Wenn $\mathcal{M}$ den Prozeß $i \to f$ beschreibt, so beschreibt $\mathcal{M}^{\dagger}$ den Prozeß $f \to i$.
Diese Überlegung ist der Schlüssel für die Kontrolle der CP-Invarianz: wir berechnen zu $\mathcal{M}(ab \to cd)$ die explizit CP-transformierte Amplitude $\mathcal{M}_{CP}$. Wenn dann

$$\mathcal{M}_{CP} \;=\; \mathcal{M}^{\dagger} \tag{8.63}$$

gilt, so ist CP erhalten – sonst nicht. Wir transformieren also u_i in $P(u_i)_C$ $i = a, \ldots, d$ und benutzen $u_c = C\bar{u}^T$ (s. Abschn. 3).

$$(J_{ca}^{\mu}) \;=\; V_{ca}(\bar{u}_c)_C \gamma^{\mu}(1 - \gamma_5)(u_a)_C \tag{8.64}$$
$$=\; -V_{ca} u_c^T C^{-1} \gamma^{\mu}(1 - \gamma_5) C \bar{u}_a^T$$
$$=\; V_{ca} u_c^T \left(\gamma^{\mu}(1 - \gamma_5)\right)^T \bar{u}_a^T$$
$$=\; -V_{ca} \bar{u}_a \gamma^{\mu}(1 - \gamma_5) u_c \tag{8.65}$$

$$(J_{ca}^{\mu})_{(}CP) \;=\; -V_{ca} \bar{u}_a \gamma^{\mu\dagger}(1 - \gamma_5) u_c \tag{8.66}$$

$$\mathcal{M}_{CP} \;=\; V_{ca}V_{db}^* \left[\bar{u}_a \gamma^\mu (1 - \gamma_5) u_c\right] \times$$
$$\left[\bar{u}_b \gamma^\mu (1 - \gamma_5) u_d\right] \tag{8.67}$$

Damit haben wir das gesuchte Kriterium: falls $V_{ca}V_{db}^*$ reell ist, gilt (8.63) und
es folgt CP-Invarianz; falls nicht, ist CP-Verletzung möglich. Für vier Quarks
$(u,\,d,\,c,\,s)$ ist V reell (s. Abschn. 5.1.4); für sechs Quarks $(u,\,d,\,c,\,s,\,t,\,b)$
enthält V einen komplexen Parameter, die Phase $e^{i\delta}$ d.h. im allgemeinen gilt

$$\mathcal{M}_{CP} \;\neq\; \mathcal{M}^\dagger \tag{8.68}$$

und die CP-Invarianz ist verletzt (wenn nicht die Amplitude verschwindet).
Im Standard-Modell kann man sich die $K^0 \bar{K}^0$-Mischung entstanden denken
durch den $\Delta S = 2$ Übergang in Abb. 8.20: die $S = \pm 1$ Zustände, d.h. K^0 und

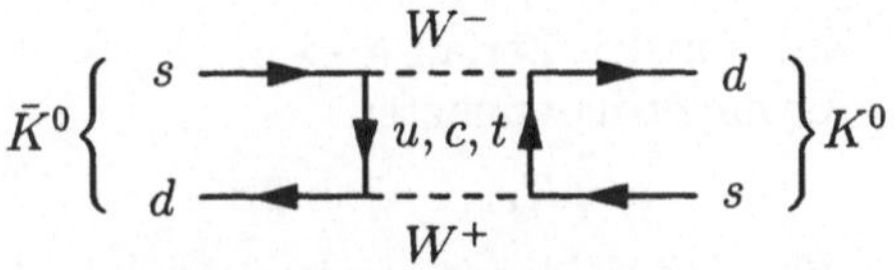

Abb. 8.20
$K^0, \bar{K}^0$-Mischung

$\bar{K}^0$ werden gemischt, $|K_S^0\rangle$ und $|K_L^0\rangle$ sind nicht mehr exakte Eigenzustände.
Da die Berechnung aller Beiträge zu der Mischung schwierig ist, ist noch nicht
endgültig geklärt, ob das komplexe Element in der CKM-Matrix, das zu diesem
Diagramm beiträgt, ausreichend ist, um die gemessenen Effekte zu erklären.

8.5.3 CP-Verletzung in B-Zerfällen

B-Mesonen sind $\bar{q}b$-Paare mit $\bar{q} = \bar{u}, \bar{d}, \bar{c}, \bar{s}, \bar{b}$; analog für $\bar{B}$. Ordnet man b
die B(eauty)-Quantenzahl -1 zu, haben B-Mesonen Beauty$= -1$, $\bar{B}$-Mesonen
Beauty$= +1$. Die elektrische Ladung bestimmt sich aus

$$Q \;=\; T_3 + \frac{1}{2}(Y + B + C). \tag{8.69}$$

Wichtig sind im folgenden die B-Mesonen $B^0 = d\bar{b}$, $\bar{B}^0 = \bar{d}b$; $B^- = \bar{u}b$,
$B^+ = u\bar{b}$ alle mit Spin 0 und Eigenparität -1. Die B-Mesonen sind für die
experimentelle Suche nach CP-Verletzung so interessant, weil – wie im K^0-
System – starke Mischung $B^0, \bar{B}^0$ gefunden worden ist. D.h. ähnlich wie bei
den Kaonen werden hier in zweiter Ordnung $|\Delta B| = 2$ Übergänge ermöglicht,
s. Abb. 8.21.
Da sich jedoch die Lebensdauern der verschiedenen Masseneigenzustände
kaum unterscheiden, können diese nicht benutzt werden, um CP-Verletzung
nachzuweisen. Der beste Weg, um Mischung $B^0, \bar{B}^0$ auszunutzen, besteht darin, Zerfälle in CP-Eigenzustände zu studieren. Die Zeitabhängigkeit ist für B^0
und $\bar{B}^0$ verschieden und die Asymmetrie ist ein Maß für die CP-Verletzung.

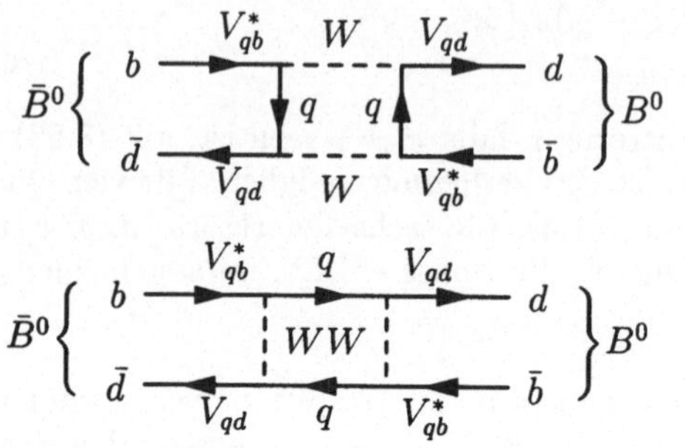

Abb. 8.21 B-Übergänge

Z.B. für den Zerfall $b \to c + \bar{c} + s$ mit Endzustand ψK_s findet man für den Asymmetrieparameter

$$\alpha(\psi K_s) \;=\; \sin 2\beta \tag{8.70}$$

(β: s. CKM-Matrix, Unitaritätsdreieck).

In Zerfällen von B^+, B^- ist ein Maß für direkte CP-Verletzung der Unterschied der Raten von Teilchen P in Zustand F und Antiteilchen $\bar{P}$ in Zustand $\bar{F}$,

$$\Delta_F \;=\; \Gamma(\bar{P} \to \bar{F}) - \Gamma(P - F) \;\equiv\; \bar{\Gamma} - \Gamma. \tag{8.71}$$

Die Asymmetrie ist gegeben durch

$$a_F \;=\; \frac{\Delta_F}{\Sigma_F} \;=\; \frac{\bar{\Gamma} - \Gamma}{\bar{\Gamma} + \Gamma}. \tag{8.72}$$

Das CPT-Theorem besagt, daß die Gesamtraten von P und $\bar{P}$ gleich sind. Um also für Teilraten signifikante Unterschiede zu finden, müssen starke Endzustandswechselwirkungen vorhanden sein, die an verschiedene Endzustände angreifen. Diskutiert hat man $B^+(B^-)$-Zerfälle, die den Quarkübergängen $b \to s\bar{u}u$, $b \to s\bar{s}s$, $b \to d\bar{u}u$, $b \to d\bar{s}s$ entsprechen. Es sollten sich daraus meßbare Raten ergeben.

Da die CP-Verletzung von grundsätzlichem Interesse ist und man hoffen kann, gerade hier entweder das Standardmodell noch einmal zu bestätigen oder aber „neue Physik" zu finden, baut man derzeit neue Beschleuniger („B-Factories") am SLAC und in Tsukuba (KEK-Japan). Sie sind so ausgelegt, daß sie genau solche Präzisionsexperimente mit B-Mesonen ermöglichen. Auch am DESY möchte man mit einem kleineren Umbau an Hera (Hera-B) spezielle Experimentiermöglichkeiten für B-Mesonen schaffen. Ziel ist hier der Nachweis, daß das Unitaritätsdreieck tatsächlich ein Dreieck ist, also der Existenzbeweis für CP-Verletzung im Standardmodell. Mit den präziseren, aber wesentlich aufwendigeren Experimenten am SLAC und am KEK kann man dagegen auch andere mögliche Ursachen von CP-Verletzung finden.

8.6 Massive Neutrinos

In unserer Darstellung des elektroschwachen Standardmodells sind wir explizit davon ausgegangen, daß die Neutrinos masselos sind. In (5.82) z.B. tragen nur die geladenen Leptonen bei, in (5.119) nur die Quarks. Der Hintergrund für diese Vorgehensweise ist die bisherige experimentelle Situation: man hat selbstverständlich versucht, Neutrinomassen nachzuweisen. Jedoch sind alle Ergebnisse entweder negativ oder nicht konklusiv gewesen. Im Sommer 1998 ist jedoch ein experimenteller Befund publiziert worden, in dem definitiv die Existenz von Neutrinomassen nachgewiesen worden sein soll; man hat für atmosphärische Neutrinos, die aus Höhenstrahlen entstehen, das Flußverhältnis von ν_μ zu ν_e gemessen und
(1) einen sehr kleinen Wert,
(2) eine signifikante Abhängigkeit vom Zenitwinkel gefunden. Die Daten sind nicht erklärbar mit experimentellen Unzulänglichkeiten oder Unsicherheiten in der Vorhersage von Fluß bzw. Wirkungsquerschnitten, wohl aber mit $\nu_\mu \leftrightarrow \nu_\tau$ Oszillationen mit einem großen Mischungswinkel ($\sin^2 2\theta > 0,82$) und sehr kleinem Massenunterschied ($5 \times 10^{-4} < \Delta m^2 < 6 \times 10^{-3}$ eV).

„Oszillationen" können zustande kommen, wenn die Masseneigenzustände und die Wechselwirkungseigenzustände nicht zusammenfallen. Dann kann sich ein Strahl, der rein in einer Teilchensorte ist, umwandeln – zumindest teilweise – in einen gemischten.
Die einfachste Möglichkeit im Standardmodell, Neutrinomassen einzuführen, ist es, den Quarksektor zu kopieren, d.h. rechtshändige Neutrinos und eine Mischungsmatrix, analog zur CKM-Matrix, zuzulassen. Natürlich könnte das Standardmodell aber noch wesentlich drastischer abgeändert werden müssen.
Man kann zwar mit Experimenten auf dem Z-Pol die Anzahl der leichten Neutrinos sehr genau messen, man findet

$$N_\nu = 2,993 \pm 0,011\,,$$

aber damit ist nicht ausgeschlossen, daß es „sterile" Neutrinos gibt, die nicht an der üblichen schwachen Wechselwirkung teilhaben.
Übrigens erlauben Messungen von solaren Neutrinos, d.h. solchen, die in der Sonne produziert werden und über die dort ablaufenden kernphysikalischen Prozesse berichten, ebenfalls massive Neutrinos. Genauer gesagt, die bisherigen experimentellen Ergebnisse sind nicht ohne weiteres vereinbar mit dem Sonnenmodell, das anderweitig als bestens bestätigt angesehen wird. Nur konnte man noch nicht *zwingend* auf Massen oder Oszillationen schließen.
Hier sind also sicher aufregende Entwicklungen im Gange!

9   Offene Fragen

Die Eichtheorie $SU(3)_C \times SU(2) \times U(1)$ hat sich als Grundlage der Beschreibung für die Elementarteilchenphysik ausgezeichnet bewährt. Gruppenstruktur und Feldinhalt sind bis auf das Higgs-Teilchen experimentell bestätigt; alle Prozesse, die dem Experiment zugänglich sind, haben sich auch quantitativ mit diesem Modell erfassen lassen. Die Übereinstimmung ist oft sogar verblüffend genau und reicht über eine gigantische Energieskala: von 10^{-9}eV in der Lamb-Shift bis zu 10^{12}eV bei $p\bar{p}$-Stößen am Tevatron im Fermilab.
Und dennoch ist die Überzeugung weit verbreitet, daß diese Theorie nicht das letzte Wort in der Teilchenphysik sein kann. Ein erstes offensichtliches Problem rührt von der ganz wesentlich *störungstheoretischen* Behandlung der Dynamik her. Die Eigenschaften der Hadronen als *gebundene* Zustände der $SU(3)_C$ sind noch nicht herleitbar, insbesondere nicht die Massen. Einer Lösung am nächsten kommt man mit den Methoden der *Gittereichtheorie*, über die wir bisher überhaupt nicht gesprochen haben. Hier diskretisiert man die Raumzeit, approximiert sie durch ein endliches Volumen und reduziert damit die unendliche Anzahl von Freiheitsgraden, die ein quantisiertes Feld enthält, auf endlich viele. Auf diesem Gitter formuliert man dann die Bewegungsgleichungen der Theorie und löst sie numerisch mit Computersimulationen. Den Grenzübergang zum Kontinuum und schließlich zum unendlichen Volumen vollzieht man mit analytischen, aber auch numerischen Methoden. Man hat auf diese Weise sehr viele neue Einsichten in die Struktur einer Quantenfeldtheorie gewonnen und kann in zahlreichen Einzelproblemen der QCD, wie z.B. bei der Frage der Hadronisierung, die semiphänomenologische Behandlung absichern durch unabhängige Abschätzungen, aber man kann noch nicht sagen, daß die Gitterformulierung das dynamische Problem der QCD gelöst hätte. In der Tat existiert für Quantenfeldtheorien in 4 Dimensionen überhaupt noch keine mathematisch konsistente nicht-störungstheoretische Formulierung! In der Praxis beunruhigt einen diese Tatsache weniger für die $SU(2) \times U(1)$, weil hier die störungstheoretische Behandlung sehr erfolgreich ist, aber ganz grundsätzlich ist es natürlich möglich, daß eine nicht-störungstheoretische Formulierung auch hier völlig neue Züge ans Licht bringt.
Eine zweite Unzulänglichkeit der $SU(3)_C \times SU(2) \times U(1)$-Eichtheorie ist eine

eher ästhetische: die Anzahl ihrer freien Parameter ist unbefriedigend groß. Man muß alle Massen, die vier Parameter der Kobayashi-Maskawa-Matrix, die elektrische Ladung (als Kopplung) und die Kopplung der QCD vorgeben. Für eine fundamentale Theorie sind das reichlich viele „Anfangsdaten". Aber natürlich ist das eine metawissenschaftliche Beurteilung. Dennoch ist diese ästhetische Motivation groß genug gewesen, um nach Abhilfe zu suchen. Eine Richtung, gewissermaßen die vertikale, ist die Suche nach einer *einfachen* Eichgruppe, die demnach nur *eine* Kopplung hat und $SU(3) \times SU(2) \times U(1)$ als Untergruppe enthält. Symmetriebrechung sollte dann – möglicherweise in mehreren Stufen – zum Standard-Modell führen. Solche Theorien vereinigter Symmetrien nennt man auf englisch *Grand Unified Theories*-GUT. Als Gruppen hat man sehr intensiv $SU(5)$ und $SO(10)$, aber auch viele andere diskutiert. Die experimentellen Belege für die jeweils benötigten zusätzlichen Teilchen oder Wechselwirkungen sind jedoch bisher ausgeblieben. In gewissermaßen horizontaler Richtung wirkt die *Supersymmetrie*. Das ist eine Symmetrie, die Bosonen in Fermionen und Fermionen in Bosonen transformiert. Damit kann also z.B. eine Yukawa-Kopplung zu einer Higgs-Selbstkopplung in Beziehung gesetzt werden. Hat man mehrere solcher Supersymmetrien, so wird das zugehörige Eichmultiplett immer reichhaltiger, bei der Maximalzahl ($N = 4$) existiert sogar nur noch das Eichmultiplett allein, d.h., diese Theorie hat nur noch einen freien Parameter! Das ist natürlich das Traumziel, jedoch ist es nicht gelungen, Brechungsmechanismen zu finden, die dieses Modell in die Nähe realistischer Theorien gerückt hätten. Dennoch ist das Konzept so interessant, daß man supersymmetrische Erweiterungen des Standardmodells sehr ernsthaft studiert. Aber auch hier hat man noch keine experimentellen Hinweise für die Existenz z.B. supersymmetrischer Partner zu den bekannten Teilchen.
Neben der Gruppenstruktur, der Anzahl der Parameter ist natürlich auch die Anzahl der Familien im Standardmodell eine Frage, die ihre Antwort wohl nur außerhalb des Modells finden kann. Vielleicht – so wird häufig spekuliert – findet man Lösungen dieser Probleme ohnehin erst, wenn man die Gravitation mit einbezieht. Die Struktur der Raumzeit ist ganz ohne Zweifel auch im mikroskopischen Bereich von allergrößter Bedeutung. Die Beschreibung der Elementarteilchen und ihrer Wechselwirkung beruht auf einer relativistischen Quantenfeldtheorie in der flachen Minkowski-Raumzeit. Etwa das CPT-Theorem läßt sich nicht einmal formulieren, wenn man eine andere Struktur zugrundelegt. Es ist kaum vorstellbar, daß das Gravitationsfeld ein unquantisiertes, klassisches Feld bleiben kann, wenn man tatsächlich die Wechselwirkung Elementarteilchen-Gravitationsfeld in Betracht zieht. Leider entzieht sich aber die makroskopisch so erfolgreiche Einsteinsche Theorie einer naiven Quantisierung. Bisher sind alle Versuche in diese Richtung fehlgeschlagen. Auch Supergravitationstheorien, die sehr erfolgversprechend ausgesehen haben, lösen noch nicht die fundamentalen mathematischen und physikalischen Schwierig-

keiten, in die man beim Versuch gerät, die Gravitation zu quantisieren. Neueste Entwicklungen gehen dahin, das Konzept der Raumzeit wesentlich drastischer abzuändern: Bei der *Stringtheorie* wird das relativistische Punktteilchen erweitert zur relativistischen *Saite*; erlaubt man neben bosonischen Anregungen auch fermionische, so kann dieses System mathematisch konsistent sein; in einem wohlbestimmten Limes folgt aus dem Anregungsspektrum der Saite eines, das einem masselosen Gravitations-Yangs-Mills-System entspricht. Bei der *nicht-kommutativen Geometrie* treten neben üblichen Mannigfaltigkeiten auch diskrete Elemente (z.B. Punkte) auf, so daß ein völlig neuer Differentialkalkül entwickelt werden muß; in einem makroskopischen Limes würden von dieser mikroskopischen Substruktur nicht sehr viele beobachtbare Elemente überleben müssen. Diese Gebiete sind neueste Bereiche der Forschung. Es ist unumstritten, daß man nicht eher von einer umfassenden Theorie der Elementarteilchen sprechen kann, ehe nicht *alle* experimentell bekannten Wechselwirkungen miteinbezogen sind. So erfolgreich die Teilchenphysik ist, abgeschlossen ist sie nicht!

9.1   Informationsquellen, Literatur

9.1.1   Elektronische Informationsquellen

In der Elementarteilchenphysik ist zur Übertragung großer Datenmengen zwischen den verschiedenen Labors das World-Wide-Web (WWW) entwickelt worden. Damit hat sich ebenfalls eingebürgert, experimentelle Ergebnisse, die als gesichert gelten, zentral zu speichern, regelmäßig zu überprüfen und zu erneuern. Diese Aufgabe hat „Particle Data Group" übernommen. Über die Adresse `www.pdg.lbl.gov` lassen sich die gesamten Unterlagen abrufen. Alle zwei Jahre werden die Daten auch konventionell publiziert. Die beiden letzten Publikationen sind erschienen in

- Physical Review **D 54** (1996) 1

- The European Physical Journal C **3** No. 1-4, 1998

Die großen Laboratorien für Teilchenphysik führen ebenfalls umfangreiche Web-Seiten:

Cern: `www.cern.ch`
             (Genf; Schweiz)
Desy: `www.desy.de`
             (Hamburg; Deutschland)
Fermilab: `www.fnal.gov`
             (Batavia, Ill.; USA)
SLAC: `www.slac.stanford.edu`
             (Stanford, Cal.; USA)
KEK: `www.kek.jp`
             (Tsukuba; Japan)

Im Detail berichten auch die großen Experimente elektronisch.

9.1.2 Literatur im konventionellen Sinn

Unsere Darstellung folgt eng dem ausgezeichneten Lehrbuch „Quarks & Leptons" von F. HALZEN, A. D. MARTIN (Verlag J. Wiley, New York; 1984). Stärker an Experimenten orientiert ist „Introduction to High Energy Physics" von D. H. PERKINS (Verlag Addison-Wesley; Renlo Park, Calif.; 3. Aufl. 1987); desgleichen E. LOHRMANN, „Hochenergiephysik", Teubner 1992.
Professionelle Darstellungen des gegenwärtigen Stands der Wissenschaft sind:
T. KINOSHITA, „Quantum Electrodynamics", World scientific (Singapore) 1990;

P. LANGACKER, „Precision Tests of the Standard Electroweak Model", World scientific (Singapore) 1995;
R. K. ELLIS, W. J. STIRLING, B. R. WEBBER, „QCD and Collider Physics", Cambridge Univ. Press 1996;
N. SCHMITZ, „Neutrinophysik", Teubner 1997.

A   Einheiten

Tab. A.1 Umrechnungstabelle MKS versus $\hbar = c = 1$

MKS		relativer Faktor	$\hbar = c = 1$	Dimension
1 kg	=	$5,61 \times 10^{26}$ GeV	GeV	GeV/c^2
1 m	=	$5,07 \times 10^{15}$ GeV^{-1}	GeV^{-1}	$\hbar c/\mathrm{GeV}$
1 sec	=	$1,52 \times 10^{24}$ GeV^{-1}	GeV^{-1}	$\hbar/\mathrm{GeV}$
e	=	$\sqrt{4\pi\alpha}$	–	$\sqrt{\hbar c}$

Für die Gleichungen der Elektrodynamik verwenden wir das Heaviside-Lorentz-sche System in rationaler Form. Z.B. lautet das Gaußsche Gesetz dann

$$\nabla \cdot \mathbf{E} = \rho \tag{A.1}$$

und der Faktor 4π erscheint im Coulombschen Gesetz für die Kräfte:

$$\mathbf{K} = \frac{1}{4\pi} \frac{\rho_1\rho_2}{|\mathbf{x_1} - \mathbf{x_2}|} . \tag{A.2}$$

Darüberhinaus ist $\epsilon_0 = 1$ gesetzt. Im *natürlichen* Einheitensystem der relativistischen Physik setzt man $\hbar = 1$, $c = 1$ (Plancksches Wirkungsquantum, Lichtgeschwindigkeit), mißt also dann Masse (m), Impuls (mc) und Energie (mc^2) in GeV, Länge $(\hbar mc)$ und Zeit $(\hbar/mc^2)$ in GeV^{-1}, wenn als Energieeinheit 1 GeV gewählt wird. Die Umrechnungsfaktoren für das MKS-System sind in Tab. A.1 angegeben. Einige nützliche Umrechnungsfaktoren:

$$
\begin{aligned}
1 \text{ TeV} &= 10^3 \text{ GeV} = 10^6 \text{ MeV} \\
&= 10^9 \text{ keV} = 10^{12} \text{ eV} \\
1 \text{ Fermi} &\equiv 1 \text{ F} = 10^{-15} \text{ m} = 5,07 \text{ GeV}^{-1} \\
(1 \text{ F})^2 &= 10 \text{ mb} = 10^4\,\mu\text{b} = 10^7 \text{ nb} \\
&= 10^{10} \text{ pb} \\
(1 \text{ GeV})^2 &= 0,389 \text{ mb}
\end{aligned}
$$

In *millibarn* (mb) mißt man *Wirkungsquerschnitte* (barn engl.: Scheune).

B Die Dirac-Gleichung

Die Gleichung

$$(i\gamma^\mu \partial_\mu - m)\,\psi \;=\; 0 \tag{B.1}$$

wurde von Dirac postuliert, um Teilchen mit Spin 1/2 zu beschreiben. ψ ist ein vierkomponentiges komplexwertiges Objekt – ein Dirac-Spinor. Die (4×4)-Matrizen γ^μ erfüllen die Antivertauschungsrelationen

$$\{\gamma^\mu, \gamma^\nu\} \;=\; 2\eta^{\mu\nu}\,. \tag{B.2}$$

Eine Standardform für sie ist die folgende

$$\gamma^0 \;=\; \begin{pmatrix} 1 & 0 \\ 0 & -1 \end{pmatrix} \tag{B.3}$$

$$\gamma \;=\; \begin{pmatrix} 0 & \sigma \\ -\sigma & 0 \end{pmatrix}. \tag{B.4}$$

Hierbei bezeichnet 1 die (2×2)-Einheitsmatrix, σ steht für die Pauli-Matrizen. Mit dem Transformationsgesetz

$$\psi'(x') \;=\; S(\Lambda)\psi(x) \tag{B.5}$$

$$S(\Lambda) \;=\; e^{-\frac{1}{2}\alpha_{\mu\nu}\Sigma^{\mu\nu}} \tag{B.6}$$

$$\Sigma^{\mu\nu} \;=\; \frac{i}{4}[\gamma^\mu, \gamma^\nu] \tag{B.7}$$

$$x'^\mu \;=\; \Lambda^\mu{}_\nu x^\nu = (\delta^\mu{}_\nu + \alpha^\mu{}_\nu)x^\nu \tag{B.8}$$

für die durch $\Lambda^\mu{}_\nu$ parametrisierte Lorentztransformation $x \to x'$ erweist sich die Gleichung (B.1) als Lorentz-*kovariant*. Sie ist also kompatibel mit der relativistischen Struktur der Raumzeit.

Definiert man mit

$$\bar{\psi}(x) \;:=\; \psi^\dagger(x)\gamma^0 \tag{B.9}$$

den zu ψ *adjungierten* Spinor, so erfüllt dieser die Gleichung

$$(i\gamma^\mu \partial_\mu + m)\,\bar{\psi} \;=\; 0\,. \tag{B.10}$$

Um die Gleichungen (B.1), (B.10) zu lösen, operiert man zunächst mit $(i\gamma^\mu \partial_\mu + m)$ auf (B.1). Man stellt mit Hilfe von (B.2) fest, daß jede Komponente von ψ

die Klein-Gordon-Gleichung erfüllt:

$$(\Box + m^2)\psi_\alpha \;=\; 0 \qquad \alpha = 1, \ldots, 4\,. \tag{B.11}$$

Dann ist aber klar, daß eine Überlagerung von ebenen Wellen

$$\psi(x) \;=\; u(\mathbf{p})e^{-ipx} + v(\mathbf{p})e^{ipx} \tag{B.12}$$

mit $p^2 = m^2$ zu einer Lösung führen wird (u: positiver Frequenzanteil, v: negativer Frequenzanteil).

$$\begin{aligned}
(\gamma^\mu p_\mu - m)u(\mathbf{p}) &= 0 \\
(\gamma^\mu p_\mu + m)v(\mathbf{p}) &= 0
\end{aligned} \tag{B.13}$$

Im Ruhesystem $\mathbf{p} = 0$, $p_0 = m$ lauten diese Gleichungen

$$\begin{aligned}
(\gamma^0 - 1)m\,u(0) &= 0 \\
(\gamma^0 + 1)m\,v(0) &= 0\,.
\end{aligned} \tag{B.14}$$

Es existieren demnach je zwei Lösungen für die beiden Frequenzanteile und man kann die folgende Basis wählen:

$$u^{(1)}(0) = \begin{pmatrix} 1 \\ 0 \\ 0 \\ 0 \end{pmatrix} \qquad u^{(2)}(0) = \begin{pmatrix} 0 \\ 1 \\ 0 \\ 0 \end{pmatrix} \tag{B.15}$$

$$v^{(1)}(0) = \begin{pmatrix} 0 \\ 0 \\ 1 \\ 0 \end{pmatrix} \qquad v^{(2)}(0) = \begin{pmatrix} 0 \\ 0 \\ 0 \\ 1 \end{pmatrix} \tag{B.16}$$

Die Lösungen zu beliebigem $\mathbf{p}$ lassen sich darstellen als

$$u^{(r)}(\mathbf{p}) \;=\; \frac{1}{\sqrt{m + E_p}}(m + \gamma^\mu p_\mu)u^{(r)}(0) \tag{B.17}$$

$$v^{(r)}(\mathbf{p}) \;=\; \frac{1}{\sqrt{m + E_p}}(m - \gamma^\mu p_\mu)v^{(r)}(0)\,.$$

Hierin ist die Normierung so angenommen, daß gilt ($s = 1, 2$)

$$\begin{aligned}
\bar{u}^{(s)}u^{(s)} &= 2m \\
\bar{v}^{(s)}v^{(s)} &= -2m\,.
\end{aligned} \tag{B.18}$$

Die Vollständigkeit der Lösungen ergibt sich aus

$$\sum_{s=1,2} u^{(s)}(\mathbf{p})\bar{u}^{(s)}(\mathbf{p}) \;=\; \gamma^\mu p_\mu + m \tag{B.19}$$

$$\sum_{s=1,2} v^{(s)}(\mathbf{p})\bar{v}^{(s)}(\mathbf{p}) \;=\; \gamma^\mu p_\mu - m\,.$$

Die Operatoren

$$(\Lambda_\pm)_{\alpha\beta} \;=\; \frac{(m \pm \gamma^\mu p_\mu)_{\alpha\beta}}{2m} \tag{B.20}$$

projizieren auf die Lösungen mit positiven bzw. negativen Frequenzen. Sie erfüllen

$$(\Lambda_\pm)^2 = \Lambda_\pm, \quad \Lambda_+\Lambda_- = 0, \quad \Lambda_+ + \Lambda_- = \mathbf{1}. \tag{B.21}$$

a wir vier Grundlösungen gefunden haben, müssen noch weitere Projektoren existieren. Sie beziehen sich auf die zwei möglichen Polarisationsrichtungen eines Teilchens mit Spin 1/2. Der Einheitsvektor n^μ habe die Eigenschaften

$$n_\mu n^\mu = -1, \quad n_\mu p^\mu = 0. \tag{B.22}$$

Dann projiziert

$$\pi_n^{(\pm)} \;=\; \frac{1}{2}(1 \pm \gamma_5 \gamma^\mu n_\mu) \tag{B.23}$$

auf die Richtung n_μ. Es gelten die Relationen

$$\pi^{(\pm)2} = \pi^{(\pm)}, \quad \pi^{(+)}\pi^{(-)} = 0, \tag{B.24}$$

$$\pi^{(+)} + \pi^{(-)} = \mathbf{1}, \quad [\pi^{(\pm)}, \Lambda_\pm] = 0. \tag{B.25}$$

Die Matrix γ^5 ist definiert als

$$\gamma_5 = \gamma^5 \;=\; i\gamma^0\gamma^1\gamma^2\gamma^3 \tag{B.26}$$

und hat in der Standardform die Gestalt

$$\gamma^5 \;=\; \begin{pmatrix} 0 & \mathbf{1} \\ \mathbf{1} & 0 \end{pmatrix}. \tag{B.27}$$

Im Ruhesystem und für die spezielle Wahl $n_3 = 1$ erhält man zum Beispiel

$$\pi_n^{(\pm)} \;=\; \frac{1}{2}\left(1 \pm \begin{pmatrix} -\sigma^3 & 0 \\ 0 & \sigma^3 \end{pmatrix}\right), \tag{B.28}$$

so daß die Projektionseigenschaften von $\pi_n^{(\pm)}$ offensichtlich sind.

C   Vektorfelder

In der Feynman-Eichung erfüllt das elektromagnetische Feld A_μ die Gleichung

$$\Box A_\mu = 0. \tag{C.1}$$

Die Entwicklung in Erzeuger und Vernichter lautet

$$A_\mu(x) = \int d^3p \left(\frac{e^{-ipx}}{\sqrt{(2\pi)^3 2\omega_p}} \sum_{\lambda=0}^{3} \epsilon_\mu^{(\lambda)}(p) a^{(\lambda)}(p) \right.$$
$$\left. + \frac{e^{ipx}}{\sqrt{(2\pi)^3 2\omega_p}} \sum_{\lambda=0}^{3} \epsilon_\mu^{(\lambda)}(p) a^{(\lambda)\dagger}(p) \right) \tag{C.2}$$

$(\omega_p \equiv |\mathbf{p}|)$. Als Polarisationsvektoren kann man wählen

$$\epsilon_\mu^{(0)} = \frac{1}{\sqrt{2}} \begin{pmatrix} \frac{3}{2} \\ 0 \\ 0 \\ \frac{1}{2} \end{pmatrix} \qquad\qquad \epsilon_\mu^{(1)} = \begin{pmatrix} 0 \\ 1 \\ 0 \\ 0 \end{pmatrix} \tag{C.3}$$

$$\epsilon_\mu^{(2)} = \begin{pmatrix} 0 \\ 0 \\ 1 \\ 0 \end{pmatrix} \qquad\qquad \epsilon_\mu^{(3)} = \frac{1}{\sqrt{2}} \begin{pmatrix} \frac{1}{2} \\ 0 \\ 0 \\ \frac{3}{2} \end{pmatrix}.$$

Sie erfüllen die Vollständigkeitsrelation

$$\eta_{\mu\nu} = \epsilon_\mu^{(0)} \epsilon_\nu^{(0)} - \epsilon_\mu^{(1)} \epsilon_\nu^{(1)} - \epsilon_\mu^{(2)} \epsilon_\nu^{(2)} - \epsilon_\mu^{(3)} \epsilon_\nu^{(3)}. \tag{C.4}$$

Zu einem positiven lichtartigen Vierervektor p_μ (d.h. $p^2 = 0$, $p^0 > 0$) kann man die folgende Verallgemeinerung der Polarisationsvektoren konstruieren: Man wählt zwei raumartige Einheitsvektoren $\epsilon_\mu^{(1)}(p)$, $\epsilon_\mu^{(2)}(p)$ orthogonal zu p_μ und untereinander:

$$\left(\epsilon^{(1)}\right)^2 = \left(\epsilon^{(2)}\right)^2 = -1 \tag{C.5}$$
$$\epsilon^{(1)\mu} \epsilon_\mu^{(2)} = 0 \tag{C.6}$$
$$p^\mu \epsilon_\mu^{(1)} = p^\mu \epsilon_\mu^{(2)} = 0. \tag{C.7}$$

Dann existiert eindeutig ein $\hat{p}_\mu$ mit den Eigenschaften

$$\hat{p}^2 = 0 \quad \hat{p}^\mu \hat{p}_\mu = 1 \quad \hat{p}^\mu \epsilon_\mu^{(1)} = \hat{p}^\mu \epsilon_\mu^{(2)} = 0 \,. \tag{C.8}$$

Die Vektoren

$$\epsilon_\mu^{(0)} \;=\; \frac{1}{\sqrt{2}} \left(\alpha p_\mu + \frac{1}{\alpha} \hat{p}_\mu \right) \tag{C.9}$$

$$\epsilon_\mu^{(3)} \;=\; \frac{1}{\sqrt{2}} \left(\alpha p_\mu - \frac{1}{\alpha} \hat{p}_\mu \right) \tag{C.10}$$

bilden dann für $\alpha > 0$ mit $\epsilon^{(1)}$ und $\epsilon^{(2)}$ zusammen ein orthonormales System von Vierervektoren. Auch sie erfüllen (C.4).
Die Vektoren (C.3) ergeben sich z.B. für

$$p_\mu = \begin{pmatrix} p \\ 0 \\ 0 \\ p \end{pmatrix} \qquad p \equiv |\mathbf{p}| = \omega_p > 0 \qquad \alpha = \frac{1}{p} \tag{C.11}$$

und der Wahl von $\epsilon^{(1)}$, $\epsilon^{(2)}$ wie angegeben. Das allgemeinste System von Vierervektoren $\epsilon^{(1)}$, $\epsilon^{(2)}$, $\hat{p}$, die in der obigen Weise mit p_μ zusammenhängen, ergibt sich aus einem speziellen durch eine eigentliche Lorentztransformation aus der „kleinen Gruppe ". (Die „kleine Gruppe" ist die Menge der eigentlichen Lorentztransformationen, die das gegebene p_μ invariant lassen.) Dabei ist vorausgesetzt, daß die Orientierung der Dreier-Vektoren $\epsilon^{(1)}$, $\epsilon^{(2)}$, $\epsilon^{(3)}$ fixiert ist.

Ein freies, massives, transversales Vektorfeld V_μ erfüllt die Feldgleichungen

$$(\Box + m^2)V_\mu(x) \;=\; 0 \tag{C.12}$$

$$\partial^\mu V_\mu(x) \;=\; 0 \,. \tag{C.13}$$

Es hat eine Entwicklung in Erzeuger und Vernichter gemäß

$$V_\mu(x) \;=\; \int d^3p \left(\frac{e^{-ipx}}{\sqrt{(2\pi)^3 2\omega_p}} \sum_{\lambda=0}^{3} \epsilon_\mu^{(\lambda)}(p) v^{(\lambda)}(p) \right.$$

$$\left. + \frac{e^{ipx}}{\sqrt{(2\pi)^3 2\omega_p}} \sum_{\lambda=0}^{3} \epsilon_\mu^{(\lambda)}(p) v^{(\lambda)\dagger}(p) \right)$$

$$\tag{C.14}$$

$(\omega_p \equiv \sqrt{\mathbf{p}^2 + m^2})$.
Als Polarisationsvektoren können im Ruhesystem ($\mathbf{p} = 0$) drei linear un-

abhängige, raumartige Vektoren beliebig gewählt werden. Z.B.

$$\epsilon_1^{(\lambda)} = \begin{pmatrix} 0 \\ 1 \\ 0 \\ 0 \end{pmatrix} \quad \epsilon_2^{(\lambda)} = \begin{pmatrix} 0 \\ 0 \\ 1 \\ 0 \end{pmatrix} \quad \epsilon_3^{(\lambda)} = \begin{pmatrix} 0 \\ 0 \\ 0 \\ 1 \end{pmatrix} . \tag{C.15}$$

Für beliebige Impulse lassen sie sich definieren gemäß

$$\epsilon_i^{(j)}(p) = \delta_i{}^j + \frac{p_i p^j}{m(m + \omega_p)} \tag{C.16}$$

$$\epsilon_0^{(j)}(p) = \frac{p^j}{m} .$$

Sie erfüllen die Vollständigkeitsrelation

$$\sum_{\lambda=1}^{3} \epsilon_\mu^{(\lambda)} \epsilon_\nu^{(\lambda)}(p) = \left(\eta_{\mu\nu} - \frac{p_\mu p_\nu}{m^2} \right) . \tag{C.17}$$

Sachverzeichnis